磁性器件的优化设计及其可视化算法

伍家驹　陈亮亮　著

科学出版社

北　京

内 容 简 介

本书主要介绍电力电子功率变换器中磁性器件的电磁原理、设计类别和计算方法，包括变压器、电感器和滤波器的工况，电磁参数的测算，铁磁质的选用，数学模型的建立，优化设计的介绍，四维/五维数据可视化的实现及其在优化设计中的算例。优化设计的对象有逆变器用LCL滤波器、整流器用LC滤波器、变压器和电感器，所需兼顾的设计目标和约束条件有成本、损耗、温升、体积、电压调整率和漏感等，电磁参数的测算有无功功率的图解法、非同心绕组变压器漏感的公式推导。书中还提供了程序代码及其详细注释，便于优化设计的二次开发。

本书可作为电力系统及其自动化、电力电子与电力传动等学科的研究生教材，也可供理工科的研究人员和工程技术人员参考。

图书在版编目(CIP)数据

磁性器件的优化设计及其可视化算法 / 伍家驹，陈亮亮著. —北京：科学出版社，2023.11
ISBN 978-7-03-077179-7

Ⅰ.①磁… Ⅱ.①伍… ②陈… Ⅲ.①磁性器件—最优设计—计算方法 Ⅳ.①TP211

中国国家版本馆 CIP 数据核字(2023)第 220838 号

责任编辑：余 江 张丽花 / 责任校对：王 瑞
责任印制：师艳茹 / 封面设计：迷底书装

科 学 出 版 社 出版
北京东黄城根北街 16 号
邮政编码：100717
http://www.sciencep.com
北京虎彩文化传播有限公司 印刷
科学出版社发行 各地新华书店经销
*
2023 年 11 月第 一 版 开本：787×1092 1/16
2023 年 11 月第一次印刷 印张：16 3/4 插页：2
字数：400 000
定价：128.00 元
(如有印装质量问题，我社负责调换)

前　言

电力电子功率变换器已从用电领域发展到发电和输、配电领域，电力电子功率变换器由半导体器件、电阻器、电容器和磁性器件四大类构成，且不可或缺。随着半导体器件的快速进步和电力电子技术的逐步完善，磁性器件的体积、重量和损耗均已从约占所属功率变换器的 1/4 上升到 1/3，成为提高功率变换器性价比的重要切入点。铁磁质具有多值非线性、种类繁多和参数测算困难等特点，再加上实际工况的电压、频率和波形等的约束，绝大多数磁性器件的研发都要依次经历仿制、可行设计和优化设计三个阶段。

磁性器件的性价比涉及铁磁材料的研发、磁性器件的研制和磁性器件的使用三个环节，它们均有各自的知识结构、标准规范、设计手册和实践经验，相互交流凸显了学科交叉的重要。从特高压变压器到手机、笔记本电脑，几乎有电必有磁性器件，为了能在不同的电压、频率和电流波形下发挥更好的效益，必须使磁性器件的各项参数与其所在电路中的工作状况相适应，但磁性器件的种类繁杂，令人穷其一生也只能略知一二。

作者长期从事电力电子磁性器件相关科研和教学工作，先后担任泰豪科技股份有限公司、深圳市京泉华电子有限公司等单位的技术顾问，并应中国电源学会和广东省电子变压器电感器行业协会等之邀，给磁性器件设计师讲学，深感目前磁性器件的研发仍处于仿制/可行设计的初级阶段，而优化设计是从"制造"迈向"智造"的必经之路，问题在于缺少多目标约束的数学模型，以及多元非线性方程既无解析解又难觅有工程价值的数值解。

在 3 个国家自然科学基金项目(No. 50967003 功率变换器优化设计及其可视化算法、No.51167014 多线圈电子变压器外特性的可视化建模方法研究和 No.51967015 电子变压器电感器的优化设计及其可视化算法)的支持下，作者有意将 Maxwell 方程与磁性器件优化设计联系起来，以求构建模型、优化设计和指导实践。但浩瀚文献背景各异、学术观点不一，以及知识产权保护，要想将学术问题系统地阐述清楚，信息筛选和加工远比信息获取重要。本书内容基于作者伍家驹对磁性器件的研究心得，以求给读者带来方便。

本书共 6 章，具体内容如下：

第 1 章为磁性器件优化设计，论述了磁性器件的振兴、磁性器件的设计和优化设计的关联，为后续章节做铺垫。

第 2 章为优化设计的可视化算法，论述了数据可视化的意义，逐步解析三维可视化、四维可视化和五维可视化的映射生成原理，介绍了以并/交集的手法来实现多目标约束的具体步骤。

第 3 章为磁性器件的电磁参数，论述了软磁材料和电磁特性、最佳气隙的计算、同心绕组变压器和非同心绕组变压器的漏感计算、多线圈电子变压器的漏感、漏感的时空属性、励磁电流的量化。

第 4 章为电磁参数的测算方法，论述了电感量的测算、漏感量的测算和无功功率的测算，用图解法计算相控纯阻负载、反电势负载和阻感性负载时的功率因数。

第 5 章为 LC 滤波器的优化设计，用可视化算法设计了整流器用 LC 低通滤波器，用四维可视化算法设计了逆变器用 LCL 滤波器，用五维可视化算法设计了变频器用 LCL 滤波器。

第 6 章为变压器、电感器的优化设计，详细论述了用可视化算法设计整流变压器，强调决策变量贯穿设计全过程，用漏感取代了 LC 低通滤波器中的电感器，给出了可视化算法的程序代码和详细注释。

本书中部分程序，读者只要更改程序的个别语句即可应用到具体的设计项目之中，达到事半功倍的效果。

本书秉承"理论分析要定量，实验仿真要吻合，继承发展要原则"，以多目标约束优化设计的多维数据场可视化算法为特色。有的章节可进行浅阅读，有的章节可能需要演算，而有的章节则需要使用计算机通过可视化交互来把握变化规律。作者期待着磁性器件的设计师和研究生"求是"：悟出磁性器件的建模技巧，结合工程实际，通过二次开发用可视化算法对磁性器件的性能指标进行多目标约束，享受可视化交互的优化设计过程。作者更期待专家教授能拨冗"证伪"：对本书观点进行批评指正，共同完善磁性器件的多目标约束优化设计的建模、算法、仿真和实验。

本书由日本国立福井大学工学博士、南昌航空大学伍家驹教授和浙江大学工学博士、南昌航空大学副教授陈亮亮合著。在本书编写过程中参考了许多参考文献，在此向作者表示感谢！华为技术有限公司的张朝燕、谢波高级工程师，深圳市京泉华电子有限公司的谢光元总监，研究生蔡智恒和黄维健等为本书编写提供了帮助，在此一并表示感谢！特别感谢国家自然科学基金委员会和国家留学基金管理委员会！

书名为伍步超先生所题。

由于作者水平有限，书中可能存在不妥和疏漏之处，请读者不吝赐教。作者邮箱：wujiaj2003@aliyun.com。

伍家驹
2023 年 8 月于南昌航空大学

目　　录

第1章　磁性器件优化设计

电和磁是最基本的物理现象，电磁场充满全宇宙，能被 Maxwell 方程所描述，电磁能简称电能，可以方便地与其他能量进行相互转换。在电磁能与机械能相互转换的过程中，控制转换过程的人造物件称为磁性器件，研制磁性器件的脑力劳动过程称为设计，在诸条件限制下使其电磁性能能够兼顾多个设计目标的设计称为磁性器件优化设计。

本章讨论磁性器件在电气设备中不可或缺且越来越重要的作用，磁性器件的电磁学基础、设计方法，以及多目标约束优化设计的必要性，强调电磁参数测算和实验方法在优化设计过程中的重要作用。

1.1　磁性器件的振兴

现今的磁性器件虽然源自约 200 年前电磁学实验装置中的电磁能量转换构件，但是在新理念、新材料和新工艺的促进下，上至宇宙空间站，下至万米载人深潜器，磁性器件都发挥着不可替代的作用。

1. 《巴黎协定》和"双碳"目标

《巴黎协定》(The Paris Agreement)是由全世界 178 个缔约方共同签署的气候变化协定，是对 2020 年后全球应对气候变化的行动做出的统一安排。《巴黎协定》的长期目标是将全球平均气温较前工业化时期的上升幅度控制在 2℃以内，并努力将气温上升幅度限制在 1.5℃以内。我国政府也在构建新发展格局，推进产业转型和升级，走绿色、低碳、循环的发展路径，实现高质量发展，保护地球生态，推进全球共同应对气候变化。

2. "双碳"目标和再电气化

电气化兴起于 100 多年前，称为第二次工业革命的象征，而在人类正在酝酿第四次工业革命的当下，却又不得不面对此前工业化所累积的气候变化问题。为保护地球，人类正在迎来"再电气化"的复兴。

在发电领域，分布式风力和光伏等可再生能源发电正在有序取代集中式燃煤/燃油发电。

在输电领域，超高压直流输电已经打破交流输电一统天下的局面。

在配电领域，国家电网的交流电源已经惠及全国所有行政村居民点，低压直流也正在进入寻常百姓家。

在用电领域，电动车正在取代燃油车，电动机车已取代燃煤机车并正在取代燃油机车，冬季电气采暖正在取代锅炉供热和柴煤土炕，5G 基站分布更广，需要的电源数量更多……

3. 再电气化和电力电子

再电气化需要对电能进行再加工，加工电能常常用到电力电子技术，发达国家的电能有约七成是经过加工之后才付诸应用的，我国电能加工的占比正从七成迅速提升，不久后我国将会在该领域跨进发达国家行列。用电力电子技术对电能进行加工的主要形式如下[1]。

AC-DC：将交流电变成直流电，小至手机、汽车充电，大至超高压直流输电。

AC-AC：将工频交流电转变成其他频率的交流电，常常用于大功率的电力拖动系统。

DC-AC：将直流电转变成交流电，如 UPS、光伏发电和交流调速系统等。

DC-DC：将直流电转变成其他电压等级的直流电，如开关电源和计算机内电源系统等。

4. 电力电子和磁性器件

电力电子电路皆由四大类器件(电阻器、电容器、半导体器件和磁性器件)构成，半导体器件含强调电力的 IGBT 等功率器件和强调电子的芯片，而磁性器件含变压器和电感器。

电阻器的常用参数少，电阻值、功率等也都比较容易把控。

电容器的常用参数也少，工作电压、损耗等也都比较容易把控。

基于电的半导体器件种类繁多，学界业界都极为重视，由于累积了众多的特性参数和技术条件，再加上用示波器甚至万用表等即能监视其工作状况，半导体器件大多是可以适材适用的。

基于磁的磁性器件的铁磁质种类繁多，且具有多值非线性，再加上磁场强度(简称场强)、磁感应强度和磁导率等磁学参数难以检测，磁性器件仍然难以适材适用，且令人生畏[2]。

5. 磁性器件和节能减排

在电气设备内部，磁性器件具有大、重、热的特点。随着半导体器件的进步，磁性器件的体积、重量和损耗约占其所属功率变换器的 1/3，成为提高功率变换器档次、减少损耗的重要切入点[2]。减少磁性器件的能量损耗主要可从三个方面入手。

(1) 改变设计理念，在现有的技术条件下，通过降低导体电流密度和软磁体的磁通密度来减少损耗，但其代价是需增加成本。

(2) 研发出高磁导率、高饱和磁感应强度、高频率和低损耗的新型软磁材料。

(3) 采用系统级多目标约束优化设计，提高铜损铁损的约束权重，改进磁性器件的拓扑结构并使之与主回路结合起来，达到系统性能价格比(简称性价比)高、能耗比低的目的。

6. 磁性器件和学科分类

尽管目前不少行业都存在着生产能力过剩的情况，但在国家"双碳"政策的强力推动下，据中国电源学会磁技术专业委员会、中国电子学会元件分会 2022 年学术年会报道，与磁性器件相关的上、中、下游三大行业均方兴未艾，产品热销于海内外，标准、专利和论文也层出不穷。

上游是生产铁心、磁芯的，将硅钢片、铁簇非晶体、钴簇非晶体和铁氧体等铁磁质加工成 E 型、C 型和 R 型等，生产过程为材料成型，学科分类于材料学。

中游是生产变压器、电感器的，将各种铁心、磁芯、漆包线和绝缘体等加工成各种磁性器件，生产过程为电机制造，学科分类于电机学。

下游是生产功率变换器的，将各种磁性元件、半导体器件、电感器和电阻器加工成各种整流器、变频器、开关电源和有源滤波器，生产过程为电力电子，学科分类于电力电子学。

7. 磁性器件和交叉学科

软磁铁心强调铁磁质特性、颗粒目数及其配比、压/黏结、正弦损耗、轧制取向和热处理等，提供在特定频率、磁感应强度和环境温度等条件下的磁导率、损耗和饱和点等数据。

磁性器件强调铁心截面积、窗口面积、铁心结构、线圈结构、绝缘等级、铜损和铁损等，提供在某特定频率正弦电压激励下的温升、电压调整率、过载能力和耐压强度等数据。

功率变换器关注磁性器件在实际工况下的空/过载特性、波形畸变率和尺寸重量等，强调磁性器件的成本、体积和损耗等在整机中的占比，以及电磁兼容性、温升和性价比等。

然而，现状却是三方工程师各自为政，各有各的标准、设计手册和实践经验，很难达成共识。显然，研发高性价比的磁性器件必须综合材料学、电机学和电力电子学等多个学科知识。

1.2　磁性器件的设计

"凡事预则立，不预则废"，对研制磁性器件而言，"预"指的就是设计，有创新设计和系统设计之分，事前应该在调研需求、环境和风险的基础上，针对设计目标和约束条件，建立数学模型、规划好算法、检验和评估等，把控时间、进度，以及意外状况的应对力度。

1.2.1　设计意义和设计思想

设计意义：设计对产品品质的贡献率高达七成[3]，对磁性器件来说更是如此，以某铁心为例，它有 10 种磁导率、26 种尺寸和 5 种温升限额，这样便有 10×26×5 = 1300 种规格，再加上额定电压、电流和频率等的适用范围，各以 3 组数据为例则有 3×3×3 = 27 种规格，这样磁性器件应提供 1300×27 = 35100 种规格，显然这是不可能的。因此，其不可能像电力变压器那样有现成的商品，仅根据输入输出电压、容量和组别等信息进行选择[3]。

设计思想：设计思想可以归纳为辨识、仿真和优化三大类。

(1) 辨识：据系统输入输出函数来确定描述系统行为的数学模型，估计表征系统行为的重要参数，模仿真实系统行为，可以基于当前可测量的系统的输入输出关系，为预测系统输出的未来演变提供数学模型。

已知输入 ⟶ 求解模型 ⟶ 已知输出

(2) 仿真：已知系统的模型和一些输入，计算出与这些输入相关的输出，输入输出可以是逻辑的或数值的，亦可进行可视化处理。

已知输入——→ 已知模型——→ 求解输出

(3) 优化：已知系统的模型和一些输出愿景，在特定的诸约束下寻觅输入的范畴以期得到既定的输出愿景。

求解输入——→ 已知模型——→ 多目标约束

1.2.2　设计类别和各自特点

1. 设计的既有类别

以磁性器件设计为例，各类设计现状如表 1-1 所示。

表 1-1　磁性器件设计现状

类别	设计工具	设计内容/操作简介	解的形式	特点
仿制	尺、笔	测绘	可行解的点	不属于设计范畴
试凑	尺、笔	数据比较	数据表格	费时费力难达标
可行设计 I	手册、计算器	逐步代入公式	可行解的点	不能多目标约束
可行设计 II	Excel、专用软件	逐步往窗口填入数据	可行解的点	不能多目标约束
可行设计 III	Ansoft 等通用软件	画立体图形并填入数据	可行解集	不能多目标约束
优化设计	软件	多目标约束	全局最优解	产品多目标约束
系统设计	软件	多层优化设计	全局最优解	系统多目标约束

2. 各类设计的特点

设计是指事前的数据准备，可行设计是指按准备的数据所研发的产品能够实现基本功能。

仿制：现在不少磁性器件(简称磁件)商品是仿制的，即在用户提供磁性器件的样品和电磁参数的基础上，进行裕度核算和工艺设计，以适应机械化生产的需要，最后提供实验报告进行比对。由于磁性材料(简称磁材)出厂参数的离散性，再加上磁件模型往往存在病态数学问题，故装配时的微小误差可能会带来难以承受的性能突变。知其然不知其所以然的仿制严格地说不属于设计范畴。

试凑：通过反复实验，获取数据并进行比较，费时费力难达标。用试凑的办法所获取的数据也不属于设计的范畴。

可行设计 I：通过限定条件将 Maxwell 积分方程演绎为显式表达，即左边是因变量、右边是自变量的函数，也就是设计手册上的有序公式簇，设计时再按提示逐步代入待选常数或参数即可得解析解，或将中间变量的设计条件代入后续公式，用计算器即可得到解析解构成的数据组[4-8]。

　　可行设计Ⅱ：由专用商品软件来计算，即逐步且有序地往窗口里填入数据或参数，得出点状解析解后，继续往后续窗口里填入中间变量、数据或参数，逐步地完成设计以得到全部数据组，但支持机器计算的程序代码却仍源自设计手册中的有序单目标解析式。

　　以面积乘积法(即 AP 法)为例，可行设计Ⅰ、Ⅱ的流程图如图 1-1 所示。

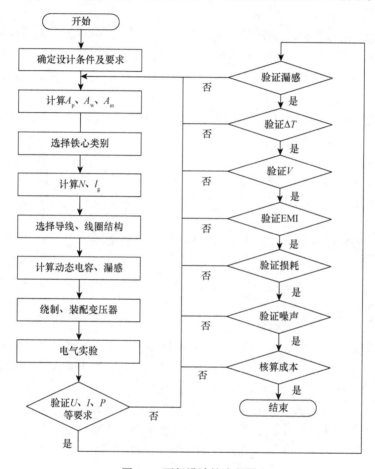

图 1-1　可行设计的流程图

流程图说明：

　　(1) A_p 为面积乘积($A_p=A_m A_w$)，A_w 为窗口面积，A_m 为铁心截面积，N 为匝数，l_g 为气隙厚度，ΔT 为温升；

　　(2) 每一步骤包含若干小步骤，只要有一个小步骤不满足要求，就要重新选择所有参数；

　　(3) 为满足所有设计要求，计算复杂烦琐且具重复性；

　　(4) 常常只能求出一组可行的点状解析解，右边的判断很难全部完成；

　　(5) 显式表达虽然可以得到点状解析解，但该解很难与实际工作状况相符；

　　(6) 单目标或单目标的逐步计算、因变量或自变量的顺次传递为典型的可行设计；

　　(7) 虽然可以从几个可行设计中挑选出较好的设计，但其远不是优化设计。

以某公司的正版软件为例, 它是在 Visual Basic(VB)中完成 AutoCAD 标准图形绘制的, 并通过 Excel 的宏将 VB 程序的计算结果变成数据表格, 对于现行手册上的公式, 以性能参数和约束条件遍历设计变量, 并组合变化范围, 再循环嵌套出目标函数的可行解, 最后排序输出或提示无解。所得解是孤立点状的, 难以判断其允许偏差, 很难结合工程实际进行调整。

可行设计Ⅲ: 由 Ansoft 等电磁场分析通用软件来完成, 使用者只需要在模型的三维几何尺寸和材料属性的基础上, 输入电压源或电流源, 便能够进行有限元网格剖析, 展现出变压器、电感器的铁心和线圈电磁场的时变数值分布, 从而完成设计。但是, 该类软件难以完成多目标约束优化设计, 其原因如下。

(1) 在使用 Ansoft 等基于有限元的软件时, 输入的电磁元件的三维几何尺寸等都是自主/试凑/非连续的, 并依据电-磁-热场的空间分布来评估、比较和选择元件尺寸及其材料参数。而几何尺寸正是待求的结果, 例如, 设计变压器时, 铁心截面积、窗口面积、铁心和线圈的形状匝数等几何尺寸正是优化设计待求的决策变量, 也是建立数学模型的关键因素, 它们都是连续的, 即用 Ansoft 等软件的试凑方法是难以找到多目标约束优化设计的最优解。

(2) Ansoft 等软件基于 Maxwell 方程, 该方程的四个微分式和四个积分式都是用分布参数表达电磁能量交换的, 然而, 优化设计的诸设计目标和多个约束条件都是用集中等效参数来表达的, 用分布参数表达多目标约束优化设计需要独到奇妙的数学技巧, 但相关研究目前鲜有报道。

(3) 虽然磁场可以简化成磁路, 但磁参数难以直接计量, 并且难以精确定量地对其进行理论分析; 磁性器件精细化的难点在于只是定性地理解磁力线被局部扭曲或磁通密度(简称磁密)突变所带来的困惑; 对磁性器件的局部温升、漏感和无功功率等的争论存在着概念和测算方法上的严重分歧[4]。

优化设计: 如何规划某事, 使其综合效果最好。它是生产计划、工程设计、科学研究中普遍存在的问题, 涉及科技、经济、军事和社会的各个领域, 属于统筹学范畴。

优化设计在数学上属于非线性规划范畴, 既是元件级优化设计的高级阶段, 又是系统级优化设计的基础。数学泰斗华罗庚教授早在 20 世纪 60 年代便推广优化设计并取得了重大成果, 但是多目标约束的应用仍尚属鲜例, 可见优化设计在实施阶段仍有不少问题。例如, 电子变压器、电感器行业至今仍然处于可行设计阶段, 在优化设计的数学模型建立和计算方法等方面都有不少问题待解决: 电子变压器、电感器的设计目标和约束条件常为强非线性的, 优化时具有涉及层次多、决策主体多、策略空间元素多和目标效用函数多的四多特征, 计算复杂, 且通常只能得到多维数值解集, 而从预决策的"集"中得出再决策的"点"又难免带有主观性。

系统设计: 磁性器件本体的设计属于元器件级的设计, 若干个元器件相互作用构成子系统。系统设计需要把各个元器件的诸目标和约束组合起来考虑, 有的目标和约束甚至会相互转换, 兼顾各层级的需求往往要通过博弈来实现。元器件级优化设计是系统级优化设计的基础[3]。

1.2.3　优化模型和目标约束

1. 数学符号和公式解读

数学符号：优化设计的全称为多目标约束优化设计，其数学符号表达为

$$\min f_i(x), \quad i=1,2,\cdots,m \qquad\qquad —— 诸设计目标$$

$$\text{s.t.} g_j(x) \leqslant 0, \quad j=1,2,\cdots,n \qquad —— 不等式约束$$

$$h_k(x)=0, \quad k=1,2,\cdots,p \qquad\qquad —— 等式约束$$

$$\Omega \in S, \quad x \in \mathbf{R}^L, \quad \Omega = \left\{ x \in \mathbf{R}^L \middle| g_j(x) \geqslant 0, j=1,2,\cdots,n;\ h_k(x)=0, k=1,2,\cdots,p \right\}$$
$$——受约束的可行域$$

本书 $L \leqslant 4$，也就是说决策变量不超过 4 个。此外，由于目标中既有最大值(max)问题(如效率)，也有最小值(min)问题(如温升)，为统一表述，亦可令 $\max f(x) = \min[-f(x)]$。

公式解读：如何在等式约束和不等式约束的范围内，通过选择决策变量集，达到兼顾各设计目标的目的。

2. 优化过程和流程框图

以变压器设计中的面积乘积法(即 AP 法)为例，其优化设计的流程图如图 1-2 所示。
流程图说明：
图 1-2 请参阅第 6 章的小型变压器多目标约束优化设计的可视化算法。

3. 连续优化和组合优化

连续优化：求解连续变量的问题，通常是求解一组实数或者一个函数。求解连续优化问题的算法有很多。

组合优化：求解离散变量的问题，通常是从某无限集中寻找一个整数、集合、排列或图。求解组合优化问题仍然比较困难。

4. 设计目标和约束条件

设计目标：如变压器优化设计中的成本、损耗、电压调整率和漏感等。
约束条件：如变压器优化设计中的温升、尺寸、重量和电磁兼容性等。

在多层优化设计时，各层设计目标和约束条件有时会相互转化，如整流变压器中的漏感受制于 LC 无源滤波器中的电感器，而整流变压器优化设计和 LC 低通滤波器优化设计是分属相互关联的上下两层。

5. 解析解和数值解

解析解：前面讨论的可行设计过程中的计算公式都是由 Maxwell 方程在特殊条件下演绎出来的函数表达式，都有点状解析解。解析解通常是点状的。

数值解：多元非线性方程一般没有解析解。多目标约束优化设计所涉方程是非线性方

程，既无解析解，又难觅有用数值解。数值解可以是集状的。

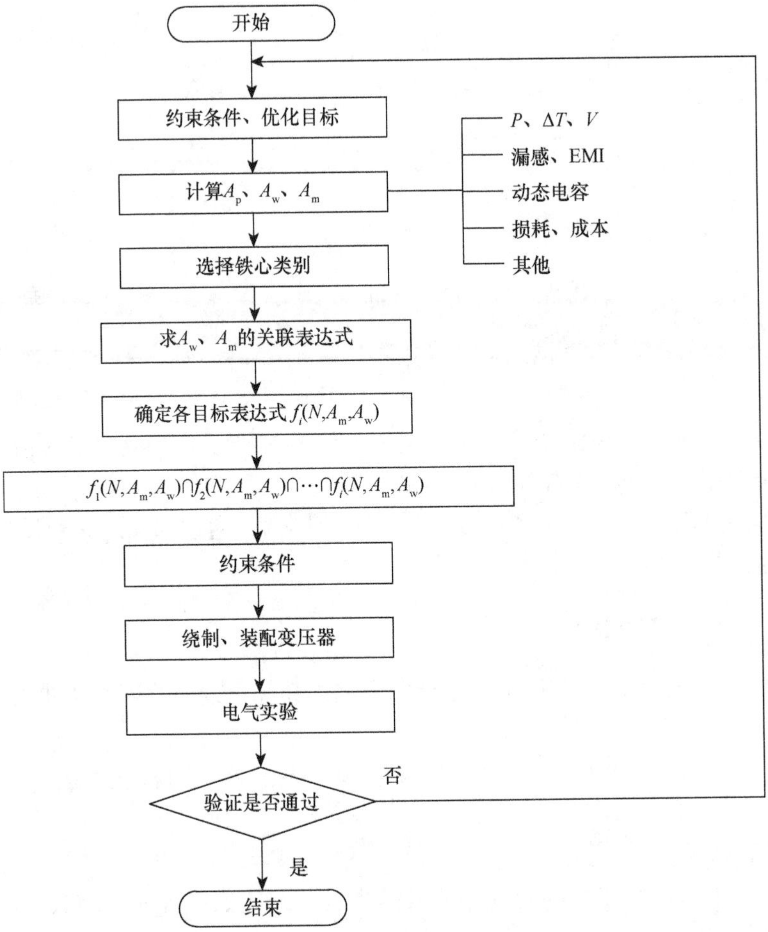

图 1-2　优化设计的流程图

6. 目标和约束

优化设计的目标和约束是可以相互转化的，以变压器为例，效率、成本、电压调整率和漏感等可作为变压器的设计目标，温升、电磁兼容性、体积和线度(如扁平结构)等亦可作为约束条件。

兼顾多目标：选择能够兼顾各个设计目标的决策变量是重要的，属于所得计算结果是最优解还是次优解问题。

满足诸约束：选择能够满足各个约束条件的决策变量更是决定性的，属于所得计算结果是不是所求解的问题，更为重要。

7. 磁件和工况

磁性器件的电磁特性与其实际工作状况强相关。例如，对于单相整流器中的低通滤波器，若其电感器处于单相桥的交流输入侧，则因其铁心工作于Ⅰ～Ⅲ象限而不易饱和，故电感器的功率密度大；若其电感器处于单相桥的直流输出侧，则因其铁心仅工作于第 I 象限且直流分量大而容易饱和，故电感器的功率密度小。

8. 器件和系统

磁性器件、电容器、电阻器和半导体器件为现代电路的基本构成。磁性器件的外特性直接影响着其周边器件的工作状态，例如，变压器漏感影响着整流桥的换流，增加了全控器件的电压应力等；同样，电路相关支路的电压、电流波形也直接影响着磁性器件的工作状态，例如，直流分量会导致偏流饱和。因此进行设计前一定要掌握磁性器件的工作状态。

9. 数学、理科和工科

磁性器件的优化设计事关数学、理科和工科。

数学：数学是人类智慧的结晶，是人造的科学，源于自然界且可脱离自然界而存在，但却可以用来描述包括电磁活动在内的自然现象，如 Maxwell 方程。

理科：自然现象是可以脱离人类而存在的，理科是人类用数学、逻辑等工具对自然规律的描述。如电磁现象可脱离人类而存在，但却能对人类活动产生重大影响，第二次工业革命就是基于电磁学的一系列研究成果。

工科：工科可以说是人类用数学来描述自然现象，掌握其变化规律，并把控其变化趋势以利于人类活动，进而研制出自然界所没有的物品。例如，用 Maxwell 方程来描述电磁现象，掌握电磁能量转换规律，选择电磁材质以构造出特定的电磁路，研制出磁性器件，再通过多目标约束优化出性价比高的变压器、电感器。

数学建模至关重要，当以数十纳秒级开关速度将 PWM 脉冲功率序列作用于分米级尺度的磁性器件时，会出现空间能量失衡，再加上铁磁质的多值非线性等原因，现有外特性模型的置信度不高，虽然设计手册上有压降、损耗、温升、漏感、电感量和体积等公式范例，但若考虑偏磁、非正弦波形和局部饱和等实际工况，则会带来难以容忍的误差。为提高模型的置信度，学界正在加强对非正弦条件下电子变压器、电感器的内部电磁能量转换机理的研究。精细、扁平和磁集成化是磁性器件的发展方向，也会带来局部磁力线扭曲和磁密突变，从而增加了理论分析、硬件实验和数学建模的难度。

10. 现状和意义

优化设计的现状：磁性器件的多目标约束优化设计在理论上虽能兼顾效率、温升、成本、电磁兼容、体积和重量等相互矛盾的指标，但因其所属模型具有多元非线性的属性，常常既无解析解，又难得到有效全局最优解，在工程实践中鲜有实例；欧美电子变压器、电感器的三大名著(参见文献[5]、[6]、[7])和国内的设计手册中也均未提供优化设计的范例[2,8,9]；近年电类专业期刊中虽有优化设计及其算法的讨论，但不仅背景各异、观点不一，而且都因有特定的限制而难以推广。

优化设计的意义：优化设计可迅速提高磁性器件的性能价格比，是产品迈向高端，实现智能化生产的必经之路，电子变压器、电感器的优化设计是功率变换器迈向高端的必经之路，是目前电力电子领域的一个研究瓶颈和几年后的研究热点。磁性器件研发涉及电力电子、控制系统、电机学、磁性材料、优化理论、数值优化和数据可视化,形成了磁性器件的优化设计及其可视化算法,本书拟在优化设计的研究中强调可视化算法,并嵌入博弈观点,力争为解决双层优化问题提供理论和实践依据。

1.2.4　数值优化和优化算法

1. 算法描述

描述算法的方式有自然语言、数学语言、程序框图和伪代码。

自然语言:用汉语、英语和日语等自然语言进行描述通俗易懂,但需要根据上下文来加以判断,无论视觉的文字信息还是听觉的语音信息,都是有传播顺序的,也就是说信息是以串联传播的形式表达的,理解所表达的信息不仅需要有暂态记忆的支持,而且容易产生歧义,表达内容日趋丰富,但人类的暂态记忆有限,因此自然语言很难描述计算方法。

数学语言:现代数学语言基于特定或约定成俗的数学符号。含运算符号和逻辑符号在内的数学符号的演变和进化是人类智慧积累和科技进步的集中表现,数学符号的使用和发展体现了知识平等化的进程。基于数学符号的数学语言是并联输入的,且有严格的数学证明所支持,故不会产生歧义,但直接用于算法的描述却显深邃,难以直接编写成计算机能懂的程序。

程序框图:程序框图又称为流程图,是用图形表示的各种算法操作,如输入输出、判断选择、循环条件和执行顺序等,直观且便于理解,目前已有各类标准,以便于交流。程序框图是设计算法的重要工具,在此基础上可以选择适当的语言(如 C 语言、汇编语言等)来实现算法,完成多目标约束优化设计。

伪代码:伪代码使用介于自然语言和计算机语言之间的文字或符号来表达计算方法,用自然语言逐行书写其操作功能,层次清楚,既便于修改、记忆和交流,又便于翻译成计算机能懂的语言以上机操作。伪代码的不足之处是逐行串联输入,阅读理解需要借助人的暂态记忆,不便表达复杂的计算过程。

2. 数值优化

数值优化是指求多元非线性方程的数值解,而数值优化正是求其数值解的工具,涉及数学理论和编程实践。数值优化的本质是从可行域中找到最好的点:给定初始点 $x_0 \in D(x;\alpha)$,经过非线性变换 $T_k : x_{k+1} = x_k + \theta_k d_k = T_k(f, D, \alpha, x_k) : T_k(x_k)(k = 0, 1, \cdots, K)$,最终得到足够精度的最优解。在非线性变换中, $d_k = d_k(f, D, \alpha, x_k)$ 表示方向, $\theta_k(f, D, \alpha, x_k, d_k)$ 表示步长。

数值优化也可以表示为 $\Omega \subset \mathbf{R}^R$,且 $x \in \Omega$,使得有 $\min f(x)$ 或 $\max f(x)$,与优化设计所不同的是,数值优化既无多目标 $\min f_i(x)$,又无约束条件 s.t. $g_j(x) \leqslant 0 (j = 1, 2, \cdots, n)$ 和 $h_k(x) = 0$,其中 $k = 1, 2, \cdots, p$,较为简单。

这些算法的共同特点是所得解与初始值设定、方向、步长和收敛判据强相关,并且解的形式是孤立的,且很难判断其稳定性。好的数值优化算法的评价标准如下。

鲁棒性:只要是同类问题,所得解便与初始值的设定无关。

高效性：内存占有和消耗时间可以接受。

准确性：解的误差是已知且可以接受的。

3. 优化算法

优化算法是指在多目标约束优化设计的方程列好之后，求解该多元非线性方程的方法。例如，变压器优化问题属于多元多目标多约束的优化问题，求解思路如下。

既有算法：目前采用的算法包括但不限于下列形式。

多目标约束问题——多目标无约束 N 维问题——降维——一维问题——点状解

将 N 维问题化成一维问题之后再用分数法、0.618 法求解出点状的解析解。当然，也可以采用包括人工智能遗传算法在内的其他数值优化算法来求解。

由于要在诸约束条件下兼顾多个优化目标，所以其比数值优化复杂。

4. 可视化算法

本书采用作者提出并实现的可视化算法进行优化设计[1]，以四维为例：

(1) 将三维空间的值域 $f(x,y,z)$ 映射为颜色频谱(色谱集)，以色杆刻度标明值域和色谱集的对应关系；

(2) 用多目标和诸约束的并集表示它们各自的全局分布；

(3) 用多目标各自决策变量的交集来表达最终决策变量的取值范围；

(4) 在该取值范围内构造新的函数来兼顾各个设计目标的利益权重；

(5) 在多目标约束最优解集中，取内接圆，圆的半径表示鲁棒性，圆心表示最优解。

可视化算法能从海量的数据和晦涩的公式中，把握数值的多维空间分布和变化趋势，选择各层的决策变量、约束条件和目标函数，以优化结果作为约束条件来限制部分变量的取值范围，链接三组多集嵌套的多维可视化图簇，表达同层竞争、层间竞争/依赖和整体优化问题。

5. 鲁棒优化问题的可视化求解方法

(1) 不确定性：用数据可视化评估目标函数中的参数摄动影响解的最优性、约束条件中的参数摄动影响解的可行性。

(2) 鲁棒优化：用与数值对应的颜色表达不确定集合的多维空间分布、不确定参数的上下界和不确定性总体偏差量。

(3) 预决策和再决策：用多维数值解集展现预决策的空间分布，充分考虑其他决策的影响后进行再决策，确定点状最优解坐标。

(4) 减小模型不确定性：减小计算和测量误差，以及模型内的不确定性；借鉴学界"损耗 VS 电流波形"、"磁导率 VS 温度"和"磁导率 VS 电流波形"等的研究成果，减小外部扰动带来的不确定性。

1.2.5　双层优化和系统优化

双层优化：即双层优化设计，电子变压器、电感器的优化设计与其所在功率变换器的主回路、吸收电路和控制系统的优化设计均强相关，两两之间形成上下层的关系，存在着同层竞争和同层依赖问题。要解决层间竞争和层间依赖问题，应该找到求出全局最优解并评估其鲁棒性的计算方法，鉴于其复杂性，应首先从解决单个双层优化问题入手，以双层优化为例[10]。

上层问题：

$$\min_{x \in X} F(x, y(x))$$
$$X = \{x \mid G(x) \geqslant 0\}$$
$$y(x) \in S(x)$$

下层问题：

$$S(x) = \arg \min_{y \in Y(x)} f(x, y)$$
$$Y(x) = \{y \mid g(x, y) \geqslant 0\}$$

式中，x 为策略；X 为策略集；$S(x)$ 为以 x 为参数的下层问题的最优解集。上下层为非合作顺序决策，先考量上层约束条件 $G(x)$ 并选择上层策略 x，再考量下层约束条件 $g(x,y)$ 并选择下层策略 y，y 依赖于 x，x 不但影响着下层的目标函数 $f(x,y)$，还影响着下层的策略集 $Y(x)$，$y(x)$ 也影响上层的目标函数 $F(x,y(x))$，上层在进行决策时须预见下层的反应，即 $y(x)$ 属于 $S(x)$。

系统优化 I：系统优化可以理解为多层优化，磁性器件与其所在功率变换器的主回路、吸收电路和控制系统的优化设计均强相关，彼此构成包含、从属关系。将诸元件级的优化设计综合成为整机级的系统化设计才能提高电力电子功率变换器的品质，多目标约束优化设计是系统化设计的关键，有着强劲的需求。但是系统优化设计复杂，应在元件级优化设计的基础上，以两个双层优化串联起来的形式来处理三层乃至更高层的优化问题。

系统优化 II：磁性器件逐步完成了以平面、片式、薄膜、叠层和磁集成等形式为代表的精细化结构革新，但在既有变压器手册上却难以找到对应的设计公式；近来又出现了磁性器件与电容器、半导体器件融合一体化的新封装，需要综合电路设计、磁设计和散热设计，从元件级的优化设计迈向系统级的系统化设计，对设计的要求更高。

精细化、多功能化是磁性器件的发展方向，元件级优化设计是系统优化设计的关键环节。

1.2.6　双层优化和博弈策略

博弈论：主张实施决策时须考虑其他决策的影响，可避免主观性[10]。

以图 1-3 的整流变压器为例，讨论如下。

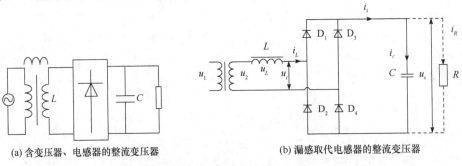

(a) 含变压器、电感器的整流变压器　　　　　　(b) 漏感取代电感器的整流变压器

图 1-3　整流变压器

图 1-3(a)的电感器 L 与电容器 C 构成低通滤波器，电感器处于交流侧，不但避免了无直流饱和，而且可以抑制意外短路电流，该滤波器的性价比优于使用直流电感器的低通滤波器(图略)。变压器的漏感是不可完全避免的，把控漏感的大小并将其用来充当图 1-3(a)的电感器，合二为一得图 1-3(b)的配置结构，虽然这样可以节约成本，但在设计上却要兼顾变压器和 LC 滤波器双方的利益，其相互关系如图 1-4 所示。

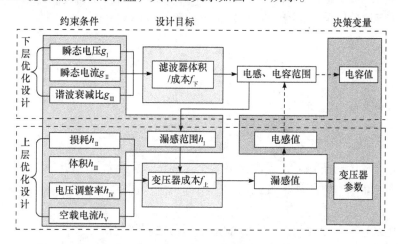

图 1-4　变压器、滤波器的双层优化设计

如图 1-4 所示，上下层的设计目标和约束条件是互相制约、互相转换的，双层优化设计需要在两个多目标约束优化设计之间求得平衡。

含博弈策略的优化设计：在诸约束条件下欲兼顾各设计目标，其决策常常是矛盾和主观的，且所得 Pareto 解集也只是非劣/占优的。拟在可视化算法中融入博弈策略来调和冲突，设置强有力的约束来避免主观随意性，再利用人的视觉灵感，从可视化的非劣解集中选择出最优解坐标。

拟人零和博弈：将系统决策和实际工况的随机变化虚拟为一组两人零和博弈的双方，实际工况代表不确定性对系统运行带来的影响(如温度 VS 磁导率等)，针对某约束集合内的任一不确定性，设计者提出最佳的应对策略，以最大限度地抑制不确定性对系统的影响。

目标效用函数：先将只能比较心理感受不能做加减运算的序数效用、可比较顺序感受且能做加减运算的基数效用和概率分布的期望效用表达成矢量的效用函数，然后找出诸目标间的相关性以构成合作博弈，确定权重系数、效用归一化和可视化表达的具体形式。

约束到无约束：设计目标的期望效应不同，其策略组合的表达式亦不相同，为使自变量一致，拟先用 Lagrange 乘子将某目标的约束优化转化为无条件优化，由偏导构成一阶最优条件，即 KKT (Karush-Kuhn-Tucker)条件。

求解双层优化：既强调层内的 Nash 竞争和层间的 Stackelberg 竞争，又强调目标函数间的耦合性和策略集的耦合性；先将下层 Nash 博弈用等价 KKT 系统替代，再列出上层各非线性规划的 KKT 条件,将磁性器件的优化目标及其自变量均上移到主回路的优化中，用大于五维的数据可视化算法来求解；先将下层 Nash 博弈用等价 KKT 系统替代，再交替求解每个上层问题的等价非线性规划，将磁性器件的优化目标及其自变量均上移到主回路的各单目标优化设计中，然后用多维数据可视化图簇对主回路诸单项目标求交集[10]。

用决策变量相同的可视化图簇来解决单层优化问题，用两个图簇来解决双层优化问题，上层的决策范围构成下层的约束条件。

鲁棒优化设计：优化方程常常没有解析解，其数值解即 Pareto 解也只是非劣解。为从非劣解集中求出最优解，以四维可视化为例，拟在数值相近的解集内腔中勾勒出内接球，并以球心坐标作为最优解，以球心半径评估解的鲁棒性。

1.3　优化设计的关联

1.3.1　中国智造和优化设计

1. 从元件级的优化设计到整机级的系统化设计

在元件优化设计的基础上，还需要对多个元件进行整体优化，进一步开展系统级优化设计才能有效提高电力电子功率变换器的品质，系统级优化设计的关键是多目标约束优化设计。

目前，电力电子工程师与磁性器件制造工程师之间的交流经常在孤立且互相制约的问题(如漏感和压降等)上产生歧义，而数据可视化表达的是动态的诸设计变量的有效可行域 $f(x_i)$，不但可供选择的数据空间更大，便于趋利避害，而且便于使用者与设计者间的交流。

2. 新型磁性器件的研发

磁性器件精细化、平面化和集成化是电力电子装置增加功能和性价比、降低损耗和干扰、减小体积和重量的关键切入点。在完成面向创新的精细化磁性器件的概念设计及其样机研制之后，面向物理结构的动静态性能、面向电力电子电路的外特性和面向制造性能的加工方式等方面所暴露的问题，以及降低损耗、干扰、振动和成本等后续问题接踵而来，而多目标约束优化设计可加快研发进程。研制新型磁性器件的过程就是从不完全信息博弈逐步向完全信息博弈过渡的过程，并得出数据的概率分布。

3. 新型磁材磁芯的研发

铁粉目数、配比和成型压力直接影响着磁芯性价比，用"加班加点搞实验"的办法很难找到最佳配比。若以铁粉目数、配比和成型压力为设计变量，以损耗、磁导率和偏磁下的磁导率维持度为优化目标，以成本和温升等为约束条件，并将诸设计变量的有效可行域展现出来，则可加快研发进程。此外，磁性器件的几何结构、铁心截面的长宽比和窗口面积的长宽比也需要经过优化设计而得到。

4. 其他应用

多目标约束优化设计及其多维可视化算法是个数学问题，属于应用基础研究。因此，可将其研究成果直接推广到其他应用领域，以可视化的形式提供优化设计数学模型数值解的有效可行域，从而提供决策依据来规划某事，使其效果最好，如 PI 调节器的设计，各种产品的设计，物流、能量流和资金流的调配等。

1.3.2　优化设计的技术准备和电磁参数测算

1. 优化设计的技术准备

(1) 搜集行业标准、国家标准、IEC 和 IEEE 标准，建立并逐步完善电子变压器、电感器优化设计的数据库，内容涵盖磁性材料、变压器、电感器和电力电子功率变换器等。

(2) 搜集铁心、磁芯、铜漆包线、铝漆包线、龙骨结构、接插件、层间绝缘、绝缘漆等的文档数据和市场价格等。

(3) 基于不同铁心/磁芯结构的基本数学模型，如磁路长度、平均匝长、铜铁体积、铜铁损和对内对外的电磁干扰等。

(4) 通用性商品软件，如 MATLAB 等。

(5) 国内外关于电力电子、磁性器件和计算方法等领域的最新研究成果。

2. 优化设计的电磁参数测算

电感量是电子变压器、电感器的最基本测算需求，由于磁性材料的多值非线性，磁性器件的工作状态又千差万别，各线圈的自感和各线圈间的互感测算都令人棘手。虽然，用 LCR 电桥亦可方便地得到测算结果，但是该类电桥的测量源自仪表级的振荡器，仅能展现 B-H 曲线零点附近的数值，而不能展现实际工作状况。

漏感量是电子变压器的最基本控制目标[1]，既有设计手册上的计算公式都是基于初次级同心绕组结构和无限长螺线管的物理假设而得出的。同心绕组常常并不符合无限长螺线管的假设，所得计算结果误差甚大；特别是对于非同心绕组结构的漏感计算公式，因其根本不符合无限长螺线管的假设，故各设计手册上均尚未涉及。

为提高电感、漏感的计算公式的精确度，需补充被省略的决策变量，使得公式呈现出多元非线性的特质，求解工作常常陷入既无解析解又难觅有用数值解的困局，迫切需要数值优化的新方法，于是数据可视化应运而生。

整流是最为基本的用电环节，整流变压器起着改变电压，隔离交、直流回路的关键作用；相控整流是最为基本且用途最广、最经济的 AC-DC 形式[1]。无功功率和功率因数是电工学讨论百年却尚无定论的课题，从物理概念到数学表达都众说纷纭，功率因数的基本概念是由交流电路中正弦电压和正弦电流的相位差导出的。核心问题是相控整流对正弦波内部进行了控制，使得源侧电压、电流和阀侧电压、电流出现了明显的差异，无功功率的测算特别麻烦，迫切需要电磁理论和测算方法上的突破。

参 考 文 献

[1] 伍家驹, 刘斌. 逆变器理论及其优化设计的可视化算法[M]. 2 版. 北京: 科学出版社, 2017.

[2] 张占松, 蔡宣三. 开关电源的原理与设计(修订版)[M]. 北京: 电子工业出版社, 2004.

[3] 闻邦椿, 刘树英, 郑玲. 系统设计的理论与方法[M]. 北京: 高等教育出版社, 2017.

[4] 前田佳弘, 郷直樹, 岩崎誠. 最適化問題の可解性を利用したパラメータの安定範囲算出とパラメータ調整の効率化[J]. 電気学会論文誌 D, 2018, 138(5).

[5] VAN DEN BOSSCHE A, VALCHEV V C. Inductors and transformers for power electronics[M]. New York: Taylor & Francis, 2005.

[6] MCLYMAN C W T. Tansformers and inductor design handbook[M]. 3rd ed. Colifornia: Kg Magnetics, Inc., 2004.

[7] HURLAY W G, WöLFLE W H. Transformers and inductors for power electronics: theory, design and applications[M]. Chichester: John Wiley & Sons, 2013.

[8] 王全保. 新编电子变压器手册[M]. 沈阳: 辽宁科学技术出版社, 2007.

[9] 王瑞华. 脉冲变压器设计[M]. 2 版. 北京: 科学出版社, 1996.

[10] 梅生伟, 刘锋, 魏韡. 工程博弈论基础及电力系统应用[M]. 北京: 科学出版社, 2016.

[11] 茂木進一. 欧州向け単相パッシブ高力率整流器における主回路定数の最適化による小型化の検討[J]. 電気学会論文誌 D, 2021, 141(10).

第 2 章　优化设计的可视化算法

磁性器件的电磁现象都可以用 Maxwell 方程来解释，但是其微积分的表达式难以用于可行设计和优化设计。设计手册中的公式都是由 Maxwell 方程演绎而来的，以一系列简单且内含待激活符号的非线性变换形式供读者选择。设计者首先在有序的公式里逐步填上待定的数据，以激活/替代若干个符号，如额定电压、功率和频率等设计条件，磁导率、电阻系数、磁感应强度和电流密度等电磁材料参数，周边温度和海拔等环境条件，便可以求解出单变量方程的未知数；然后逐步地将前续公式的解代入后续公式，通过进一步的激活/替代，才能得到所需铁心和绕组的具体数据。若出现不满足目标约束的状况，则必须从第一步开始重新设计。

多目标约束优化设计是将可行设计中的一系列只包括一个参数的线性变换和含激活函数的非线性变换重构为一个复杂的非线性变换组合，一次性地在多目标约束下兼顾各个设计目标。随着优化设计的深入，相互独立的决策变量越来越多，需要面对目标函数 $F = f(i)$ 的求解问题，该方程常常既无解析解又难觅有工程价值的数值解。因此，在数学模型确定后，求解方程的算法便是优化设计的关键。

本章针对多元非线性方程常常既无解析解又难觅有工程价值的数值解，讨论数据可视化的求解方法，分别为三维数据可视化、四维数据可视化和五维数据可视化(以下分别简称三维可视化、四维可视化和五维可视化)，并讨论其基本概念及实施手法。具体的程序代码及其详细注释结合优化设计的算例安排在第 6 章详细讨论。

2.1　数据可视化的意义

设计对产品性价比有七成的贡献率[1]，有仿制、可行设计、优化设计和多层优化设计之分。仿制是研发的起步阶段，暂不讨论；可行设计是将工作条件和材料特性等数据逐步地填入若干个解析式的自变量中，顺序得到点状解析解，缺点是难以在诸约束条件下兼顾各个设计目标，且一旦有某个设计目标未完成或某项约束条件未满足，就需重新开始计算[2-7]；优化设计是多目标约束优化设计的简称，可克服上述缺点，但其所涉方程是多元非线性的，既无解析解，又难觅有用数值解，优化设计属于非线性规划范畴[8,9]，华罗庚教授于 20 世纪 60 年代亲赴基层推广优选法(即优化设计)[10]，可见优化设计的用途广泛；多层优化设计是在若干个元件级优化设计的基础上，考量诸元器件的相互作用，进而提高系统性价比，系统级的多层优化设计是以元件级优化设计为基础的。

优化设计的求解有两大途径：一是降维，即将模型化为无约束 N 维方程，再逐步降至一维方程来求点状解；二是数值优化，即通过局部搜索的求解过程来寻觅点状数值解。点状解既难判断出鲁棒性，又不易与客观条件相契合，数值优化有望解决这一问题。传统的数值优化算法是在梯度法的基础上改良而来的：对每一个算例都要设定初始解、替代方向、步长和收敛判别，然后进行逐步迭代，优化亦是对迭代点进行非线性变化的过程，该算法一旦被程序实现，其效率便被固化。

数值优化可使数值解的求解过程和所得结果都更加优异，它有三个应用领域：一是优化设计，即把控既有模型中的决策变量，在诸目标的约束下兼顾多个设计目标；二是数值仿真，即按既有模型的输入激励，计算其输出响应；三是建模辨识，即根据某黑匣子的输入激励和输出响应，进行数学建模和系统辨识。常规算法所得点状解亦有可能成为局部最优解，但难兼顾解的鲁棒性，当出现数据误差、测量误差、预测误差和环境变化导致的参数摄动时，轻则完不成目标变成次优解，重则不受约束变成无效解，难点是在兼顾各方利益且体现各目标地位的基础上得到鲁棒最优解[11]。

将海量的数据和晦涩的公式映射到色彩空间中，则更容易调动人的视觉本能来判断数据的全局分布及其变化趋势，再通过可视化交互界面进行人机互动，将个性化的经验可视地融入数据分析和推理决策过程中，逐步降低数据的复杂度。数据分析所产生的认知和既有知识间的差异更容易触发灵感并逐渐知识化，IEEE Computer Graphics and Applications 在 2009 年出版了论文专集，强调数据可视化对理解科学现象和把握科学规律的重要性，国内学者也在数据可视化及其优化设计上做出过贡献[12]，但却鲜有用可视化在诸约束条件的限制下来兼顾多目标利益的报道。有文献也曾讨论过优化设计的可视化算法，但却只展示了图簇及其设计结果，未阐明所涉逻辑运算的概念，未结合值域和频谱对凸性、交集和鲁棒性等手法进行详细分析，令读者难以举一反三[8]。

2.2　三维可视化算法

对于二元函数 $u = f(x,y)$，以自变量 x、y 建立二维直角坐标系，使用色谱集来表达函数的值域，再将函数值域与计算机表达的色谱集范围相对应，便可在二维决策平面内展示因变量的全局分布。右侧数轴 colorbar 表示的色谱集与决策平面内的颜色一一对应，故可根据颜色比对直接读出不同位置的函数值。下面讨论了三维数据场可视化的基本概念，函数的值域与色谱集的映射，数学表达式，集状解、点状解及其稳定性等，并结合算例讨论如何通过可视化交互用交集来兼顾多目标和用并集来彰显约束条件，还通过程序框图讨论如何在决策变量的交集中构筑评价函数来兼顾多目标。

2.2.1　网格坐标和网格数值

1. 网格坐标

二元自变量 x、y 可生成网格端点矩阵，其值沿各自轴的正方向均匀变化，令步长为 d，故

$$\begin{cases} x_n = x_1 + (n-1)\,d \\ y_n = y_1 + (n-1)\,d \end{cases} \tag{2-1}$$

式中，x_1、y_1 为初始端点值；x_n、y_n 为第 n 个端点值，$n = 1,2,3,\cdots$，其网格端点矩阵见图 2-1。

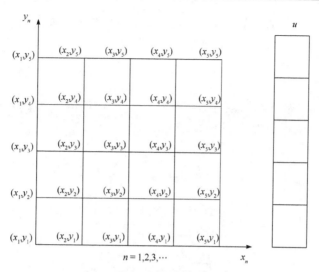

图 2-1　二维网格端点矩阵(基本格)

图 2-1 中，(x_n,y_n) 为端点坐标，网格内只标有位置，而无实际数值。

2. 网格坐标中的函数值

在步长 d 较宽时，各端点构成的矩阵网格难以表达相邻端点间隔内的函数值，故取相邻端点间隔内的中间数值来表示该段的数值，令 x 轴、y 轴方向上的步长中间数值分别为 a_i、b_i，即令 $i=n(n=1,2,3,\cdots)$，有

$$\begin{cases} a_i = x_n + 0.5d \\ b_i = y_n + 0.5d \end{cases} \tag{2-2}$$

相邻等长且互相垂直的间隔线段可构成闭合的方块域，每个方块域都有且仅有一个对应的坐标，将此坐标代入具体的二元函数中，即 $u = f(a_i, b_i)$，故每个方块域都有一个具体的函数值，可整体填充为同一种颜色，以此来展示函数的变化情况。每个方块域构成的基本格如图 2-2 所示。

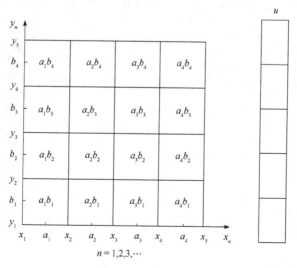

图 2-2　三维基本格

在图 2-2 中，每一个方块域表示 $u_i = f(a_i, b_i)$ 的具体数值，亦可用色谱图中颜色的有序变化来表达每个方块域具体表达的函数值。

3. 网格函数表达式

对于引入的函数，如 $u = xy$，在步长 $d = 1$、$x_1 = y_1 = 1$ 的情况下($x \leqslant 5$，$y \leqslant 5$)，由 MATLAB 的工作区得出的网格端点如图 2-3 所示。

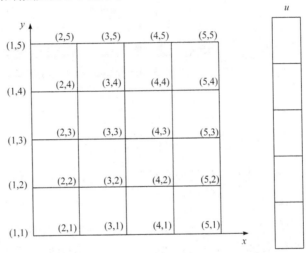

图 2-3　三维网格端点矩阵(函数格)

图 2-3 展示了网格端点的变化情况，据此可知：

(1) 沿 x 轴正方向的矩阵的每一行是一致的，方向向右，决策变量 x 以步长 $d = 1$ 依次增大；

(2) 沿 y 轴正方向的矩阵的每一列是一致的，方向向上，决策变量 y 以步长 $d = 1$ 依次增大；

(3) 矩阵的行数等于列数，相互叠加，共同组成了网格端点矩阵。

综上所述，结合与数值对应的色杆，可以得到三维函数格，如图 2-4 所示。

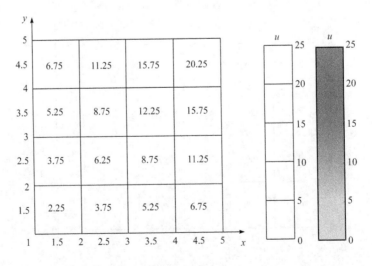

图 2-4　三维函数格

　　由图 2-4 可知，每一个方块域内都有具体的函数值，像这样有具体数值的方块域称为函数格。观察函数格的数值分布，不难发现，在 *x-y* 坐标系正方向的夹角内，从左下角第一个函数格开始，函数格数值呈放射式增大，其中沿斜向上 45°方向增大的速度最快。如若将函数值域与色谱集一一对应起来，将会更加直观。

　　4. 函数值的可视化

　　利用 surf 指令，也可生成网格面。对二元函数 $u = xy$ 编程运行后得图 2-5。

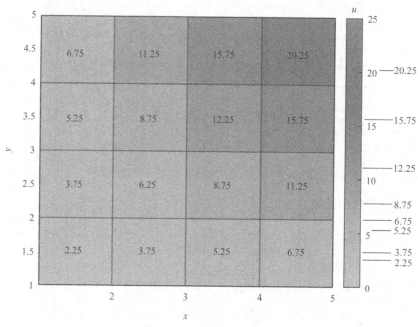

图 2-5　函数值的可视化

　　为方便观察每个方块域的函数值与色谱集的对应关系，特在方块域和数轴 colorbar 表示的色谱集上标注了具体的数字。

　　由图 2-5 可知，每一个函数格都根据其数值的大小被赋予了一种颜色，且与数轴 colorbar 表示的色谱集一一对应。观察可知，函数格的颜色沿斜向上 45°方向逐渐加深，说明函数值沿此方向逐渐增大，与图 2-4 的观察结果吻合。因此，二元函数的值域分布情况可由多个方块域的颜色变化直观展示出来。随着步长 *d* 的不断减小，图 2-5 中的方块域将会变得非常小，若继续采用 surf 指令生成网格面，整个二维可视化平面将会变成黑色，这是由于方块域边的颜色干扰了函数值的可视化。根据数学上的极限原理可知，当步长 *d* 趋于无穷小时，由方块域表示的函数值连续，故引入 mesh 指令生成可视化平面，同样大小的函数点用相同的颜色表示，即颜色渐变趋势连续，如图 2-6 所示。

　　如图 2-6 所示，决策平面内的颜色沿斜向上 45°方向逐渐加深，变化过程较为平滑，说明函数值的渐变趋势连续。显然，函数 $u = xy$ 在全局范围内的分布情况清晰明了，为观察者的决策提供了方便。三维可视化可以获得二元函数的全局分布，展示了更多的信息，但是由于自决策变量仅有 *x*、*y* 两个，只适用于求解含两个变量的方程 *f*(*x*,*y*)。

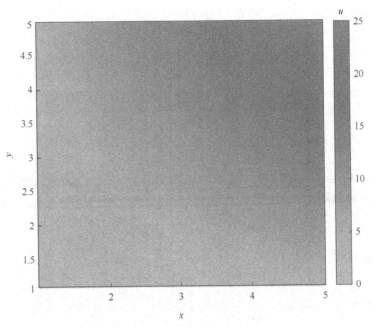

图 2-6　函数值的可视化(步长 d 趋于无穷小时)

2.2.2　决策变量和目标约束

1. 可视化算法及其集状解

1) 优化设计及其可视化算法

优化设计的全称是多目标约束优化设计，其一般表达式为

$$\min f_i(x), \quad i = 1, 2, \cdots, m$$
$$\text{s.t.} g_j(x) \leqslant 0, \quad j = 1, 2, \cdots, n \tag{2-3}$$
$$h_k(x) = 0, \quad k = 1, 2, \cdots, p$$

$$\Omega \in S, \quad x \in \mathbf{R}^L, \quad \Omega = \left\{ x \in \mathbf{R}^L \middle| g_j(x) \geqslant 0, j = 1, 2, \cdots, n; \quad h_k(x) = 0, k = 1, 2, \cdots, p \right\}$$

优化目标中有的越大越好，如效率；有的越小越好，如温升，从简计还可令 $\max f(x) = \min[-f(x)]$。该式是个典型表达，但所涉方程常属于多元非线性方程，既无解析解，又难觅有用的数值解。

可视化算法的解题思路：多目标为可示于图簇的非线性向量集，因为各目标的概念、量纲和单位等均不相同，特以标幺值的形式进行逻辑运算，依可视化交互融入人脑的先验知识进行判断，从半开凸集中逐步地缩小范围，在闭凸集的诸约束可行域内做出能兼顾多目标的选择。

2) 算例

例 2-1[13]：在针对某设备编制生产计划时需解决增加利润和减少碳排放的矛盾，用两种原料 Q_1、Q_2 制作两种零件 P_1、P_2，每件 P_1 需 1kg 的 Q_1、4kg 的 Q_2，CO_2 排放量为 9kg；每件 P_2 需 5kg 的 Q_1、1kg 的 Q_2，CO_2 排放量为 11kg；每件 P_1 的利润为 200 元，每件 P_2

的利润为 100 元。现 Q_1 有 25kg，Q_2 有 24kg，且总的 CO_2 排放量不得超过 70kg。问：如何兼顾利润和碳排放？

表达式：设 P_1、P_2 各为 x_1、x_2 件，利润为 $\max f_1(x_1,x_2)=200x_1+100x_2$；碳排放为 $\min f_2(x_1,x_2)=9x_1+11x_2$；约束为 $x_1+5x_2\leqslant25$, $4x_1+x_2\leqslant24$, $9x_1+11x_2\leqslant70$, $x_1,x_2\geqslant0$。以 x_1 和 x_2 为二维决策变量，则各目标函数和约束条件均可用第三维 $f(x_1,x_2)$ 图簇表达。

3) 利润的可视化

依题意可得出 $f_1=200x_1+100x_2$，而在图 2-7(a) 中，点 $(0,0)^T$ 和 $(7,7)^T$ 处有 $f_{1min}=200x_1+100x_2=0$ 和 $f_{1max}=200x_1+100x_2=22100$，而在 x_1、x_2 边际，利润太低/高，并无意义。设 $f_1'(x_1,x_2)\subseteq f_1(x_1,x_2)$，$f_1'(x_1,x_2)\in(f_{11},f_{12})\in(1050,1680)$，再除以 f_{1max} 得标幺值 $F_1'(x_1,x_2)\in(0.5,0.8)$；决策变量可行域 $\Omega_1'=\left\{x,y\in\mathbf{R}^2\left|F_1'(x_1,x_2)\in(0.5,0.8)\right.\right\}$，$F_1'$ 强调因变量值域及其对应的色谱，Ω_1' 强调 F_1' 在 x_1-x_2 平面上的位置，如图 2-7(b)所示。

将图 2-7 中颜色的频谱分布映射于旁边的色杆上的值域，可以清楚地看出函数值的空间分布。

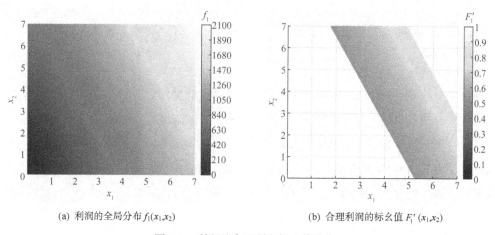

(a) 利润的全局分布 $f_1(x_1,x_2)$ (b) 合理利润的标幺值 $F_1'(x_1,x_2)$

图 2-7 利润及合理利润标幺值分布

4) 碳排放的可视化

依题意可有 $f_2(x_1,x_2)=9x_1+11x_2$ 的值域见图 2-8(a)，依先验知识暂且可略去 $f_{2min}(x_1,x_2)=9x_1+11x_2=0$ 和 $f_{2max}(x_1,x_2)=9x_1+11x_2=140$ 的边际值，可有 $f_2'(x_1,x_2)\subseteq f_2(x_1,x_2)$，$f_2'(x_1,x_2)\in(f_{21},f_{22})\in(56,84)$，其标幺值为 $F_2'(x_1,x_2)\in(0.4,0.6)$，如图 2-8(b)所示。对应的 $\Omega_2'=\left\{x,y\in\mathbf{R}^2\left|F_2'(x_1,x_2)\in(0.4,0.6)\right.\right\}$ 为决策变量可行域，F_2' 强调的是色谱及其对应的值域，然而，Ω_2' 强调的是 F_2' 在决策变量 x_1-x_2 平面上的位置。

按先验知识将碳排放估算值上限 84kg 定为松约束，而将现行政策限制 70kg 定为紧约束，碳排放政策亦可反映在约束条件中，亦可取其他上下限。

在视觉信息处理过程中，引入一个被视为尺度的参数，通过连续变化的尺度参数获得

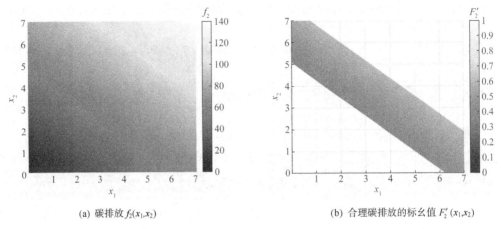

(a) 碳排放 $f_2(x_1,x_2)$　　　　　　　　　　　(b) 合理碳排放的标幺值 $F_2'(x_1,x_2)$

图 2-8　碳排放及合理碳排放标幺值分布

不同尺度下的视觉处理信息。以两个目标函数的并/交集为例，其可视化算法的条件如下：

(1) 两个目标函数的决策变量的可行域相等；

(2) 对两个目标函数值进行尺度变换，取其标幺值，以比较不同单位、不同量纲的函数值；

(3) 对两个目标函数值进行值域约束，使两目标函数分别处于决策变量的不同区域，以利于肉眼辨识。

5) 决策变量的并/交集

并集 $F_3 = F_1' \cup F_2'$ 强调范围，可用保持语句将两图叠加，交集 $\Omega_4 = \Omega_1' \cap \Omega_2'$ 可用找出、删除语句来去掉各自域外值，其效果见图 2-9，视觉通道的感知模式既有定性分类的位置，又有定量定序的值域色谱。F_4 的决策变量可行域 $\Omega_4 = \Omega_1' \cap \Omega_2'$ 为基本可行域。Ω_4 源自 Ω_4 的值域色谱，为突出 Ω_4 决策变量可行域的位置属性，图 2-9(b)淡化了 F_4 的颜色，即因变量的数值属性。可按设计者的经验，通过可视化交互，在交集表达的可行域内贯彻设计意图。

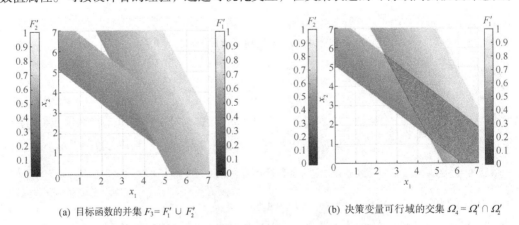

(a) 目标函数的并集 $F_3 = F_1' \cup F_2'$　　　　　　　(b) 决策变量可行域的交集 $\Omega_4 = \Omega_1' \cap \Omega_2'$

图 2-9　目标函数的并集及其决策变量可行域的交集

交集所涉两目标函数是矢量，其是兼顾两目标函数的决策变量集。可行域 Ω_4 仅能

兼顾 F_1' 、F_2' ，必须构建评价函数 $f_5(x_1,x_2)$量化各目标的重要性。因 $\Omega_1' \subseteq \Omega$ ，$\Omega_2' \subseteq \Omega$ ，$\Omega_4 = \Omega_1' \cap \Omega_2'$ ，故 $\Omega_4 \subseteq \Omega$ ，因 Ω 是凸集，故 Ω_4 是凸集，满足凸函数 $f_5(x_1,x_2)$对定义域 dom $f_5(x_1,x_2)$须是凸集的要求。

6) 兼顾多目标的评价函数

在 $F_4 = F_1' \cap F_2'$ 内，若权重系数 $\omega_1 = \omega_2 = 0.5$ ，则 $f_5(x_1,x_2) = F_1'(x_1,x_2)\big/F_2'(x_1,x_2)$ ，值域为[0.5,2]。在图 2-9(b)的可行域 Ω_4 内，因 $f_5(x_1,x_2)$ 有两函数相除，故为非线性方程，利润碳排放比 $f_5(x_1,x_2) = \omega_1 F_1'(x_1,x_2)\big/\omega_2 F_2'(x_1,x_2)$ 的分布见图 2-10。

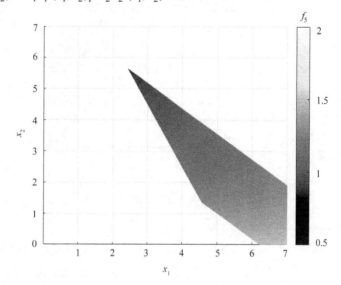

图 2-10　利润碳排放比 $f_5(x_1,x_2)$的分布

图 2-10 中可见，连接 Ω_4 内的任意两个内点的连线都在可行域 $f_5(x_1,x_2) \in (0.8,2)$内，也就是说 $f_5(x_1,x_2) = F_1'(x_1,x_2)\big/F_2'(x_1,x_2)$ 是凸函数，故所涉规划问题属于凸规划范畴，所求得的解集属于 Pareto 最优解集。显然，所选权重系数 ω_1 、ω_2 不同，评价函数的值域及其对应的色谱集分布亦不相同。

7) 诸约束下的利润碳排放比

将图 2-10 的 $f_5(x_1,x_2)$置于诸约束条件下，经加工可得决策变量范围，见图 2-11，约束条件下的评价函数如图 2-12 所示。

(1) 图 2-11 中线条①为 $x_1 \geqslant 0$ ；线条②为 $x_2 \geqslant 0$ ，线条③为 $9x_1 + 11x_2 \leqslant 70$ ；线条④为 $4x_1 + x_2 \leqslant 24$ ；线条⑤为 $x_1 + 5x_2 \leqslant 25$ ，均为不等式约束。

(2) 与五个约束对应的五个线条属于标记通道，可围成由闭凸集构成的决策变量的非空可行域，从而能在四边形 $ABCD$ 密闭空间 $\Omega_5\big|\Omega_5 \subset \Omega_4$ 内，展现满足所有约束且函数值有界的 $f_4(x_1,x_2)$ 。

(3) 由于图 2-11 所在灰色区域的 Ω_4 源自图 2-9(b)，为了凸显决策变量 $x \in \mathbf{R}^2$ 的位置属性，特用灰色淡化了与因变量 $f(x_1,x_2)$ 的数值属性所对应的色谱。

(4) 图 2-12 中 A、B、C 和 D 点及其所围成的四边形 $ABCD$ 亦属于标记，表达最优解集所在的决策变量可行域 Ω_5，源自目标函数值域的限制和不等式约束。

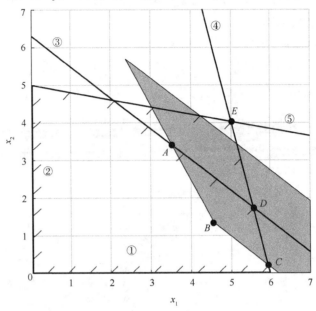

图 2-11　约束条件下决策变量范围

8) 诸约束条件的可视化

不等式约束 $g_j(x_1、x_2) \leqslant 0$，可以线 $g_j(x_1,x_2) = 0$，将决策变量所在凸集分成可行域 H^- 和不可行域 H^+，$g_{j1}(x_1,x_2) = 0$ 和 $g_{j2}(x_1,x_2) = \delta$，$|\delta|$ 为线宽，在线 $g_{j1}(x_1,x_2) = 0$ 和线 $g_{j2}(x_1,x_2) = \delta$ 之间着色可视化，如图 2-11、图 2-12 所示。

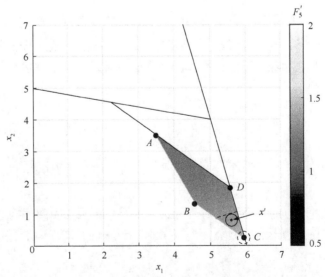

图 2-12　约束条件下的评价函数(见彩图 1)

图 2-12 为评价函数 $f_5(x_1,x_2)$ 值域在紧约束下的分布 $F_5'(x_1,x_2)$，最优解集的决策变量范围 Ω_5 的位置属性见图 2-11 中的四边形 $ABCD$。设点 $\bar{x}$ 为传统最优解，$I(\bar{x})=\{i|g_i(\bar{x})=0,i=1,2,\cdots,5\}$ 为点 $\bar{x}$ 的邻域紧约束指标集，图 2-11 中提示线条①、②、⑤为松约束边缘，线条③、④为紧约束边缘；线条 AB 和 BC 是紧约束边缘，均源自上述 5)所讨论的两目标函数交集 $F_4=F_1'\bigcap F_2'$。

由上述已知 $f_5(x_1,x_2)$ 是凸函数，故所涉优化设计属凸规划，图 2-12 中 $\Omega_5\subseteq\Omega_4$，故亦是凸函数凸规划问题，圆心 x' 是多目标约束最优解，x' 周边的圆是鲁棒最优解集。颜色频谱加上点线圆标记，使视觉通道的信息精准简洁。

2. 解的鲁棒性证明

图 2-12 中 x' 为圆心、设 r 为该圆的半径，则可以用 $R(x_1,x_2,r)$ 来表达圆，$R(x_1,x_2,r)=\left\{(X_1,X_2)\big|(X_1-x_1)^2+(X_2-x_2)^2\leqslant r^2\right\}$。对于给定的常数 $k\in(0,r)$，优化模型就是要在 Ω^k 中找一个面积最大的圆，即使点 (x_1, x_2) 在圆内位移，色彩提示的目标函数值仍接近最优，且 $\partial f/\partial x_1$、$\partial f/\partial x_2$ 均几乎不变，即求 $\max\ r$，且满足条件 $R(x_1,x_2)$。

这是一个非线性优化模型，它的最优解是所对应的 x_1、x_2 决策变量的值，也是系统的最优解。这个解在圆，其表达式为 $R(x_1,x_2,r)$ 内是稳定的，半径 r 的大小在一定程度上反映了系统的最优解的鲁棒性。

Ω^k 常常是二维空间的一个点集，在特殊情况下，它可以是空间的孤立点甚至空集，这时在 Ω^k 中不存在任何邻域，故 Ω^k 的面积为零，优化问题的解是 $r=0$，此时圆内任何最优解都是不稳定的。若 Ω^k 的面积大于零，则优化问题的解通常满足 $r>0$，即系统存在稳定的解 $(x_1,x_2)^{\mathrm{T}}$。优化问题的解可能不唯一；若 Ω^k 是不连通的，是由若干个空间区域组成的，这时在每一个连通的且面积大于零的区域内都可能存在局部稳定的最优解。另外，即使是在一个连通的区域内，也可能存在多个最优解，即圆 $R(x_1,x_2,r)$ 内的每个点都是系统的最优解。证毕。

3. 优化设计的几何条件

1) 鲁棒优化点的几何条件

约束条件可以确定决策变量范围 Ω_5，可视化算法则能据该范围的几何特性和色谱圈定鲁棒优化点。

鲁棒最优解邻域 $N_\delta(x')$：若 $\forall x\in\Omega_5,\ x\in\mathbf{R}^2$，$\Omega_5=\left\{x\in\mathbf{R}^2\big|g_j(x)\geqslant 0,j=1,2,\cdots,5\right\}$，鲁棒最优解 $x'\in\Omega_5$，邻域 $N_\delta(x')=\left\{x\in\mathbf{R}^2\big|\|x-x'\|<\delta,\|f(x')-f(x)\|<\gamma\right\}$，$\delta>0,\ \gamma>0$，其中 $\mathbf{R}^2\to\mathbf{R}$，则 $x\in N_\delta(x')\bigcap\Omega_5$，有 $f(x)\approx f(x')$，即鲁棒最优解及其周边可行域所对应的目标函数的值都大致相等，例如，在图 2-12 中的非边缘色谱相近区域内可自选以 x' 为圆心的小圆。

鲁棒最优解闭包：例如，图 2-12 中非边缘色谱相近区域内能够围成以 x' 为圆心、以 r 为半径的小封闭圆，即 $\Omega_5=\left\{x\in\mathbf{R}^2\big|N_\delta(x')\bigcap\Omega_5\neq\varnothing,\forall\delta>0,\|f(x')-f(x)\|<\gamma,\gamma\geqslant 0\right\}$，说明鲁

棒最优解邻域与可行域的交集是非空、凸性和闭区域的,而且交集内各点目标函数的数据都约等于鲁棒最优解对应的目标函数值。

鲁棒可行方向:$\Omega_5 \subseteq \mathbf{R}^2$,$x' \in \Omega_5$,$d \in \mathbf{R}^2$,$d \neq 0$,若 $\delta > 0$,$x' + \lambda d \in \Omega_5$,$\forall \lambda \in (0, \delta)$,且 $\|f(x') - f(x)\| < \gamma$,$\gamma \geqslant 0$,即在约束最优解集内,鲁棒最优解微移动后目标函数值仍基本不变的位移方向。该微位移有可能超出鲁棒最优解闭包,例如,图 2-12 中最优解集色谱相近的区域已涉及圆形闭包外,表示鲁棒性更好。

鲁棒方向集 $G_0 = \{d \,|\, d \neq 0, d_{x1}[\partial f(x')/\partial x_1] > 0, d_{x2}[\partial f(x')/\partial x_2] > 0, i \in I(x'), \|f(x') - f(x)\| < \gamma, \gamma \geqslant 0\}$,$d_{x1}$、$d_{x2}$ 为 d 的分量;用 $I(x') = \{i \,|\, g_j(x') = 0, j = 1, 2, \cdots, 5\}$ 表示 x' 及其邻域约束,即在被约束可行域内,鲁棒最优解微移动后目标函数值域仍基本不变的所有位移方向的集合,例如,图 2-12 中与 x' 点色谱相近的区域并不止于圆形闭包之内。

鲁棒可行方向锥:$D = \{d \,|\, d \neq 0, d_{x1}[\partial f(x')/\partial x_1] > 0, d_{x2}[\partial f(x')/\partial x_2] > 0, i \in I(x'), \|f(x') - f(x)\| < \gamma, \gamma \geqslant 0\}$,有 $\delta > 0$,使 $x' + \lambda d \in \Omega_5$,$\forall \lambda \in (0, \delta)$,即在被约束可行方向集的锥状空间内,最优解附近的微小偏移可能超出鲁棒最优解闭包,但未超出最优解集的约束条件。图 2-12 还提示:色谱相近的区域并不止于圆形闭包之内,但也尚未超出约束条件的限制。

2) 极点的几何条件

约束条件可确定决策变量范围 Ω_5,可视化算法可根据该范围的几何特性圈定极点。

极点:有 $x \in \mathbf{R}^2$,$x \geqslant 0$,被不等式 $g_j \leqslant 0$ $(j = 1, 2, \cdots, n)$ 约束,所围外沿交叉点,即诸不等式约束所围闭合凸多边形的顶点,极点 $x_m \,|\, m \in (A, B, C, D)$ 如图 2-11 中的点 A、B、C、D,图 2-12 中的四边形顶点和图 2-13 中的四边形顶点所示。图 2-13 是单目标函数值的分布。

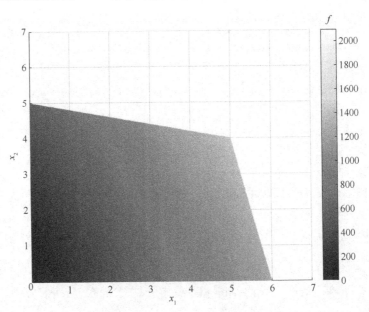

图 2-13　单目标函数值的分布

极点邻域：在极点可行域内有 $\forall x \in \Omega_5$，$x \in \mathbf{R}^2$，$\Omega_5 = \left\{ x \in \mathbf{R}^2 \middle| g_j(x) \geqslant 0, j = 1, 2, \cdots, 5 \right\}$，对于极点 x_m，如果有 $N_\delta(x_m) = \left\{ x \in \mathbf{R}^2 \middle| \|x - x_m\| < \delta \right\}$，$\delta > 0$，则 $x \in N_\delta(x_m) \bigcap \Omega \neq \varnothing$，如图 2-11～图 2-13 所示，在极点附近因可设的小圆半径为零，故极点邻域为零，位于极点处的解为点状解，虽然其评价函数值最佳，但稍有位移就超出可行域(图 2-12 中的 C)，故因鲁棒性差而不能算作最优解。

极点闭包：$\Omega_5 = \left\{ x \subset \mathbf{R}^2 \middle| N_\delta(x_m) \bigcap \Omega_5 \neq \varnothing, \forall \delta > 0 \right\}$，且 $x \neq x_m$，$f(x) \neq f(x_m)$，即最优解集与极点邻域的交集是非空的，有凸性和闭区域的特质。若所求目标函数用最小值表达，则在该交集非极点处的目标函数值都较大；若所求目标函数用最大值表达，则在非极点处的目标函数值都较小，如图 2-13 中的极点 $(5,4)^{\mathrm{T}}$ 所示，闭包极小。

下降方向锥：在被约束的锥状空间内，最优解处的可行方向与目标函数的下降方向一致，即极小表达 $F_0 = \left\{ d \middle| d_{x1}[\partial f(x') / \partial x_1] < 0, d_{x2}[\partial f(x') / \partial x_2] < 0 \right\}$，为凸显可视化效果，利润和利润碳排放比都表示为极大值，故在被约束条件限制的锥状空间内，最优解处可行方向与目标函数上升方向一致，如图 2-12 的点 $(5.9, 0.3)^{\mathrm{T}}$ 和图 2-13 的极点 $(5,4)^{\mathrm{T}}$ 所示，若将利润 $\max f(x)$ 化作 $\min[-f(x)]$，则与下降锥的典型表达相同。

无约束局部极小点：若 $x \in \Omega$，$\min f(x)$，$\Omega \subseteq \mathbf{R}^2$ 是非空集，$f: \Omega \to \mathbf{R}$，设 $\bar{x} \in \Omega$，且 f 在 $\bar{x}$ 处可微，$\bar{x}$ 是 $\min f(x)$ 的局部极小点，则 $F_0 \bigcap D = \varnothing$，即在下降方向锥上无极小点。

不等式约束局部极小点：设 $\bar{x}$ 是 $x \in \Omega_5$，$\min f(x)$，$\mathrm{s.t.} g_j(x) \leqslant 0 (j = 1, 2, \cdots)$（其中 $f: \mathbf{R}^2 \to \mathbf{R}$）问题的局部极小点，则 $F_0 \bigcap G_0 = \varnothing$，极小点不在可行且下降方向锥上。自图 2-13 中的 $(5,4)^{\mathrm{T}}$ 点出发的可行方向锥 D 和可行方向集 G_0 都指向优化可行域 Ω_5 内，而下降方向锥 F_0 的朝向即该例目标函数增加的方向指向 Ω_5 域外，也就是说两者反向无交集，其邻域和闭包也均为零的点状解。从另一方面讲，利润虽表示为极大值，但在被约束条件限制的锥状空间内，最优解所处的可行方向与目标函数的上升方向也是相反的，故同样无交集。

3) 鲁棒最优解的抉择

图 2-11 中四边形 $ABCD$ 是由诸约束条件所围成的决策变量可行域 Ω_5，图 2-12 是在 Ω_5 内评价函数的数值分布。可按颜色找到鲁棒最优解、鲁棒可行方向锥、极点邻域和鲁棒最优解闭包，既能按与色谱对应的值域来选择较高的利润碳排放比，又能根据颜色变化来判断解的稳定性。不仅要使 $f(x')$ 靠近极点，而且要在 $f(x) \approx f(x')$ 的条件下，于 Ω_5 之内扩大决策变量范围。

图 2-12 是优化设计的鲁棒最优解 $x_1', x_2' = (5.8, 0.6)^{\mathrm{T}}$，其邻域为

$$N_\delta(5.8, 0.6) = \left\{ x \in \mathbf{R}^2 \middle| \|x_1, x_2 - 5.8, 0.6\| < \delta, \text{且} \|f(5.8, 0.6) - f(x_1, x_2)\| < \gamma \right\}$$

其中，$\delta \approx 0.2$；$\gamma \approx 0.05$。可见在该解集内都有利润碳排放比 $f_4 \approx 1.38$，又因为 $\partial f_5 / \partial x_1 \approx 0$，$\partial f_5 / \partial x_2 \approx 0$，故能容忍决策变量在该范围内的摄动，鲁棒性较好。例如，图 2-12 中 x' 是最优解，以其为圆心，以 δ 为半径的圆内构成鲁棒最优解集。可视化算法提供的是集状解，只要所求的决策变量 x 在 $\|x - x'\| < \delta$ 的圆内，目标函数的数据就都可以在 $\|f(x') - f(x)\| < \gamma$

的范围内。

在最优解$(5.8,0.6)^T$的左上角，跨越半径为0.2的圆形闭包后仍有色谱相同/相近区域，故实际上能容忍的决策变量的取值范围比该圆形闭包更大，鲁棒性更好。虽然实际上能容忍的决策变量变化的范围形状不规则、数学表达较复杂，但依然能通过数据可视化进行直观性的量化分析。显然，圆形闭包外的色谱相同/相近区域距最优解$(5.8,0.6)^T$的范数更大，解的稳定性/鲁棒性更好。

4) 利润和碳排放的具体数据

在求得鲁棒最优解集中心$x_1', x_2' = (5.8,0.6)^T$，即安排产品P_1的件数为5.8，P_2的件数为0.6后，便可在以坐标点$(5.8,0.6)^T$为圆心，以$\delta \approx 0.2$为半径的圆形邻域内，分别于图2-8(a)、(b)上找到与利润碳排放标幺值之比1.38所对应的解邻域，在该邻域内利润均约为1200元，碳排放均约为63kg。

4. 可视化算法的要点

1) 优化设计与三维可视化算法梗概

单目标极值：$\min f(x)$为标量，决策变量$x \geqslant 0$是凸锥S，$S \subseteq \mathbf{R}^2$，S是非空半开凸集，$f(x):\mathbf{R}^2 \to \mathbf{R}$。

多目标约束优化：$\min f_i$，$i=1,2,\cdots,m$，为非线性向量函数，宜以图簇来表达。

等式/不等式约束：$\text{s.t.}\,g_j(x)\leqslant 0$，$j=1,2,\cdots,n$，$h_k(x)=0, k=1,2,\cdots,p$，也以图簇来表达。

决策变量可行域：$\Omega \in S, x \in \mathbf{R}^2, \Omega=\{x \in \mathbf{R}^2 \mid g_j(x)\geqslant 0, j=1,2,\cdots,n; h_k(x)=0, k=1,2,\cdots,p\}$被逐步从半开凸集中围出，设计者在该闭凸集的可行域内做出兼顾诸目标的选择。

从简计，还可令$\max f(x) = \min[-f(x)]$。

可视化维数：①数轴为一维可视化的，如温度计；②一元函数$f(x)$可为二维可视化的，如$y=\sin x$；③二元函数$f(x_1,x_2)$可为三维可视化的，独立自变量x_1和x_2分属第一维和第二维，因变量$f(x_1,x_2)$值域为第三维；④三元函数$f(x_1,x_2,x_3)$则类推记为四维可视化的。

2) 目标函数的可视化要点

数据可视化有利于判断函数的凸性和解的鲁棒性、逻辑运算，以及鲁棒最优解、次优解。

目标函数的可视化：$\forall x \in S$，若S内可微，$\nabla^2 f(x)$是半正定矩阵，则$f(x)$是凸函数，属于凸规划。在决策变量闭凸集$x \in \Omega$内，目标函数$f(x):\mathbf{R}^2 \to \mathbf{R}$，将二元函数$f(x_1,x_2)$值域映射成色谱集，并将该色谱集与色谱值域的对应关系展示于长度为L(对应变量为l)的色杆上，色谱的分布规律用实数函数$f(l)$表达，如图2-7～图2-11及其行文等所示。

区间型数值与比值型数值：各目标函数值常为区间型数值，但量纲/单位却各不相同，可视化前还须将其化成比值型数值。例如，对于$f_1(x)$、$f_2(x)$，其基于各自最大值$f_{1\max}$、$f_{2\max}$的比值型标幺值可以表示为$F_1(x)=f_1(x)/f_{1\max}$，$F_2(x)=f_2(x)/f_{2\max}$，分别如图2-7和图2-8所示。

值域与色谱集：视觉信息量大、敏感度高，颜色有 RGB 和 CMYK 两种形式，但人感知的颜色都是频谱的集合 C；若将标量场看作隐函数的显式数据集 D，便可在这两集合间建立对应映射关系 $f:D{\to}C$ 或 $f:C{\to}D$，前者用于数据集渲染，后者用于可视化交互。

5. 约束条件的可视化要点

不等式约束的可视化：从 $g_j(x){\leqslant}0$ 中提取出线条 $g_j(x)=0$，将决策变量所在的整个凸集以该线条为界分成两个半空间：$H^{-}=\left\{x\in\mathbf{R}^2\middle|a^{\mathrm{T}}(x){\leqslant}0\right\}$，$H^{+}=\left\{x\in\mathbf{R}^2\middle|a^{\mathrm{T}}(x){\geqslant}0\right\}$，再据已知条件选择 H^{-} 或 H^{+} 作为决策变量可行域并着色区分，逐步从半开凸集上围出闭凸集，如图 2-12 所示。

直线或曲线的可视化：直线或曲线虽能表示为 $x_1=g(x_2)$ 或 $x_2=g(x_1)$，但会干扰目标函数 $f(x_1,x_2)$ 的代码，故用 $g_{j1}(x_1,x_2)=0$ 来表达，为使无粗细的线可视化，特设 $g_{j2}(x_1,x_2)=\delta$，$|\delta|\neq0$，即构造线宽度 δ 并着色，如图 2-11 和图 2-12 所示。

等式约束的可视化：等式约束 $h_k(x)=0$ 也是直线或曲线，将其可视化后可知在其切线的垂直方向，解的鲁棒性很差。特设 $h_{k1}(x)=0$ 和 $h_{k2}(x)=\delta(\delta\neq0)$，线状约束变为带状约束可扩大解集范围，并按 $\partial f/\partial x_1$、$\partial f/\partial x_2$ 的大小来判断解的鲁棒性。

目标约束的可视化：目标函数 $f_i(x)$ 的某些值域略去亦并无大碍，构成目标约束。特设目标函数合理值域 $f_i'(x)\in(f_{i1},f_{i2})$，故有 $f_i'(x)\subseteq f_i(x)$，$\Omega_i'=\left\{f_i(x)\in\mathbf{R}^2\middle|f_i'(x)\in(f_{i1},f_{i2})\right\}$，即从图 2-7(a)、图 2-8(a) 分别变为图 2-7(b)、图 2-8(b)。值得关注的是：Ω_i' 强调的是决策变量的位置，$f_i'(x)$ 强调的是区间量值，两者的视觉感知模式不同。

6. 兼顾多目标的可视化要点

多目标约束优化设计还要求在兼顾各目标利益的基础上，以权重的形式体现各个目标的重要性。

基本可行域的可视化：以两个目标函数 $f_1(x)$、$f_2(x)$ 为例，按目标约束可得到合理值域 $f_1'(x)$、$f_2'(x)$ 及各自对应的决策变量可行域 Ω_1'、Ω_2'；其各自基于最大值的标幺值分别为 $F_1'(x)=f_1(x)/f_{1\max}$ 和 $F_2'(x)=f_2(x)/f_{2\max}$，进而可以有并集 $F_3=F_1'\bigcup F_2'$ 和交集 $F_4=F_1'\bigcap F_2'$，对应的决策变量可行域交集 $\Omega_4=\Omega_1'\bigcap\Omega_2'$ 为最优解的决策变量可行域，见图 2-9(b)。

评价函数的可视化：在可行域 $\Omega_4=\Omega_1'\bigcap\Omega_2'$ 内构造反映目标权重系数 ω_1、ω_2 的评价函数 $f_5=f(\omega_1 F_1'(x),\omega_2 F_2'(x))$，因 f_5 中常常涉及加减之外的函数运算，故即便 F_1'、F_2' 是线性的，f_5 是非线性的概率也极高，将函数值映射到色谱集可方便求解，详见图 2-10、图 2-12 及其各自的行文说明。

诸约束限定：将评价函数 $f_5=f(\omega_1 F_1'(x),\omega_2 F_2'(x))$ 框定在题目要求的等式约束 $h_k(x)=0$ 和不等式约束 $g_j\leqslant0$ 的限定条件内，并据 $\partial f_5/\partial x_1$、$\partial f_5/\partial x_2$ 来判断解的稳定性，凝练出鲁棒最优解集，如图 2-12 及其行文所示。

2.2.3 值域频谱和并/交集

1. 三维数据可视化算法的评估

(1) 新颖性：多目标约束优化设计所涉方程常常只有数值解，现有算法只能通过计算机将数值解集的分布抽象归类于某既有的公式，不可能完全理解全局分布的数值解集，更不可能将其简化为新知识。

数据集经过处理和映射转换成对应的可视化元素 $f(x_1,x_2)$，便于肉眼判断全空间的数值分布和变化趋势，并将其归纳成知识。其中，关键是差异，是源于数据集所能归类出的知识与既有源于先念模型的知识之间的视觉差异，这种差异相较于设计者的既有知识和经验，容易触发灵感，而归类、分析和检验这些差异需要人脑参与。人脑参与的形式是可视化交互，将设计者探索数值解集的意图传达到计算机，改变值域和频谱，仅几次反复便可完成设计。

数据可视化的上述优越性在地理信息和生命科学等领域的应用已取得显著成效，但将其用于多目标约束优化设计尚鲜有报道。

(2) 正确性：在数值运算和逻辑运算方面，表达输入输出关系的数值运算和逻辑运算均源自既有的最基本的指令代码，故其输入输出间的关系是确定的，只要注意步长不是设置得过大，MATLAB 等软件是能得到正确结果的。

在数据输出方面，与输出数据对应的点是图形的最小单位，积点为线/线段；积线段为折线，用折线逼近曲线；积线为面，用多个平面逼近曲面；像素的颜色与数值已构成一一对应的关系，是计算机的一种成熟技术，虽然在同一颜色的辨识度上，色盲者与正常人存在着差异，但是对于同一幅图像及其色杆，同一个人也是能够通过比较色调、明度、彩度或者灰度的排列组合来辨识出颜色对应的数值大小的。因此，通过既有数据可视化技术是能够正确地表达输出数据的空间分布的。

作者曾多次输入过苛刻极端的合法数据，都能通过减小步长、增多切片、调整图形的展现空间和色谱构成等措施，用数据可视化的形式得到多目标约束优化设计数值解的空间分布。

(3) 易读性：将多目标约束优化设计中等式约束表达的线，不等式约束表达的域，用标幺值表示的多目标之间的包含/包含于、并/交集关系，极点的邻域、闭包和下降方向锥，鲁棒最优解的邻域、闭包和鲁棒可行方向锥等都以三维数据 $f(x_1,x_2)$ 可视化的形式展现出来，将晦涩的公式映射到色彩空间中，更容易判断数据的全局分布及其变化趋势，图 2-7～图 2-11 是形成过程，最终只要在图 2-12 上同时判断出多目标约束优化设计的集状最优解即可。

借助于人对空间色彩分布敏感的辨识天性，将晦涩的公式和枯燥的数组人性化。

(4) 鲁棒性：在约束条件抵抗非法输入能力方面，不论是等式约束表达的线还是不等式约束表达的域，都是可视可核验的，其最优解的邻域、闭包和下降方向锥、可行域等也都不涉及由多边形顶点位置所决定的面积和多边形的凸凹性，即便出现了输入错误，也只展现与之对应且可简单核查的图形位置色谱或报错，不会有难以核查的计算结果。例如，图 2-12 中圆心 x' 为多目标约束点状最优解，与圆心同颜色且半径为 δ 的圆的关联部分是闭包状鲁棒最优解集，而不少算法所得均是点状解。

集状解选择空间有利于提高解的鲁棒性。

(5) 时间成本：以生成图 2-12 的程序代码为例，代码只是按顺序执行的，并不包括循环，可用效率高的常数复杂度 $O(1)$ 和多项式复杂度 $O(n^c)$ 来度量耗时，而非可视化算法是先设定初始解，再逐步替代来逼近最优解，并采用调用、递归等显式或隐式循环语句来实现，故可用计算迭代次数等来估计运行时间，其时间复杂度大多是 $O(1)$、$O(n^c)$、$O(\log n)$ 和 $O(2^n)$ 的混成。因此，难以函数的形式来直接对彼此的运行时间进行比较。若仅提供该段程序的实际耗时，在语句 clear;figure;之后另外加入 tic;num= 0;for i =1:100000;num= num+1;end;，在结束语句 end 之前另外加入 t_2 = clock;t = etime(t_2,t_1);toc;，即可显示出耗时：0.4s，即本例耗时是可忽略的。

当待可视化的因变量均不变时，步长越长、自变量区间越短，切片数越少，可视化的面积越小，消耗时间越短，但所得图像越粗糙。

(6) 空间成本：算法执行期间需要占用内存空间：程序代码、输入数据和辅助变量等，因写入每一个内存单元都需要一定的时间，若用 $T(n)$ 和 $S(n)$ 分别代表算法的时间复杂度和空间复杂度，则有 $S(n) = O(T(n))$，即算法的空间复杂度不可能超过运行时间的复杂度。因此亦难以函数的形式将算法与其他非可视化算法进行比较，仅提供实际占用内存空间。

以生成图 2-12 的程序为例，在运行结束后直接输入 ">> memory"，即可得到结果 "使用的内存：2146 MB (2.251e+09 bytes)"，远小于一般 PC 的物理内存。

可视化的图形面积和分辨率的设定直接关系到像素的多少、存储器空间和扫描转换时间。

2. 与非可视化算法的比较

经典算法的基本策略是迭代，即先取一点状初始解并求出因变量，再按特定的方向和步长在约束条件的范围内移到其近旁的另一点，并比较两因变量的大小决定取舍，逐步迭代出最优解。

1) 经典算法所得点状解

显然，2.2.2 节的算例亦可用经典算法来计算，以单纯形算法为例，略去计算过程，并统一有效位数，可得到极值 $\bar{x}_1, \bar{x}_2 = (5.9, 0.3)^T$，即图 2-12 中的 C 点。虽然利润碳排放比 $f_4 > 1.38$，即利润更高，碳排放更低，但是因为小圆半径 $\delta \approx 0$，故邻域 $N_\delta(5.9, 0.3) \approx 0$，鲁棒性极差，稍有摄动便极有可能滑出可行域 Ω_5，而沦为无用解，或偏离最大值而降为次优解，难以判断鲁棒性。

2) 单目标优化算例及其可视化算法

算例：若不计碳排放，仅以利润最大化来安排生产，则可将上例简化为单目标四约束线性优化设计问题，其表达式为 $\max f(x_1, x_2) = 200x_1 + 100x_2$；约束条件为 $x_1 + 5x_2 \leqslant 25$，$4x_1 + x_2 \leqslant 24$，$x_1, x_2 \geqslant 0$。

可视化算法：从 $x_1 + 5x_2 \leqslant 25$ 和 $4x_1 + x_2 \leqslant 24$ 得到直线 $x_1 + 5x_2 = 25$ 和 $4x_1 + x_2 = 24$，如图 2-13 所示。图中颜色所对应的是利润 $f(x_1, x_2) = 200x_1 + 100x_2$ 的平面分布。当将点

$x_1, x_2 = (5,4)^T$ 作为最优解时，取该点的颜色并比照色杆数据可得最大值 $f_{\max}(x_1, x_2) = 1400$ 元；可见在以 $(5,4)^T$ 为起点的被约束的利润下降方向锥内，排列着次优解集，从中可觅鲁棒次优解集。

图 2-7 提示彩色区域中的任意两个内点的连接线都在目标函数的值域内，也就是说目标凸函数是凸函数，所涉问题属于凸规划范畴。

3) 线性优化的非可视化算法

若目标函数改为 $\min f(x_1, x_2) = -200x_1 - 100x_2$，则其等值线为一簇平行线，沿负梯度 $(2,1)^T$ 方向下降，其有限的极值也必定出现在可行域的极点处，$\bar{x}_1, \bar{x}_2 = (5,4)^T$ 为最优解，其目标函数最大值为 $f_{\max}(x_1, x_2) = f(5,4) = 1400$ 元，求解过程省略，该点状解亦可与可视化算法所得的图 2-7 相互验证。

减少碳排放是优化生产计划不可或缺的目标乃至约束条件，而碳减排政策和技术都有时空差异，各目标函数的权重系数亦不相同，但优化设计的可视化算法可得到全局鲁棒最优解集。

4) 点状解的不足

图 2-12 和图 2-13 都提示，最优极点同时也是两个紧不等式约束的交点，最优极点的邻域因可选小圆半径为零而面积为零，说明点状极值解不是鲁棒最优解，无 $\partial f/\partial x_1$ 和 $\partial f/\partial x_2$ 的信息，无法判断决策变量的摄动对目标函数的影响，极有可能因模型精度、测算偏差、累积误差和环境变幻等而使最终的决策变量偏离最优极点。如前所述，$F_0 \cap G_0 = \varnothing$ 表明该极点无法兼顾目标函数的极值和约束条件底线，若稍有偏离，不是超出不等式约束范围沦为无效解，就是脱离极点而降为次优解。

5) 两算法的比较

比较优化设计的非可视化算法与可视化算法，其各自的特征如表 2-1 所示。

表 2-1　计算方法的比较

项目	非可视化算法	可视化算法
数学要求	较高	一般
凸性判断	偏导运算	人眼识别
人机对话	可不需要	强调
解的形式	点状解	集状解
求解过程	直接	逐步
鲁棒优化	范数判断	人眼识别

以人眼识别来取代部分数学运算，可简化计算过程。例如，在前述鲁棒优化点几何条件和极点几何条件中，通过将边缘内的数值映射成一一对应的颜色，所展现的数据可视化结果大大地丰富了图解信息。

3. 三维可视化算法的表达和拓展

1) 程序框图

自然语言是以字符串、字和词的形式按先后顺序读入，并调用暂态记忆进行语法和语义的归类加工，再结合先验知识来传播的。但要表达算法中分支、并集、交集和循环等内容时，需据上下文才能做出正确的判断。本章所介绍的三维标量场数据可视化和多目标约束优化设计的三维可视化算法也属于这种情况，为增加可读性，特用能够并联读入信息的流程图将所涉代码连贯起来。

2) 三维可视化算法的完善

三维可视化算法前段程序的运行结果需要通过肉眼研判，与先验知识结合后再通过可视化交互，以代码的形式将设计者的抉择输入后续程序，逐步深入得到鲁棒最优解集。本书所提可视化算法对视图簇信息的研判不需要较深的数学功底，有所涉专业知识即可；视图簇的多个串联程序虽颇费周折，但将解读的信息输入后续程序却只需修改几行代码即可。因此一段程序运行结束后便在弹出视图的同时弹出对话框，设计者只需从视图簇中选出有用信息并结合知识经验进行可视化交互，之后便可自行导入下段程序，逐步完成多目标约束优化设计，最终得到鲁棒最优解集。

4. 结论

(1) 三维数据可视化算法利用与函数值域对应的色谱，能够丰富鲁棒优化点和极点的几何条件，更有利于量化解的鲁棒可行方向锥和下降方向锥。

(2) 三维数据可视化算法中线条也须用二元函数表达，编程时还应加上线条宽度，颜色加上点、线、圆标记，使视觉通道的信息精准简洁。

(3) 可视化算法可同时展现基于二元函数的因变量全局分布，判断决策变量、目标函数和规划的凸性，且能直接将自变量和因变量对应起来，得到集状解。

(4) 先从多目标函数的交集中得到决策变量基本可行域，再通过可视化交互将兼顾各目标利益和地位的评价函数的数值分布展现在该可行域内。最优解的鲁棒性亦可根据多目标交集的相同/相近色谱来直接判断，鲁棒最优解的圆形闭包外仍有能兼顾多目标的解集。

(5) 三维数据可视化技术亦可以渲染两个自变量的实验数据，从海量的实验数据中把握变化趋势，发现实验规律。

5. 算法框图

多目标约束优化设计的三维可视化算法的框图如图 2-14 所示。

图 2-12 的程序代码：

```
clear;figure;
x = 0.01:0.01:7;
y = 0.01:0.01:7;
[x,y] = meshgrid(x,y);
u1 = 200.*x+100.*y;
v1 = 9.*x+11.*y;
```

```matlab
u = u1./2100;
v = v1./140;
%f4 = v./u;
f4 = u./v;
l = 9.*x+11.*y-70;
m = x+5.*y-25;
n = 4.*x+y-24;
u11 = find(u<0.5);
f4(u11) = NaN;
u12 = find(u>0.8);
f4(u12) = NaN;
v11 = find(v<0.4);
f4(v11) = NaN;
v12 = find(v>0.6);
f4(v12) = NaN;
l11 = find(l>0);
f4(l11) = 1;
l12 = find(l>0.2);
f4(l12) = NaN;
m11 = find(m>0);
f4(m11) = 1;
m12 = find(m>0.1);
f4(m12) = NaN;
n11 = find(n>0);
f4(n11) = 1;
n12 = find(n>0.1);
f4(n12) = NaN;
mesh(x,y,f4);
view(2);
hold on;
caxis([0.5,1.5]);
colorbar;CM = (hsv);colormap(CM);
h = colorbar('location','EastOutside','position',[0.9,0.112,0.04,0.802]);
set(get(h,'title'),'string','{\itf4}');
% set(h,'ytick',[0 1/10 2/10 3/10 4/10 5/10 6/10 7/10 8/10 9/10 1],'YTickLabel',{'0','210','420', '630','840',
    '1050', '1260','1470','1680','1890','2100'});
hold on;
grid on;
xlabel('{\itx}');ylabel('{\ity}');
set(gca,'Position',[0.2,0.12,0.65,0.8]);
xlim([0 7]);ylim([0 7]);
```

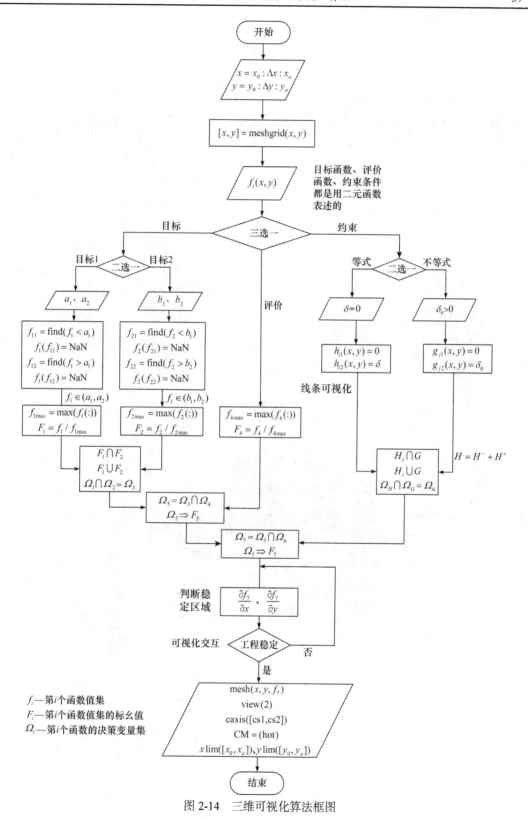

图 2-14　三维可视化算法框图

2.3　四维可视化算法

　　2.2 节讨论了三维数据可视化及其在基于二元函数 $u = f(x, y)$ 表达的多目标约束优化设计中的应用。但是，三维数据可视化无法用于渲染三元函数 $f(x, y, z)$ 的变化规律，也无法用于三个决策变量的多目标约束优化设计，还无法应用于展现三个自变量的海量实验数据的变化趋势。显然，更高维的数据可视化表达能力更丰富、适用范围更广，对于三元函数 $w = f(x, y, z)$，其函数值在定义域内的分布情况较二元函数更为复杂。

　　本节指出了既有四维数据可视化存在的问题，提出并实现了四维数据场可视化，还给出了数学证明，阐述了四维数据可视化的基本概念，讨论了函数的值域与色谱集的映射，设计目标和约束条件的数学表达式，集状解、点状解及其稳定性等，并结合算例讨论了如何通过可视化交互用交集来兼顾多目标和用并集来彰显约束条件，还通过程序框图讨论了如何在决策变量的交集中构筑评价函数来兼顾多目标，全部的程序代码及其详细注释在第 6 章讨论。

2.3.1　既有方法和存在问题

　　四维可视化被誉为令人振奋的研究成果，其第四维色谱是展现在预设切片上的，犹如光束只有投影在荧屏上才能渲染出映像。既有四维数据可视化方法的效果如图 2-15 所示。

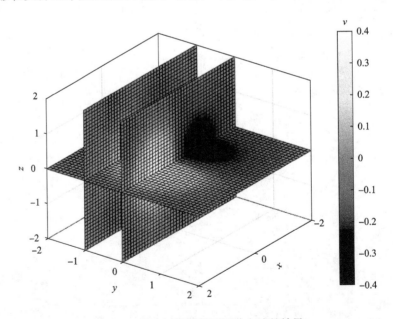

图 2-15　既有四维数据可视化方法的效果

　　由图 2-15 可知，切片上呈现函数值的分布，只能观测到某一具体切片上的因变量取值变化，切片少了会遗漏信息，但过多的切片又会相互遮掩，使肉眼的有效视角减少，而无法辨识两切片间的颜色，因此这种四维可视化方法只能称为"准四维可视化"，不能适用于多目标约束优化设计的四维可视化算法，也不能用于展现三个自变量的海量实验数据的变化规律。下面讨论以决策变量 x、y、z 建立的空间直角坐标系，将三元函数 $f(x,y,z)$ 的值域映射成色谱集，并在三维空间中展示因变量的全局分布，完全公开并讨论逐步实现完全四维数据可视化[8]的全部过程，最后还给出数学证明，提供算例。

2.3.2 晶格坐标和晶格数值

1. 晶格坐标

三元函数的决策变量 x、y、z 经软件编程后生成三维空间顶点矩阵，决策变量的值沿各自轴的正方向均匀变化，令步长为 d，故

$$\begin{cases} x_n = x_1 + (n-1)d \\ y_n = y_1 + (n-1)d \\ z_n = z_1 + (n-1)d \end{cases} \quad (2\text{-}4)$$

式中，x_1、y_1、z_1 为初始端点值；x_n、y_n、z_n 为第 n 个端点值，$n = 1,2,3,\cdots$。这三列有序变化的数据簇经计算机运行后生成了三维空间顶点矩阵，如图 2-16 所示。

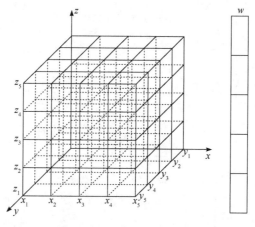

图 2-16 三维空间顶点矩阵

为了方便观察这些网格顶点的变化规律，将每一层的网格矩阵投影到 x-y 平面上，可得图 2-17。

图 2-17 清晰地展示了顶点矩阵每一层的顶点坐标(x_n, y_n, z_n)分布情况。层与层的间距为一个步长 d，依序叠加。在步长 d 较宽时，离散的空间顶点不足以表达空间内所有区域的函数值。

2. 晶格内的函数值

取相邻顶点间隔内的中间数值来表示该段的数值，令 x、y、z 方向上的步长中间数值分别为 a_i、b_i、c_i，即

$$\begin{cases} a_i = x_n + 0.5d \\ b_i = y_n + 0.5d \\ c_i = z_n + 0.5d \end{cases} \quad (2\text{-}5)$$

其中，$i = n(n = 1,2,3,\cdots)$。

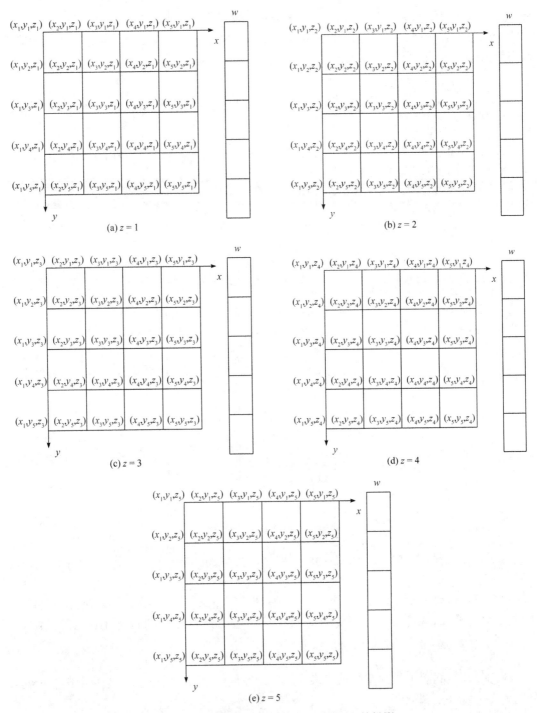

图 2-17　三维空间顶点矩阵在 x-y 平面上的投影

　　相邻等长且互相垂直的间隔线段可构成闭合的晶元，每个晶格都有且仅有一个对应的坐标，将此坐标代入具体的三元函数中，即 $w = f(a_i, b_i, c_i)$，所以每个晶格构成的基本格如图 2-18 所示。

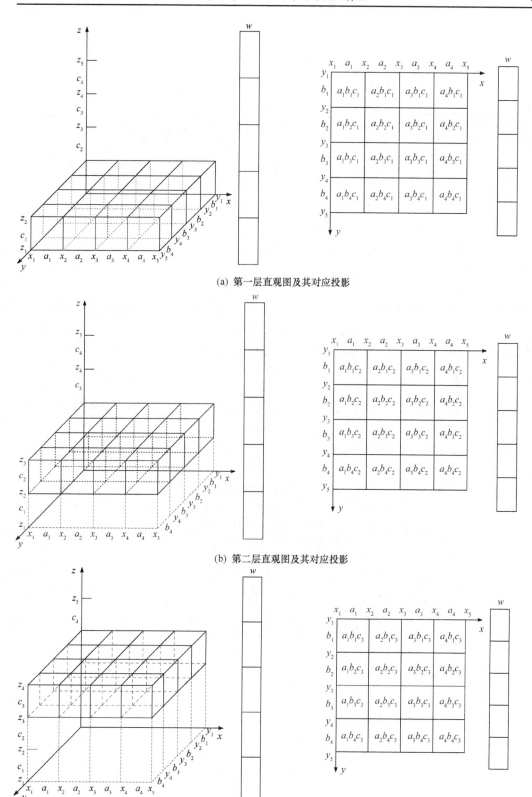

(a) 第一层直观图及其对应投影

(b) 第二层直观图及其对应投影

(c) 第三层直观图及其对应投影

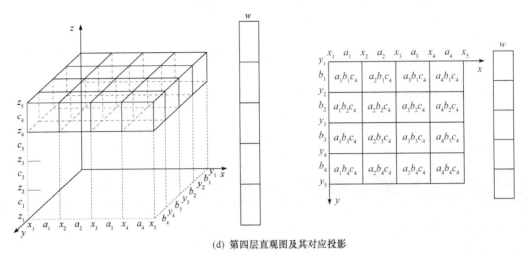

(d) 第四层直观图及其对应投影

图 2-18　四维基本格

图 2-18 的四组图依序展示了四维基本格每一层的内部情况，每个晶格都有具体且唯一的函数值 $w = f(a_i, b_i, c_i)$，计算机用色谱集中有序变化的颜色来表达每个晶格具体的函数值，故每个晶格可整体填充为同一种颜色，以此来展示函数变化趋势。

3. 晶格坐标的函数表达

引入具体函数表达函数格，例如，$w = xyz$，步长 $d = 1$、$x_1 = y_1 = z_1 = 1$ 的情况下($x \leq 5$，$y \leq 5$，$z \leq 5$)，能编程生成的空间顶点矩阵见图 2-19。

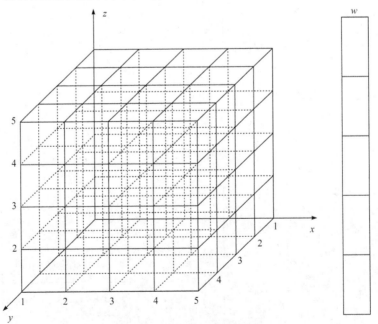

图 2-19　三维空间顶点矩阵图

由图 2-19 可知，三维空间顶点矩阵图的内部结构错综复杂，难以观察到顶点坐标的变化趋势。为了更方便地展示网格的内部情况，将图 2-19 沿 *x-y* 平面分层投影，得到每层网格的顶点坐标如图 2-20 所示。

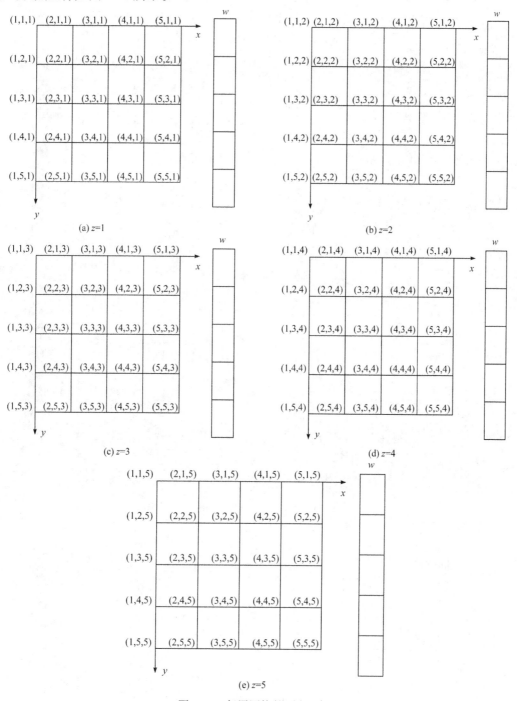

图 2-20　每层网格的顶点坐标

图 2-20 由 MATLAB 的工作区得出，展示了网格顶点的变化情况，据此可知：

(1) 沿 x 轴方向的矩阵 X 的每一层是一致的，方向向右；

(2) 沿 y 轴方向的矩阵 Y 的每一层也是一致的，方向向下；

(3) 沿 z 轴方向的矩阵 Z 的每一层比上一层多一个步长 d，方向垂直于 x-y 平面。

总之，矩阵 X、Y、Z 相互叠加，共同构成了四维网格图，如图 2-21 所示。

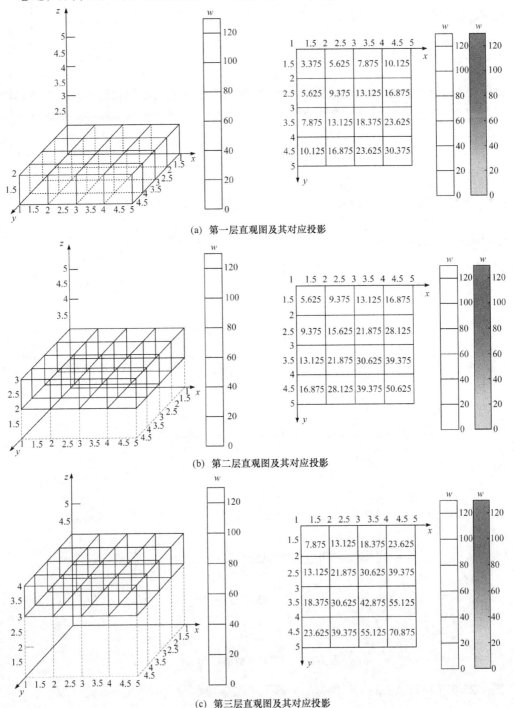

(a) 第一层直观图及其对应投影

(b) 第二层直观图及其对应投影

(c) 第三层直观图及其对应投影

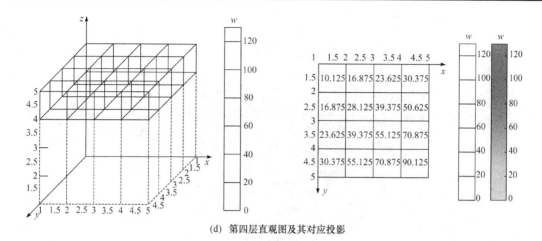

(d) 第四层直观图及其对应投影

图 2-21　四维函数网格

由图 2-21 可知，每一个晶格内都有具体的函数值，这样有具体数值的晶格称为函数格。在 x-y-z 坐标系正方向的夹角内，从紧邻坐标原点的函数格开始，函数格数值呈放射式增大，其中沿离开坐标原点速度最快的方向增大得最快。若将函数值与色谱集中的色彩对应起来，将会更加直观。

4. 晶元中函数值的可视化

在 MATLAB 中，contourslice 指令是绘制函数等高面在某一个平面上的截线。以三元函数 $w = xyz$ 为例，经软件编程运行后得图 2-22。

观察图 2-22 可知，颜色较深的部分代表该区域的函数值更大，颜色由浅变深的趋势亦与观察结果吻合。在同一个晶元里面，颜色也存在差异，这与四维数据场可视化的形成原理有关。

随着步长 d 不断减小，图 2-22 中的晶元体积将变得非常小。因此，当步长 d 趋于无穷小，即每个晶元表示的函数值连续时，颜色渐变趋势连续，如图 2-23 所示。

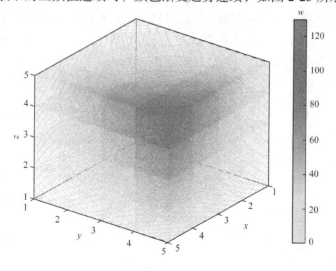

图 2-22　晶元中函数值的可视化(见彩图 2)

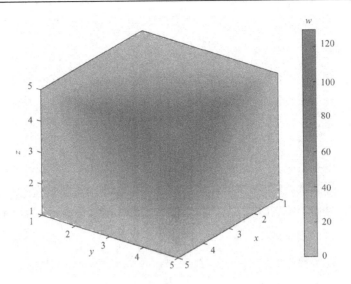

图 2-23　函数值的可视化(步长 d 趋于无穷小时)的效果

由图 2-23 可知,在步长 d 趋于无穷小时,可行域的颜色沿梯度变化最大的方向逐渐加深,图形的颜色变化较为平滑,表示函数值连续。显然,四维可视化中,自变量已经增加到三个,适用范围得到有效扩展,能够展示更多的信息。

提示:完全四维可视化可以确定三维空间内的任何两个晶格的位置 (x_1,y_1,z_1) 和 (x_2,y_2,z_2) 及其中的数值 $f(x_1,y_1,z_1)$ 和 $f(x_2,y_2,z_2)$,并且连接这两点可以确定线段 $f(x,y,z)$。

2.3.3　点线面体和逐步累集

1. 曲线的四维可视化

1) 积点为线

在步长 d 较大时,已知每个方块域有且仅有一个函数值,计算机用色谱集中有序的变化来表达函数值的变化趋势,函数值一样的方块域用同一种颜色表示,从简洁考量暂以黑色为例,例如,图 2-24 中黑圆点表示即函数值一致的方块域。当步长 d 逐渐减小时,其基本格的变化情况如图 2-24 所示。

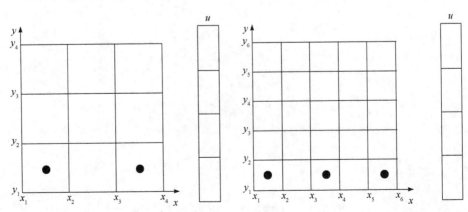

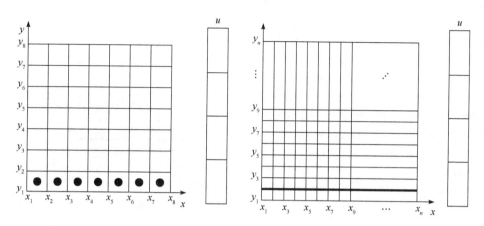

图 2-24　积点为线示意图(一)

随着步长 d 的减小，黑圆点会越来越密集。当步长 d 趋于无穷小时，每个方块表示的范围也在趋小，黑圆点越来越密集，最终汇成一条线，即集点成线。构成有限长的线段，即每个晶格构成一个点相邻的晶格构成一条线。

2) 诸折线逼近曲线

(1) 有两条不在一条直线上的线段 $f_1(x,y,z)$ 和 $f_2(x,y,z)$，且 $f_1(x,y,z)=f_2(x,y,z)$，如果有一端点的坐标和函数值均相同，即 $f_1(x_k,y_k,z_k)=f_2(x_k,y_k,z_k)$，则可以将其头尾相连而构成一条有两条线段的折线 $f_{1-2}(x,y,z)$。

(2) 对于 N 条不在一条直线上的线段 $f_1(x,y,z),f_2(x,y,z),\cdots,f_N(x,y,z)$，且 $f_1(x,y,z)=f_2(x,y,z)=\cdots=f_N(x,y,z)$，如果有一端点的坐标和函数值均相同，即 $f_{N-1}(x_k,y_k,z_k)=f_N(x_k,y_k,z_k)$，则可以将其头尾相连而构成一条有 N 条线段的折线 $f_{1-N}(x,y,z)$，进而可以得到多段函数值相同的折线。

(3) 通过曲线拟合的办法，可以用光滑的曲线 $f(x,y,z)$ 去逼近由 N 条线段连接成的 N 段折线，即实现用三元自变量表达的曲线并使之可视化，其原理如微积分所示。

2. 曲面的四维可视化

1) 积线为面

假定每条粗黑线的函数值都一致，随着步长 d 的减小，多条这样的粗黑线汇在一起时，其基本格的变化情况如图 2-25 所示。

观察图 2-25 可知，当步长 d 不断减小时，等值的粗黑线会越来越密集。当步长 d 趋于无穷小时，相同数值的粗黑线之间的间距会趋于零，最终所有等值粗黑线汇成一个平面，即积有序直线为相同函数的平面。

2) 诸折平面逼近曲面

同理，亦可用微积分的原理求曲面方程以逼近诸无缝对接且函数值相同的平面，用曲线方程逼近且相互叠加的有序曲线为曲面，即积曲线为曲面。

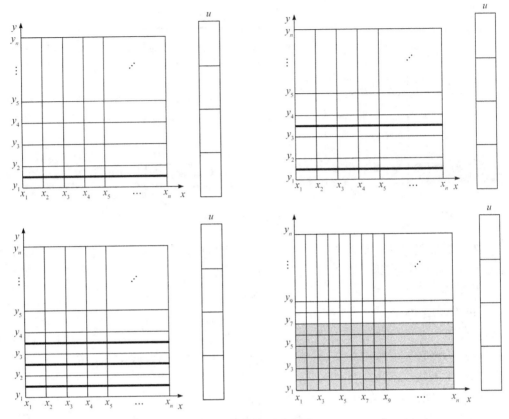

图 2-25   积线为面示意图(一)

3. 立体域的四维可视化

1) 积平面为域

在四维可视化里，每一个晶格内表示一个具体的函数值。在图 2-25 的基础上，假设每一个平面的函数值都是一致的，当多个这样的平面汇在一起时，得到函数值相同的域，其基本格的变化情况如图 2-26 所示。

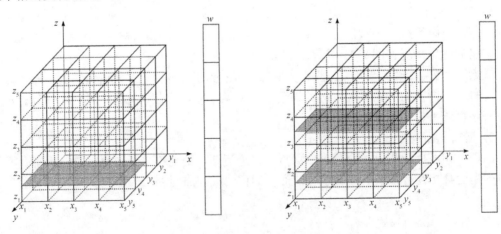

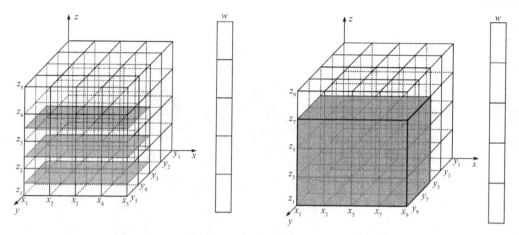

图 2-26 积平面为域示意图

可见随着步长 d 的不断减小，等值的平面会越来越密集，而当步长 d 趋于无穷小时，同数值的平面之间的间距会趋于零，最终所有等值平面汇成一个域，即积有序平面矩形为长方体，且诸平面内的函数值与长方体中的函数值相等。

2) 积曲面为域

同样道理，对于有序且函数值相同的曲面 $f_1(x,y,z)$，$f_2(x,y,z)$，$\cdots$，$f_N(x,y,z)$，并且 $f_1(x,y,z) = f_2(x,y,z) = \cdots = f_N(x,y,z)$，亦可以进行积分，得到函数值相同的域。

4. 三元函数可视化举例

以函数 $f(x,y,z) = (2x^2 + y^2 + z)^{0.5}$ 为例，阐述完全四维可视化的实现过程。限定自变量的取值范围：$x,y,z \in [0, 5]$，进而确定该目标函数的值域 $[0, 10]$，步骤如下。

1) 积点为线

先沿 x 轴方向设置切片位置，$x \in [0,5]$，步长 $d = 0.1$，为便于观察，切片数设置为十片。等值的点被集合到一条线上，用同一种颜色表示，其实际效果如图 2-27(a) 所示。

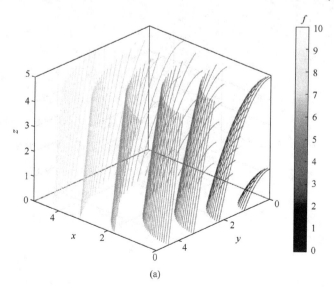

(a)

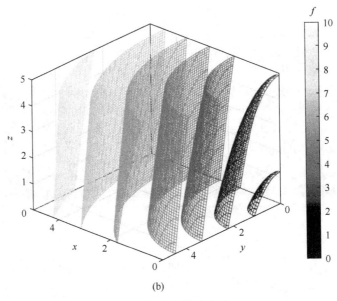

(b)

图 2-27 积点为线示意图(二)

可见相同颜色的线条在空间中排列在一起,中间存在一定的间隔。但也大体可以看出相同颜色的线条可以汇成一个面。剩余的 y 轴和 z 轴同理,若按与 x 轴方向相同的设置,则可得图 2-27(b)。

由图 2-27(b)可知,数值相同的线条相互交织,构成了同一种颜色的曲面网格,但线条之间还存在一定的空隙,这是由步长较宽所致。

2) 积线为面

设置步长 $d=0.01$,切片数仍为十片。其实际效果如图 2-28 所示。

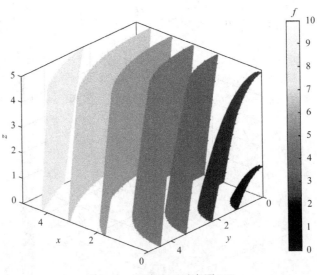

图 2-28 积线为面示意图(二)

由图 2-28 可知，随着步长的减小，等值线条集合到一个曲面上，不同颜色的曲面按数值大小依序排列。据图可知，能直观呈现的曲面只有 7 个，这是由于切片的间隔较大，部分函数值未能完全囊括，若欲完全囊括，则需要缩小切片的间隔。

3) 积面为域

若 x、y、z 轴均按照上述设置，切片数设置为一百片，则可将依序排列的等值曲面汇成一个三维空间数据色场，其实际效果如图 2-29 所示。

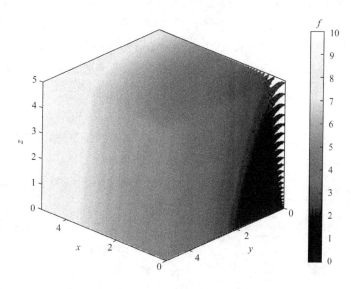

图 2-29　积面为域示意图

观察图 2-29 可知，三元函数 $f(x,y,z)=(2x^2+y^2+z)^{0.5}$ 在三维空间中的数值分布得到了直观展示。将四维可视化降维为三维可视化，还可以读出任一位置的函数值。

采用空间色场的可视化办法可以清晰明了地判断出函数值的全局分布。将两个决策变量完全相同但所构数学方程不一致的目标函数展示在同一个空间里，并统一两目标函数值域及映射的色谱，可以得到同时满足这两个目标函数要求的空间范围。目标函数显示的个数可以扩增，利用 find 指令还可以实现多目标交集的提取。当然，对于需要重点关注的区域，将其局部放大可以得到更好的观测效果。

5. 色彩指令

1) 指令举例

在 MATLAB 中，contourslice 是对某一个面提取等值的线条，线条的颜色由函数值域与色谱集的映射关系决定，等值的点被集合到一条线上，用同一种颜色表示。线条的数量和等值线的显示范围可以根据需求自行设置，同时还要设置图形属性。图中彩色点、线、面的数量越多，可视化图形越清晰，但程序运行时对计算机的内存占用也更大，需要耗费更多的时间。目前计算机的配置已经有了很大的提高，完全四维可视化的实现将会变得更加容易。

2) 因变量色彩的选取

色谱的选择：计算机屏幕上的色彩感知是发光产生的，通常是 RGB(Red,Green,Blue) 的红绿蓝基本模式。欲使显示的效果能够清楚地凸显因变量的全局分布，在调试时不仅要选择不同的色谱进行排列组合，还要对 HSV(Hue,Saturation,Value)或 HSL(Hue,Saturation,Lightness)的表达色调、饱和度和亮度或明度进行设定。

模式的转换：在提交研究报告或者印刷论文时通常要将基于发光体的色彩感知转变成基于反射光的色彩感知，即从 RGB 模式转变为 CMY(Cyan,Magenta,Yellow)模式，虽然空间中的取值可以通过线性变换相互转换，但亦有可能减小色彩的突出性、差异性和易读性，特别是在数据可视化所得载体从屏幕上的彩色图簇变为出版物的黑白图簇时。

转换前的核算：为减少这种转换误差，色彩模式转换前后应对频谱及其对应的值域进行核算，具体如下。

(1) 抽取不同的颜色让计算机自行比对对应的数据。

(2) 以关键点或者特殊点的自变量坐标替代因变量中的未知数，用代码输入到相关语句中，得到因变量的对应数据。

(3) 数据游标点读，从而在 RGB 模式中选择颜色排列的频谱、HSV 和 HSL 时,兼顾 CMY 模式下的辨识效果。

(4) MATLAB 中可供表达的颜色多种多样，常用的有 hot、hsv、cool 等表达指令，这三种颜色表达指令有良好的区分度，适合用来观察函数的全局分布；colorcube 等指令则可以用来判断细微部分的数值分布；亦可根据打印效果选择其他的颜色表达指令。

3) 程序框图

完整程序见后续各章节，基本的四维可视化程序框图如图 2-30 所示。

此外，观察者还可以对四维可视化图形进行任意角度旋转：一种方法是使用鼠标拖动图形旋转，可以实时观查任意角度的视图，直观性和操作性更好，但对计算机配置的要求也更高；另一种方法是采用 view 指令，设

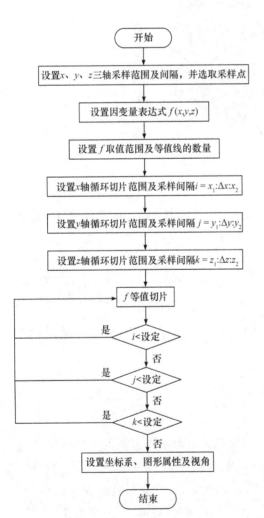

图 2-30　四维可视化程序框图

置需要观察的视图，使用代码完成图形的旋转，这种方法可以避免图形与坐标错位的情况发生。

2.3.4 求点于集和数学证明

1. 数值解的寻觅过程

$f(x,y,z)$往往没有解析解，其有用数值解也通常很难觅得。现将出现的逆变器用非对称 T 型无源滤波器的多目标约束优化设计及其可视化算法为例，其优化设计目标之一是选择决策变量 (L_1, L_2, C)，使得系统的功率因数 $\cos\varphi = f(L_1, L_2, C)$ 最大。其数值解的寻觅过程如图 2-31 所示。

图 2-31 (a)的色杆色谱及其值域颜色频谱所映射的设计目标值域为 0.9<cosφ<1，也就是说目标函数所选的值域较大，所对应的决策变量的解集范围也较大。

图 2-31 (b)的色杆颜色频谱所映射的设计目标的值域为 0.999<cosφ<1，也就是说目标函数所选的值域仅限于理想的功率因数时，其所对应的决策变量的取值范围大大地缩小了，但仍提示若不考量解的稳定性等因素，则有无数的最优解集。

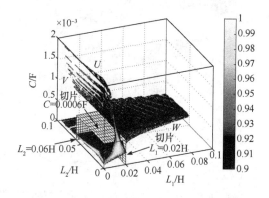

(a) 实际工程算例

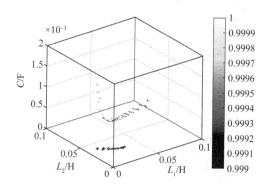

(b) 最优解的全局分布

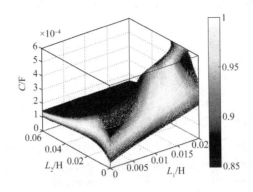

(c) 最优解内腔(见彩图 3)

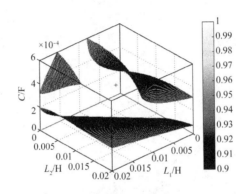

(d) 最优解内腔内接球球心

图 2-31　最优解的寻觅过程

　　图 2-31 (c)将决策变量的取值范围限制在图 2-31(a)中长方体所限制的方框内,设计目标值域为 0.85<cosφ<1,该范围内的解集可能得到较高的稳定性。

　　图 2-31 (d)又进一步对图 2-31(c)中内腔最大的域进行了剥离,构造了其边缘,并以半径最大的内接球球心作为鲁棒性最好的点状最优解。

　　2. 可视化解析解的证明

　　1) 四维标量场可视化

　　设 $u = f(x, y, z)$ 的定义域是三维凸集的某区域 G,用垂直于坐标轴的某平面截 G 得一交面,设 G 在 x 轴上的投影位于$[x, y, z]$内,过 $x \in [x, y, z]$ 的某点,再作垂直于 x 轴的平面,该平面与 G 的交面为 Π_x,有 $\Pi_x = \{(x, y, z) \in G | x = x\}$。设 $u = f(x, y, z)$ 在 Π_x 上的值域为 $[u_1(x), u_2(x)]$,用同色标出 Π_x 上同值域的点并记为 $L_x(u) = \{(x, y, z, u)\} | (x, y, z) \in \Pi_x$,若 $u = f(x, y, z)$ 连续,$L_x(u)$ 称为 Π_x 上一等值线。对于$[u_1(x), u_2(x)]$内的每一个值 $u = f(x, y, z)$,在 Π_x 上都有一条等值且互不相交的曲线,若 $\bar{u}_1, \bar{u}_2 \in [u_1(x), u_2(x)]$,$\bar{u}_1 \neq \bar{u}_2$,则

$L_x(\overline{u}_1) \bigcap L_x(\overline{u}_2) = \Phi$，而 Φ 为空集，故积点为线。

对于 $x \in [x_1, x_2]$，可作垂直于 x 轴的截面及不相交等值线，$u = f(x, y, z)$ 在所有垂直于 x 轴的截面上，其值域相等的曲线无限多，累积成三维空间的等值曲面 $\sum(u) = \{L_x(u) | x \in [x_1, x_2]\}$，故有前述积线为面。

值域相等，同时不相交的曲面无限多，任两等值曲面也不相交，若 $\overline{u}_1 \neq \overline{u}_2$，则 $\sum(\overline{u}_1) \bigcap \sum(\overline{u}_2) \neq \Phi$，而 Φ 为空集，所有等值曲面又可在三维空间形成 $u = f(x, y, z)$ 的定义域 G，积面为域。三维空间的颜色映射成第四维的值域。

四维标量场可视化，积点为线、积线为面和积面为域均证毕。

2) 最优解稳定性的可视化判别

$R(x_1, x_2, r) = \left\{ (X_1, X_2) | (X_1 - x_1)^2 + |(X_2 - x_2)^2 \leqslant r^2 \right\}$ 为圆，x' 为圆心，r 为半径，常数 $k \in (0, r)$，在 Ω^k 中找一个体积最大的球，即使点 (x_1, x_2, x_3) 在球内位移，色彩提示的目标函数值仍然最大。$\min r$；s.t. $V(x_1, x_2, x_3) \subset \Omega^k$ 是优化模型，最优解所对应的决策变量 x_1、x_2、x_3 在球 $R(x_1, x_2, x_3)$ 内是稳定的，半径 r 的大小反映着最优解的鲁棒性。Ω^k 常是三维空间的点集、孤立点甚至空集，在 Ω^k 中 $V = 0$，解得 $r = 0$，解是不稳定的。若 Ω^k 中 $V > 0$，则满足 $r > 0$，即有稳定解 $(x_1, x_2, x_3)^T$；若 Ω^k 是不连通的，是由若干个区域组成的，则在每一个连通的且面积大于零的区域内都可能存在局部稳定的最优解。即使是在一个连通的区域内，也可能存在多个最优解，即圆 $R(x_1, x_2, x_3)$ 内的每个点都是最优解，且 $\partial f_i / \partial x_1$、$\partial f_i / \partial x_2$ 和 $\partial f_i / \partial x_3$ 越小，鲁棒性越好，且有方向性。解的稳定性证毕。

3) 优化设计的可视化算法

(1) 目标函数的可视化。

$\forall x \in S$，若 S 内可微，$\nabla^2 f(x)$ 是半正定矩阵，则 $f(x)$ 是凸函数，属于凸规划。在决策变量闭凸集 $x \in \Omega$ 内，目标函数 $f(x): \mathbf{R}^3 \to \mathbf{R}$，将三元实数函数 $f_i(x_1, x_2, x_3)$ 的值域映射到色谱集并从中选定的某色谱。

(2) 约束条件的可视化。

等式约束 $h_k(x) = 0$ 是线条，可视化后线状约束下解的鲁棒性差。特设 $h_{k1}(x) = 0$ 和 $h_{k2}(x) = \delta$，$\delta \neq 0$，线状约束变为带状约束可扩大解集范围。

从 $g_j(x) \leqslant 0$ 中提取线条 $g_j(x) = 0$，将决策变量所在凸集以该线条为界分成两个半空间：$H^- = \left\{ x \in \mathbf{R}^3 | a^T(x) \leqslant 0 \right\}$，$H^+ = \left\{ x \in \mathbf{R}^3 | a^T(x) \geqslant 0 \right\}$，再根据已知条件选 H 或 H^+ 作为决策变量的可行域并着色区分，逐步从半开凸集上围出闭凸集。

设目标函数合理值域 $f_i' \in (f_{i1}, f_{i2})$，有 $f_i'(x) \subseteq f_i(x)$，$\Omega_i' = \left\{ f_i(x) \in \mathbf{R}^2 | f_i'(x) \in (f_{i1}, f_{i2}) \right\}$，构成目标约束。在此 Ω' 强调的是决策变量的位置，$f_i'(x)$ 强调的是区间量值，两者的视觉感知模式不同。

(3) 化区间型数值为比值型数值。

设两函数 $f_1(x)$ 和 $f_2(x)$ 量纲、单位各异且为区间型数值，基于各最大值 f_{1max}、f_{2max} 的比值型数值分别为标量场 $F_1(x) = f_1(x) / f_{1\max}$ 和 $F_2(x) = f_2(x) / f_{2\max}$。

（4）基本可行域的可视化。

以两目标函数 $f_1(x)$、$f_2(x)$ 为例（下同），其合理值域及其决策变量可行域各为 $f_1'(x)$、$f_2'(x)$、Ω_1'、Ω_2'，标幺值为 $F_1'(x) = f_1(x) / f_{1\max}$ 和 $F_2'(x) = f_2(x) / f_{2\max}$，并集 $F_3 = F_1' \bigcup F_2'$，交集 $F_4 = F_1' \bigcap F_2'$，则对应的并集 $\Omega_3 = \Omega_1' \bigcup \Omega_2'$ 或交集 $\Omega_4 = \Omega_1' \bigcap \Omega_2'$ 为基本可行域。

（5）评价函数的可视化。

在可行域 $\Omega_3 = \Omega_1' \bigcup \Omega_2'$ 内构建某评价函数 $f_3 = f(\omega_1 F_1'(x), \omega_2 F_2'(x))$，其中，$F_1'(x)$、$F_2'(x)$ 是两目标函数合理值域的标幺值，ω_1、ω_2 是源自博弈论的权重系数，用来强调各目标的重要性。因 f_3 中常涉及加减之外的函数运算，故即便 F_1'、F_2' 是线性的，f_3 是非线性的概率也极高，将函数值映射到特定的色谱可方便求解。

（6）约束限定的可视化。

将评价函数 $f_3 = f(\omega_1 F_1'(x), \omega_2 F_2'(x))$ 框定在题目要求的等式约束 $h_k(x) = 0$ 和不等式约束 $g_i \leqslant 0$ 的限定条件内，并据 $\partial f_3 / \partial x_1$、$\partial f_3 / \partial x_2$、$\partial f_3 / \partial x_3$ 来判断解的稳定性，凝练出鲁棒最优解集。

（7）并集、交集的可视化。

两目标函数 $f_1(x)$、$f_2(x)$ 的并集 $f_1 \bigcup f_2$ 应关注各自决策变量可行域 Ω_1 和 Ω_2 的并集 $\Omega_1 \bigcup \Omega_2$，从 $f_1 \bigcup f_2$ 分别在 x-y、y-z 和 z-x 平面上的投影可得出 $\Omega_1 \bigcup \Omega_2$。

两目标函数 $f_1(x)$、$f_2(x)$ 的交集 $f_1 \bigcap f_2$ 关注的是各自决策变量可行域 Ω_1 和 Ω_2 的交集 $\Omega_1 \bigcap \Omega_2$，从 $f_1 \bigcap f_2$ 分别在 x-y、y-z 和 z-x 平面上的投影可得出 $\Omega_1 \bigcap \Omega_2$，而 $f_1 \bigcap f_2$ 是矢量场，不宜直接渲染。

2.4　五维可视化算法

四维可视化虽然能够表达三个自变量的函数值分布，但对四个自变量的函数值分布却无能为力。显然，四个自变量的函数值分布应该由五维数据可视化来解决。本节讨论决策变量的坐标映射、往复可逆的时变颜色、数据可视的升维降维和时空资源的节约利用。

2.4.1　决策变量和坐标映射

在图 2-31 能用于优化设计的完全四维空间色场 $f(x, y, z)$ 的基础上，将第四维的自变量同构且正比地映射到时间 t 上，让反映时间的进程条与第四维的变量建立一一对应的关系，可以通过该空间色场随时间变化 $f(t, x, y, z)$ 来实现五维数据场可视化的 $f(\omega, x, y, z)$。比照与数值对应的色杆，可以根据三维空间不同位置的颜色差异得到具体的四维 $f(x, y, z)$ 的因变量；在此基础上再加上与时间成正比的进程条，还可根据三维空间相同点颜色随时间的变化，得到具体的五维 $f(t, x, y, z)$ 的因变量；将第四维自变量 ω 同构且成正比地映射到时间 t 上，将不可逆的时间有条件地等价为可逆可重复的 ω，亦可用 $f(\omega, x, y, z)$ 来求解某些四元高次非线性方程，进而完成多目标多约束条件的优化设计。据此可得到五维数据场可视化的实际效果，如图 2-32 所示。

图 2-32 中自变量的物理意义及其完全四维可视化在科学计算中的作用将在后续章节中详细讨论，相关程序框图以及详细程序均结合后续具体算例。

显然，自变量已经增加到 4 个，扩展了可视化的适用范围，可展示函数 $f(\omega,x,y,z)$ 的全局分布，多目标的交集可以扩展为 $u = f_n(\omega,x,y,z) \bigcap f_{n+1}(\omega,x,y,z) \bigcap \cdots \bigcap f_N(\omega,x,y,z)$。为了达到可通过旋转/改变坐标等手法来方便地从各自变量方向来观察五维数据场的目的，要求因变量 $u = f(\omega,x,y,z)$ 应是连续的。

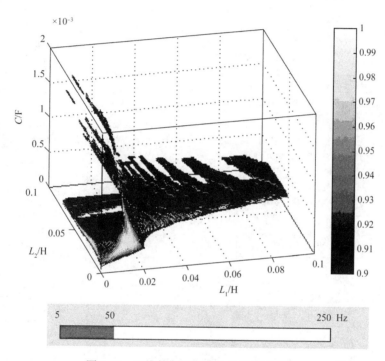

图 2-32　五维数据场可视化效果(见彩图 4)

2.4.2　时变颜色和往复可逆

通常运行可视化程序占用的计算机时空资源较多，在四维空间的情况下，产生一幅图像所要花费的计算机处理运算时间也较长。这种时空的消耗是和图像的复杂程度密切相关的，而图像是否复杂又和第四维变量的取值范围和图像切片数量有直接关系。为了能够完全展现随着输出第四维自变量的取值变化，严格地按照实时要求去实现图形渐变在常规 PC 上是不现实的。

实现图 2-32 的程序框图见图 2-33。

(1) 对四元函数 $f(x_1,x_2,x_3,x_4)$，任取 3 个自变量 x_1、x_2、x_3，把它们归结到三维空间中，定义变化范围和步长。

(2) 关注 $x_4 \in [x_{4\min},x_{4\max}]$，确定 x_4 的变化步长。

(3) 用指令确定某 x_4 数值的可视化图形在图形界面中所保持的时间 Δt，目的是观测到该 x_4 数值下的图形，一旦暂停时间 Δt 到了，就用指令清除可视化图形三维界面的图形句柄，但三维空间的坐标系依然保持不变。

(4) 跳回主循环，按所改变的 x_4 继续循环，便可以观察到因变量 $z = f(x_1, x_2, x_3, x_4)$ 的色场变动。

(5) 用进程条表示程序运行时第四维自变量 x_4 单调递增(减)的变化，设计者可根据因变量的渐变趋势，结合三维几何空间的数值分布，在进程条上定格所需的 x_4 的数值范围。

反映第四维自变量变化状态的进程条的行进流程图如图 2-34 所示。

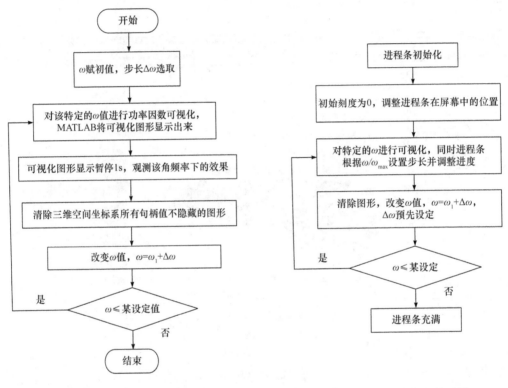

图 2-33　五维可视化程序框图　　　　　图 2-34　进程条行进流程图

2.4.3　五维数据和降维升维

1. 生成五维数据场

建立四元方程的数学模型 $f(\omega, x, y, z)$，确定第四维自变量的取值范围，并将其同构且成正比地映射到时间 t 上，并以进程条标示出来，以三维空间可随时间重复变化的 $f(t, x, y, z)$ 形式表达四元函数的变化，亦可展现四个自变量的海量实验数据的变化规律和趋势。

2. 多目标约束优化设计

设计就是选择决策变量集的组合，以便在诸约束条件下兼顾不同的设计目标。决策变量越多，表达约束条件多目标的能力越强，设计过程越便捷。五维数据可视化能用于四个决策变量的多目标约束优化设计。

3. 降维定格为四维

将五维数据场降维定格为四维数据场。在计算机屏幕上反复观察连续变化的数据场 $f(\omega,x,y,z)$，可把握其数值解的全局分布，再从距约束条件的距离来评估数值解的可靠性(距离越远，可靠性越高)，从 $\partial f/\partial \omega$、$\partial f/\partial x$、$\partial f/\partial y$ 和 $\partial f/\partial z$ 来判断数值解的鲁棒性(偏导越小，鲁棒性越好)，从而按设计者的要求和进程条的指示，选择第四维自变量的取值范围 $\omega_i \in (\omega_{i1},\omega_{i2})$ 为关注区域。

2.4.4 时空资源和效果分析

1. 程序算法代码分析

因为五维可视化是在设定变频器输出角频率的范围条件下使四维可视化图形连续变动的，主程序仍然是四维可视化程序，所以仍可据此分析五维可视化程序指令的时间分配。后述算例中 $\omega = 314\text{rad/s}$，用 MATLAB 提供的 Profiler 分析工具分析此 M 文件代码。分析结果如表 2-2 所示。

表 2-2   角频率 $\omega = 314\text{rad/s}$ 时的指令代码分析

行数	代码	调用次数	总时间/s	所占时间/%	所占时间图
19	contourslice(11,12,c,y1,llslic…	1	5.088	33.9	
24	contourslice(11,12,c,y2,llslic…	1	4.185	27.9	
15	cv=linspace(0,90,1,7);colorbar…	1	3.189	21.3	
14	caxis([0.90,1]);	1	1.851	12.4	
26	xlabel('L1/H');ylabel('L2/H')…	1	0.529	3.5	
其他行			0.156	1.0	
总计			14.998	100	

可以看出此算法中，contourslice 指令最为耗时，约占据了算法总时间的 60%，是影响可视化图形运行速度的主要原因。算法中为了分别去除纯电阻和阻感负载功率因数 $\cos\varphi<0.9$ 的区域，需要两次运用该指令对交集的区域进行适当的切片，完成最优区域的呈现。为了达到可视化图形显示的目的，该指令不能省略，最好的方法是进行等值切片时减少循环切片的采样间隔，并减少切片的数量，从而提高程序运行速度，但也会因此而降低图像的分辨率，使可视化图形的质量下降。折中办法是在不影响观察区域，选择最优数值的前提下，适当减少切片数量和扩大切片的采样间隔。

2. 可视化算例效果分析

从程序运行的时空资源方面来看，当程序的等值切片数量和切片间隔确定后，在 ω 较低或较高的情况下，可视化图形运行较快，五维可视化最优区域的变化规律也最好把握，有利于清楚快速地判断数值解的分布及其鲁棒性。而当取 $\omega \in [251.2,408.2]$ 的值时，程序算法产生数据可视化图形的速度明显缓慢，这和程序要处理的数据量有相当大的关系。

基于 MATLAB 编程便可真正实现五个变量的动态可视化，编制 M 文件就可以观察可视化图形的变化规律，不需要再进行外部的加工。

前几年用上述完全五维可视化算法进行多目标多约束条件的优化设计时尚需考量计算机时空的资源来选择切片数量，但目前市售台式计算机和笔记本电脑的配置有了提升，完成常规的五维可视化算法仅需数秒。

2.5　优化设计建模的三大要素及其可视化

四维可视化算法的基本思想是以三维空间的第四维彩图来表达诸目标函数 $f_i(x,y,z)$、等式约束条件 $g_i(x,y,z)$ 和不等式约束条件 $h_i(x,y,z)$，进而以并/交集等运算的形式展现诸目标约束条件间的逻辑关系，并通过可视化交互融入设计者的知识和经验，在诸约束条件的限定下兼顾各方利益，从最优解集中选出点状最优解。

决策变量、目标函数和约束条件是优化建模的三要素。本节讨论多目标优化设计四维/五维可视化算法的技巧，包括自变量和因变量的标幺值表达、决策变量的起终点、可视化率及其对应的值域频谱、决策变量的交集及其评估函数等。

2.5.1　自变量和因变量

1. 自变量和决策变量

(1) 决策变量：自变量在优化设计中亦称为决策变量。按对诸目标函数的影响程度来精选共同的决策变量，强调决策变量的独立性、决策变量簇的同值域和诸目标图像簇的易读性，并强调决策变量应贯穿整个设计过程。

(2) 物理常数：方程的复杂程度与自变量个数相关，设计参数亦是可变的，从简计，有些反映材料属性的物理参数暂且当作常数，如电流密度 J 等(但是在高频和瞬态过程中，却是需要考量趋肤效应和接近效应的等效值的)。

(3) 中间变量：可通过既有公式计算出来的参数，如磁路长度、平均匝长和电阻值等，可表达成中间变量以备调用，既便于程序编写、检查和二次开发，又能节省计算机内存，缩短计算时间。

(4) 尺度统一：欲在同一决策变量坐标系内分别展现不同的目标值的集合，通过交集来兼顾多目标，通过分割该交集来限定诸约束条件，故诸目标函数都要用相同的决策变量，且要求值域一致。

(5) 变换因子：坐标刻度应按倍率比换算，给原决策变量 x_i 乘尺度变换因子 k_i，得到新决策变量 $y_i = k_i x_i$，得到因变量数值解集的全局分布时再在函数值上考量 k_i，并在坐标轴上标明 x_i 的原始值域。

(6) 尺度调整：为凸显图像细微部分，可缩小决策变量的值域；为判断可视化数据集的全局分布及其变化趋势，应扩大决策变量的值域。尺度调整还可改善因变量的形态，例如，将极度细长的橄榄球体变为准球体，以便于判断全局的数值分布规律。

(7) 起点/终点：决策变量值域的起始值均是 "1" 而不是 "0"，以便当某决策变量暂不用时，如从四维函数 $f(x,y,z)$ 标量数据场降维为三维函数 $f(x,y)$ 标量数据场时，$f(x,y)$ 在四维可视化图中可表达为 $f(x,y,1) \Rightarrow f(x,y)$，故在 x-y 平面上得到的投影 $f(x,y)$ 便是柱状标量的数据场，表示该柱状集在 x-y 平面上的投影都是相同的；否则，$f(x,y)$ 在四维可视化图中表示为 $f(x,y,0)$ 的形式，因零乘任何数等于零，故含自变量 z 的乘法运算结果为零，$f(x,y,0) \neq f(x,y)$，如图 2-35 所示。

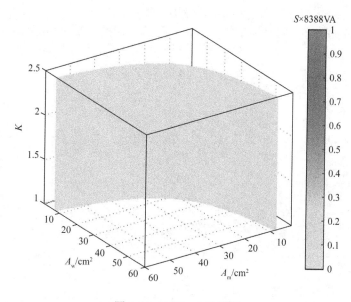

图 2-35　1kV·A 容量弧

显然瓦片状的集状解投影到 A_m-A_w 平面上为一条弧线，即四维数据可视化降为三维数据可视化。

2. 因变量的可视化

(1) 目标函数的标幺值：优化设计中的诸目标函数也属于因变量的范畴。各设计目标的概念常不同甚至是相互制约的，其量纲和值域亦会有差异，不能直接做加减和逻辑运算。可视化算法中，用比值属性的标幺值 f_i^* 来表达各设计目标 $f_i^* = f_i / f_{i\max}$，在此 f_i 是区间属性的自变量函数，$f_{i\max}$ 是 f_i 的最大值。与目标函数值域对应的色谱的值域为 [0,1]，将决策空间中某目标函数的标幺值 f_i^* 乘上对应的倍率 $f_{i\max}$ 即可得到区间属性的原目标函数 f_i 值。

优化设计中的诸等式约束和不等式约束也属于因变量的范畴。

(2) 可视化率的选择：可视化率是指某因变量被渲染的值域与该因变量在全决策空间中的值域之比。

可视化率越高，像素值域越广，越易判断该因变量的全局分布及其变化趋势，但也需更多内存，耗时更长。适当降低可视化率，删除因变量不合理的值域和离极点簇较远的松约束，便于找出鲁棒最优解集，减少所占内存，缩短运行时间。

设因变量合理值域为 $f_i'(x) \in (f_{i1}, f_{i2})$，$f_i'(x) \subseteq f_i(x)$，即合理值域介于设定的两个数值之间，其决策变量集合为 $\Omega_i' = \left\{ f_i(x) \in \mathbf{R}^3 \,\middle|\, f_i'(x) \in (f_{i1}, f_{i2}) \right\}$，即 $x \in \text{int}(\Omega_i')$。

(3) 色谱的选择：四维可视化算法的实质是先建立将数值转换为色谱的值域-色谱映射表，再将三维坐标数据场的数值分布渲染成该映射表索引值所对应的色谱。可视化是肉眼识别和选择的过程，因此色谱的选择甚为重要。

(4) 全局分布：关注多目标函数和诸约束条件的全局分布及其变化趋势时，宜将值域映射至连续色频连续分布的色谱，具体选择视情况而定。

(5) 细微辨识：①将值域对标于细微色谱，因其采用的是敏感色彩周期性重复的色谱，故要先判断重复大段色谱的序号所对应的值域，再按段内的色谱解读出细微区域的具体数值；②将色杆的值域收窄；③将三维空间尺度展示范围收窄。

3. 诸过程因变量

因变量 $f(x, y, z)$ 的数值常常会在自变量的边际 X_{max}、Y_{max} 和 Z_{max} 出现最大值或最小值，为方便可视化交互，可以设定如下。

工作区最大值：$U_{max} = f(X_{max}, Y_{max}, Z_{max})$。

因变量最大值：$U_{max}^* = Cf(x, y, z)|_{max}$。

因变量标幺值：$U_0 = f(x, y, z) / f(x, y, z)|_{max}$。

2.5.2　基本策略和并/交集

1. 并集的可视化概念、条件、表达和实现

(1) 概念：两个目标函数 $f_1(x)$、$f_2(x)$ 的并集为 $f_1 \cup f_2$，应该关注各自决策变量可行域 Ω_1 和 Ω_2 的并集 $\Omega_1 \cup \Omega_2$，从 $f_1 \cup f_2$ 分别在 x-y、y-z 和 z-x 平面上的投影可得出 $\Omega_1 \cup \Omega_2$；显然，多个因变量的并集亦可以照此类推(下同)。

(2) 条件：把两个有效决策变量集不同的目标函数图像叠加在一起，能从两个因变量图像的边缘判断出两个目标函数各自的决策变量集。两个目标函数各自的决策变量集均不应该是决策变量全空间；否则，两个决策变量集占据决策变量全空间的图像混在一起，得到的决策变量集便是整个决策空间，失去了表达并集的意义。

(3) 表达：有目标函数 $f_1(x)$、$f_2(x)$ 及其决策变量可行域 Ω_1'、Ω_2'，按目标约束可得到合理值域 $f_1'(x)$、$f_2'(x)$，基于最大值 f_{1max}、f_{2max} 的标幺值 $F_1'(x) = f_1(x) / f_{1max}$，$F_2'(x) = f_2(x) / f_{2max}$，进而有并集 $F_3 = F_1' \cup F_2'$ 和对应的决策变量可行域并集 $\Omega_4 = \Omega_1' \cup \Omega_2'$，并集运算后的决策空间变大。

(4) 实现：实现两个因变量并集的操作比较简单，只要在生成第一帧图像的代码后加上保持代码，然后在后续函数的生成代码后加上保持代码，就有 $f_1 \cup f_2$，图像显示出来后再做三次投影即可得到 $\Omega_1 \cup \Omega_2$，多目标的并集亦可用类似的手法获取。

2. 交集的可视化概念、条件、表达和实现

(1) 概念：两目标函数 $f_1(x)$、$f_2(x)$ 的交集为 $f_1 \cap f_2$，应该关注的是各自决策变量可行域 Ω_1 和 Ω_2 的交集 $\Omega_1 \cap \Omega_2$，从 $f_1 \cap f_2$ 分别在 x-y、y-z 和 z-x 平面上的投影可得出 $\Omega_1 \cap \Omega_2$，而 $f_1 \cap f_2$ 是矢量场，同时表达的是 f_1 和 f_2，可视化得到的是两个图像的重叠，故不宜直接渲染。

(2) 条件：两目标函数各自的决策变量集均不应该是决策变量全空间，两目标函数各自的决策变量集不应该完全重合。因此，在进行交集前应将两目标函数各自的决策变量可行域分别简化瘦身，变为各自的有效目标函数。

(3) 表达：以两个目标函数 $f_1(x)$、$f_2(x)$ 为例，按目标约束可得到合理值域 $f_1'(x)$、$f_2'(x)$ 及各自对应的决策变量可行域 Ω_1'、Ω_2'；各自基于最大值的标幺值为 $F_1'(x) = f_1(x)/f_{1\max}$ 和 $F_2'(x) = f_2(x)/f_{2\max}$，进而有交集 $F_3 = F_1' \bigcap F_2'$ 和对应的决策变量可行域交集 $\Omega_4 = \Omega_1' \bigcap \Omega_2'$，通常 $\Omega_4 \subset \Omega_1'$，$\Omega_4 \subset \Omega_2'$，交集运算后的决策空间变小。

(4) 实现：交集运算有多种形式，以某目标函数的某段值域为必要条件，其他目标函数的值域均在该范围内提取为例，输入图像生成语句即可得到 $f_1 \bigcap f_2$，图像出来后再做三次投影即有 $\Omega_1 \bigcap \Omega_2$，多目标函数的交集亦可类推，在此不再赘述。

2.5.3 减少所占内存和缩短耗时

1. 减小工作区空间

减少所占内存亦可节省时间，例如，某决策变量的取值范围的初始值和终值有共同的倍率 N，则可将初始值和终值均缩小成 $1/N$，而在因变量表达式前乘以 N，并将该值域映射成色谱。类似于将大内存的多次加法运算换成小内存的乘法运算。

在表达式中有根号运算时，要确保小数点每次移动两位；同理，有立方根运算时，要确保小数点每次移动三位。

2. 降维和升维

数据可视化既会有深度上的视觉重叠，也会受周边色场的影响而产生视觉错误，例如，当某自变量可暂且当作常数时，在判断两元函数的数值分布的变化趋势方面，二维可视化不如三维可视化清晰。降维是通过减少决策变量来简化目标函数和约束条件的渲染，有利于基于个性化的知识和经验，从观察图像的过程中获得灵感，趋利避害做出判断。

简洁降维的方法是在四维标量数据场中取出尽可能薄的一片，且色谱与值域对应的关系不变。此外，投影亦能得到降维的部分效果。

升维在四维可视化中是指将三维可视化的数据场扩展为四维数据场，将 $f(x,y)$ 扩展到 $f(x,y,z)$，图 2-35 是以 $f(x,y,1)$ 形式渲染出彩色柱状标量场，其在 x-y 平面上仍是 $f(x,y)$ 的色谱与值域对应的标量数据场，便于交集、并集等逻辑运算。

3. 二次开发和手机化

编程时应该在主程序流程图不变的情况下，留有二次开发的接口，以应对诸约束条件目标函数模型的变化。

优化设计的可视化算法的发展方向包括操作手机化，即设计者即使不知道程序代码，亦能像操作手机那样完成优化设计。

参 考 文 献

[1] 闻邦椿, 刘树英, 郑玲. 系统化设计的理论和方法[M]. 北京: 高等教育出版社, 2017.

[2] 张占松, 蔡宣三. 开关电源的原理与设计(修订版)[M]. 北京: 电子工业出版社, 2004.

[3] VAN DEN BOSSCHE A, VALCHEV V C. Inductors and transformers for power electronics[M]. New York: Taylor & Francis, 2005.

[4] MCLYMAN C W T. Tansformers and inductor design handbook[M]. 3rd ed. Colifornia: Kg Magnetics, Inc. , 2004.

[5] HURLAY W G, WöLFLE W H. Transformers and inductors for power electronics: theory, design and applications[M]. Chichester: John Wiley & Sons, Ltd. , 2013.

[6] 王全保. 新编电子变压器手册[M]. 沈阳: 辽宁科学技术出版社, 2007.

[7] 王瑞华. 脉冲变压器设计[M]. 2 版. 北京: 科学出版社, 1996.

[8] 伍家驹, 刘斌. 逆变器理论及其优化设计的可视化算法[M]. 2 版. 北京: 科学出版社, 2017.

[9] 梅生伟, 刘锋, 魏韡. 工程博弈论基础及电力系统应用[M]. 北京: 科学出版社, 2016.

[10] 华罗庚. 华罗庚同志关于推广应用优选法的报告[J]. 桥梁建设, 1972, 2(4): 29-47.

[11] 谢政, 李建平, 汤泽滢. 非线性最优化[M]. 长沙: 国防科技大学出版社, 2003.

[12] 陈为, 赵烨, 张嵩, 等. 可视化导论[M]. 北京: 高等教育出版社, 2020.

[13] 施妙根, 顾丽珍. 科学和工程计算基础[M]. 北京: 清华大学出版社, 1999.

第3章 磁性器件的电磁参数

电生磁，磁生电，磁性器件主要由铁心和绕组构成，用来传输、存储电磁能量，或者实现电磁能和机械能之间的相互转换[1-3]。磁性器件集电气磁气于一身，电磁参数繁多，再加上铁心所用铁磁质具有多值非线性且受制于环境影响，因此，电磁参数概念的理解、数学模型的建立、计算方法的选择和实验条件的准备等均是在设计前必须心中有数的。磁性器件的设计从某种意义上说就是在熟知电磁材料特性的基础上，构思磁性器件铁心和绕组的结构，计算出铁心截面积、窗口面积和矩形窗口的比例等铁心尺寸，以及各绕组的匝数、导线截面积和空间分布，从而达到电气设备的总体要求[4-9]。本章讨论了磁性器件常用的电磁参数的概念、量纲和单位，磁性器件常用的软磁材料及其电磁特性，磁路中起关键作用的气隙，电路和磁路，还着重讨论了非同心绕组变压器的漏感和多线圈电子变压器的漏感，指出了漏感的时空属性。

3.1 软磁材料和电磁特性

磁性器件大多由磁芯/铁心和绕组/线圈构成，线圈绕在铁心上，铁心的材料是铁磁质，铁磁质能大大地提高磁性器件的功率密度。铁磁质材料分为硬磁材料和软磁材料，磁性器件常用软磁材料，软磁材料种类繁杂，不同种类的铁磁材料之间的性能差异很大，针对不同的工作环境有不同的适用范围，选择软磁材料及其制成品铁心是磁性器件设计的关键环节之一[4-9]。本节比较了电参数和磁参数，介绍常用软磁材料，以及 B-H 回线和 B-H 曲线，结合 B-H 回/曲线详细讨论各种磁导率、饱和磁感应强度和最大磁导率。

3.1.1 电参数和磁参数

人类对磁的认知远逊于电，磁参数的计算/测量精度远低于电参数，例如，通过常规万用表很容易直接测量到足够精度的电压、电流和电阻等电参数，但若要测算到与之对应的磁化力、磁通和磁阻等磁参数，需间接地通过电参数来概略换算，或者去实验室用示波器、高斯计和交流电桥等进行测算。

做好磁性器件优化设计应该储备的知识和技能包括：

(1) 从众多具有多值非线性特性的铁磁质中选择合适的材料加工成铁心/磁芯；

(2) 获取或测算出由该铁磁质制作的铁心在实际工况下的电磁特性；

(3) 将 B-H 回线简化成 B-H 曲线和 B-H 折线；

(4) 将电磁元件三维空间分布参数间的电磁能量交换映射到集中等效参数表达的等效电/磁路，建立数学模型并对其参数进行辨识；

(5) 《电磁学》、《电磁场》、《电机学》和《电磁测量》等[1-9]；

(6) 在研发过程中，凝练出日常使用经验，如工作磁感应强度、饱和磁感应强度和铁损表达等参数和经验公式。

为便于论述和阅读，特将常用电参数和磁参数进行比较，如表 3-1 所示。

表 3-1 常用电参数和磁参数

电参数				磁参数			
术语	符号	量纲|定义	单位|关联符号	术语	符号	量纲|定义	单位|关联符号
电流	I	I $I = U/R$	安|A	磁通	Φ	$L^2MT^{-2}I^{-1}$ $e = -d\Phi/dt$ $\Phi = F/R_m$	韦伯|Wb e：电势
漏电流	I	I	安|A	漏磁通	Φ_δ	$L^2MT^{-2}I^{-1}$ $e_\delta = -d\Phi_\delta/dt$ $\Phi_\delta = F/R_{m\delta}$	韦伯|Wb e_δ：漏感电势 $R_{m\delta}$：漏磁通的磁阻
暂无对应				磁链	Ψ	$L^2MT^{-2}I^{-1}$ $\Psi = N\Phi$	韦伯|Wb N：匝数
电流密度	J	$L^{-2}I$ $J = I/S$	A/cm² S：截面积	磁通密度	B	$MT^{-2}I^{-1}$ $B = \Phi/S$	特斯拉|T S：截面积
电压	U	$L^2MT^{-3}I^{-1}$	伏|V	磁化力	F	I	安匝|At
电场强度	E	$LMT^{-3}I^{-1}$	伏/米|V/m	磁场强度	H	$L^{-1}I$ $H = F/L$	安/米|A/m L：磁路长度
电阻	R	$L^2MT^{-3}I^{-2}$ $R = \rho L/S$	欧|Ω L：导线长度	磁阻	R_m	$L^{-2}M^{-1}T^2I^2$ $L/(\mu A_m)$	1/亨|1/H A_m：磁芯截面
电阻率	ρ	$L^3MT^{-3}I^{-2}$	欧米|Ω·m	磁导率	μ	$LMT^{-2}I^{-2}$	亨/米|H/m
电导	G	$L^{-2}M^{-1}T^3I^2$ $G = 1/R$	Ω^{-1}	磁导	Λ	$L^2MT^{-2}I^{-2}$ $\Lambda = 1/R_m$	韦伯/安匝|Wb/At
暂无对应				电感	L	$L^2MT^{-2}I^{-2}$ $L = \Psi/I$	亨|H
				互感	M	$L^2MT^{-2}I^{-2}$ $M = \Psi_{12}/I_1$ $= \Psi_{21}/I_2$	
				励磁电感	L_m	$L^2MT^{-2}I^{-2}$ $L_m = \Psi_m/I$	
				漏感	L_δ	$L^2MT^{-2}I^{-2}$	
				漏互感	$M_{\delta12}$	$L^2MT^{-2}I^{-2}$ $M_{\delta12} = \Psi_{\delta12}/I_1$	
节点电流定律：$\sum i_{node} = 0$				节点磁通定律：$\sum \Phi_{node} = 0$			
回路电压定律：$\sum u_{loop} = 0$				回路磁压定律：$\sum F_{loop} = 0$			

表 3-1 中详细内容在后续章节将会涉及，不在此展开叙述。

3.1.2　*B-H* 回线和电磁特性

铁磁质具有多值非线性的特性，磁感应强度 B 不仅与磁场强度 H 相关，而且与此前 H 的位置、轨迹及其变化趋势相关[4-9]。以正弦电压作用于空载变压器的初级绕组为例，可以得到 *B-H* 回线，如图 3-1 所示。

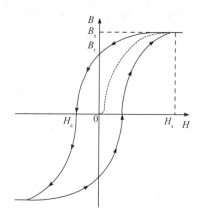

图 3-1　铁磁质的 *B-H* 回线

(1) H 自零点起随励磁电流增加，B 则自 0 点开始沿图 3-1 中虚线增加，dB/dH 却逐渐降低至正向饱和点(B_s,H_s)。

(2) 当 H 开始减小，B 沿图 3-1 中箭头方向下降至 $H=0$ 时，$B=B_r$ 为剩余磁感应强度(简称剩磁)。

(3) H 顺沿反向下降直至剩磁 $B=0$ 处时，对应于矫顽磁场强度(又称矫顽力)H_c。

(4) 反之亦然，回线沿图 3-1 中箭头循环，在此不再赘述。

从某种铁磁质的完整 *B-H* 回线上能获得如下知识点。

(1) 硬磁和软磁：铝、铁、硼等硬磁材料的磁导率 μ 约为真空磁导率 μ_0，B_r、H_c 以及 *B-H* 回线所围的面积都大，即使 $H=0$，也有很大的剩磁 B_r，需很大的反向 H_c 才能使 B_r 归零，常被用来做永久磁铁；软磁材料的 μ 为 μ_0 的数十至数千倍，B_r、H_c 小，*B-H* 回线所围的面积也小，常被用来做各种电机、变压器。

(2) 面积和损耗：完整的 *B-H* 回线的积分面积可表示为一个周期内铁心所消耗的能量(J)，再乘以每秒拥有的周波个数 f 便为损耗(W)，即每秒消耗的能量。显然，f 越高，损耗越大。铁磁质种类和磁件所处电路的工作状态均可对铁心 *B-H* 回线的积分面积即磁性器件的铁损产生影响。

(3) 频率和损耗：B 的幅值不变，逐步增大正弦波频率，可得到一簇互不相交，且纵向不变、横向逐渐变宽的 *B-H* 回线，整周期所围面积亦随之增大，再乘上每秒拥有的周波个数，意味着其损耗随着频率的增加而迅速增加。

(4) 温度和磁密：技术文档上的 *B-H* 特性通常是在 25℃条件下获得的。如果频率和磁场强度不变，随着温度的升高，B 值会降低，例如，当磁性器件工作在 100℃时，不少铁磁质的 B 值会降到 25℃时 B 值的 3/4 左右。

(5) 直流和偏磁：变压器的初次级绕组中有可能会混入直流或者含有直流分量，对应的直流磁动力 F 不仅不会在初次级绕组间传输能量，反而会使描述铁心工作状态的 B-H 曲线处于正、负半周期不对称的状态，并会出现部分时段的局部饱和，从而导致电压电流波形畸变、变压器损耗增加和励磁电流剧增等不良后果。

(6) 回线和曲线：频率 f 不变，逐步降低正弦电压幅值，可以得到一簇互不相交且逐渐缩小的 B-H 回线，连接其顶点便能得到该频率下的 B-H 曲线，将多值非线性的回线映射为单值非线性的曲线更能方便磁性器件的设计，如图 3-2 所示。

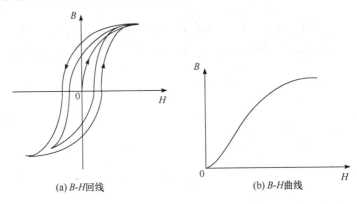

(a) B-H 回线　　　　　　(b) B-H 曲线

图 3-2　B-H 回线和 B-H 曲线

通过 B-H 曲线可大致判断 $B = f(H)$ 的变化趋势，其中尚有膝点、饱和点和工作点之分，详解随后。

3.1.3　铁磁质和磁导率

1. 铁磁质和非铁磁质

铁磁质和非铁磁质的 B-H 特性比较如图 3-3 所示。

图 3-3 中略去了磁饱和现象，但仍可见为达到同样的电磁感应强度，μ 越高，所需激励 H 越小。

2. 常用铁磁质及其特性

铁磁质的磁导率高、矫顽力小、饱和磁导率高、损耗小，分金属及其合金、铁氧体、

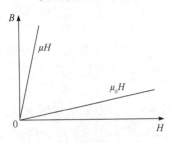

图 3-3　铁磁质和非铁磁质的 B-H 特性比较

非晶合金和非晶纳米晶等几大类。金属及其合金材料有沿压延方向磁导率高的取向性，为零点几毫米级的绝缘带状，用于工频领域，更薄的带状硅钢片可用于中频领域；铁氧体材料比金属及其合金材料的饱和磁通密度低，称为亚铁磁质，因电阻率高可忽略涡流损耗，常被用于高频领域；铁簇非晶材料是非晶合金材料的一种，其铁损低，常被用于电机。常用铁磁质的磁导率和磁感应强度关系见图 3-4[10,11]。

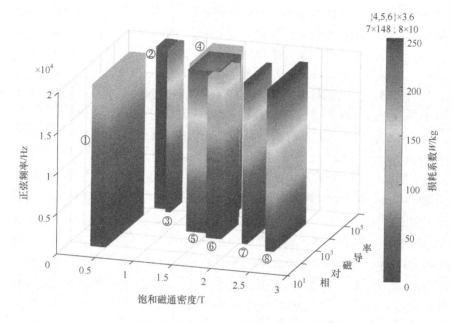

图3-4 常用铁磁材料的磁特性(见彩图 5)

(1) 柱体①～⑧分别为铁氧体、钴基非晶、75～80 镍铁、纳米晶、35~50 镍铁、铁基非晶、3%硅铁、铁钴合金等材料。柱体①、②、③的损耗系数为相应颜色比照色标所得的数值；④、⑤、⑥的损耗系数为相应颜色比照色标所指的数值 "{4,5,6}×3.6"；同理，柱体⑦的损耗需将色谱的值域乘 148 倍、即 "7×148"；柱体⑧则需乘 10 倍，即 "8×10"。

(2) 选择铁心铁磁质的重要考量是磁性器件的工作频率、饱和磁通密度、铁心损耗和最高的工作温度等，高磁导率和高饱和磁感应强度材料的机械复合，是提高性价比的重要途径。

(3) 在计算机上可通过随意旋转四维可视化图簇，来得到更全面的信息。但是该操作需要较长的程序代码和数据库支持，若有需要可与作者联系。

3. 磁导率和实际工况

结合图 3-2 的 B-H 曲线和公式 $B = \mu H$，可知变压器铁心的磁导率不仅与所选的铁磁质相关，而且与铁心实际工作状况强相关，如图 3-5 所示。

(1) 铁磁材料的 B-H 曲线存在着饱和区域。

(2) 磁导率最高处并不是出现在磁感应强度较高处，高饱和的膝点和高磁导率不可兼顾。

(3) 未考虑工作频率和温度等的影响。

3.1.4 诸磁导率

多值强非线性的磁导率不但与所选铁磁质有关，而且

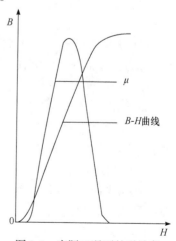

图 3-5 实际工况下的磁导率

与磁件的工作状况强相关。磁性器件设计师对各种磁性材料特性和铁心结构较为熟悉,但对磁性器件的实际工作状况知之甚少;然而电力电子工程师对磁性器件的实际工作状况较为熟悉,但对各种磁性材料特性和铁心结构却知之甚少。不少磁性器件在设计时的磁感应强度和磁导率的值域都是估算试凑的,显然无法满足优化设计的要求。

优化设计要求既熟悉磁性器件的实际工作状况,又熟悉磁性材料特性及铁心结构,特别是要熟悉各种磁导率。因此为进行深入研究,有必要进一步厘清各种磁导率[12]。

(1) 真空磁导率 μ_0:真空状态下的磁导率,为 $4\pi\times10^{-7}$H/m,量纲为 $L^{-1}MT^{-2}I^{-2}$,是常用物理量,亦为相对磁导率的比较基准。

(2) 相对磁导率 μ_r:某材料磁导率 μ 相对于真空磁导率的倍数,$\mu = \mu_r\mu_0$。

(3) 初始磁导率 μ_i:B-H 曲线在原点的斜率,是在很小的测量范围内(如 LCR 电桥、便携式仪表)所得到的结果。

(4) 直流磁导率 μ_{dc}:缓慢地改变磁场强度 H 的大小和方向可形成磁滞回线,改变 H 的最大值可形成不同的磁滞回线,连接不同磁滞回线顶点的曲线为基本磁化曲线,H 以远小于工频的周期变化所得的基本磁化曲线为直流基本磁化曲线,直流磁导率 μ_{dc} 为该曲线上 B 与 H 之比。

(5) 特定频率的基本磁导率 μ_f:以直流极限磁滞回线饱和点 (H_{max}, B_{max}) 为定点,周期地改变磁场强度 H 可形成同心磁滞回线,H 变化的频率越高,矫顽力越大,同心磁滞回线的面积也越大,越不容易饱和。B 不仅与 H 有关,而且与磁化方向 $\partial H/\partial t$ 有关。

在特定频率下,改变 H 的最大值可形成不同的磁滞回线,连接不同磁滞回线顶点的曲线为特定频率下的 B-H 磁化曲线,特定频率的基本磁导率 μ_f 为该曲线上 B 与 H 之比。

对普通硅钢片而言,其工作频率越高,磁导率越小。商品铁磁质所提供的磁导率通常是直流磁导率或工频磁导率,而不少磁件在实际工况下往往有直流分量、工频倍频和开关频率分量。

(6) 微分磁导率 μ_d:特定频率下,基本 B-H 曲线各点的斜率反映了 H 的增加导致 B 增加的急剧程度。

$$\mu_d = \frac{dB}{dH} = \mathop{Lim}\limits_{\Delta H \to 0} \frac{\Delta B}{\Delta H} = \mu_f + H\frac{\partial\mu_f}{\partial H} \tag{3-1}$$

(7) 增量磁导率 μ_Δ:在交、直流磁场的共同作用下,小幅度地交变 H 使得 B 会围绕着原工作点形成局部磁滞回线,该局部磁滞回线的斜率为 μ_Δ,其表达式为 $\mu_\Delta = f(H,\Delta B)$。

(8) 剩磁增量磁导率 $\mu_{\Delta r}$:极限磁滞回线中,连接剩余磁感应强度所在点 $(0,B_r)$ 与饱和磁场强度所在点 (H_m,B_m) 的直线的斜率,$\mu_{\Delta r} = (B_m - B_r)/H_m$。

(9) 矫顽增量磁导率 $\mu_{\Delta c}$:极限磁滞回线中,通过最大矫顽力 H_c 所在点 $(H_c,0)$ 的切线相对于 H 轴的斜率,该点为变压器采样模型中参数辨识的优选点[8]。

(10) 可逆磁导率 μ_{rec}:连接永磁材料 B-H 图上局部小循环两端点的直线称为回复线,回复线的斜率为可逆磁导率,又称为回复磁导率。永磁材料的磁导率通常很低,远远小于铁磁质的磁导率而接近于真空磁导率。

(11) 等效磁导率 μ_{eq}:在维持电感量不变的条件下,把由几种材料构成的磁路等效为由单一材料构成的原尺度磁路,该单一材料的磁导率定义为等效磁导率,即进行同尺度的空间材料等效。

(12) 最大磁导率 μ_{max}：起于原点的单值磁化曲线上，拐点 k 的直线斜率，即 $\mu_{max} = B_k/H_k$。

(13) 脉冲磁导率 μ_p：在单向激励下，磁感应强度峰值与磁场强度峰值之比，也就是 $\mu_p = \Delta B/\Delta H$。

(14) 材料磁导率 μ_m：在磁通密度小于 0.005T 时所测得的磁化曲线斜率。

(15) 有效磁导率 μ_{ef}：磁滞回线是多值非线性的，其磁导率是 H 和 B 的函数，也就是 $\mu_\Delta = f(H, \Delta B)$，即磁导率是在瞬间变化的。当用向量形式求解正弦时变磁场问题时，可以按一个周期 T 内磁能密度的平均值相等的概念来定义有效磁导率 μ_{ef}，即采用周期 T 的积分时间平均值来表达有效磁导率：

$$\frac{1}{T}\int_0^T \frac{HB}{2}\mathrm{d}t = \frac{1}{4}\mu_{ef}H_m^2 = \frac{B_m^2}{4\mu_{ef}} = \mathrm{const} \tag{3-2}$$

由于用正弦电压激励非线性的铁磁质时，B 和 H 仅有一个是正弦的，当 $H = H_m\sin\omega t$ 时，有

$$B(t) = \mu(t)H_m\sin\omega t \tag{3-3}$$

$$\mu_{ef}(H) = \frac{8}{T}\int_0^{\pi/4}\mu(t)\sin^2\omega t\,\mathrm{d}t \tag{3-4}$$

对于电源变压器，因初级电压 $u \approx -NS\mathrm{d}B/\mathrm{d}t$，故 $B = B_m\sin\omega t$，则有

$$H(t) = \frac{B_m\sin\omega t}{\mu(t)} \tag{3-5}$$

$$\mu_{ef}(B) = \frac{T}{8\int_0^{\pi/4}\dfrac{\sin^2\omega t}{\mu(t)}\mathrm{d}t} \tag{3-6}$$

亦可用磁阻率 ν 来取代磁导率 μ。此外，有效磁导率 μ 的近似公式为

$$\mu_{ef} = \frac{B_{1m}}{H_{1m}} \tag{3-7}$$

$$\mu_{ef} = \frac{1}{T}\int_0^T \mu(t)\mathrm{d}t \tag{3-8}$$

3.2　起关键作用的气隙

铁磁质加工成的铁心能大大地提高磁性器件的功率密度，但在铁磁质加工成磁性材料、磁性材料加工成铁心的过程中难免存在气隙，例如，硅钢加工成带状硅钢片，取向并覆盖绝缘漆的硅钢片又通过卷绕或剪切加工成铁心，在逐次加工过程中都不可避免地存在分布气隙和集中气隙；又如，先将铁磁质加工成不同目数的标准颗粒，再将几种不同目数的颗粒混合并充填绝缘黏结剂，最后冲压/烧结成不同尺寸的磁芯，颗粒间的绝缘黏结剂构成分布气隙，铁心拼接的缝隙构成集中气隙。磁性器件设计的关键步骤之一就是选择铁心，铁

心中气隙是不可避免的，但气隙的磁导率远远低于铁心铁磁质的磁导率，对磁性器件的性能有着重要且难以量化的影响[13,14]。本节结合铁心详细讨论了气隙，推导出最佳气隙表达式，并用五维数据可视化展现了其数值分布，结合常用的铁心结构讨论了分布气隙和集中气隙，可为后续的磁性器件多目标约束优化设计提供参考。

3.2.1　铁心和气隙

半导体是第三次工业革命的重要物质基础，往硅、锗等半导体材料中掺入微量杂质后会极大地改变其导电性能，微量杂质的理论计算和工艺把控往往起到决定性的作用。磁性器件是电气电子设备不可或缺的元器件，往往铁磁质中微小的气隙会极大地改变电机电器的电磁特性，微小气隙的理论计算和工艺把控往往起到决定性的作用。

铁心中的铁磁质能显著提高磁性器件的磁感应强度和磁导率，并提高功率密度，而空气的磁导率接近于 μ_0，但是被加工成各种各样几何形状的铁心中却往往都含有不同形式的气隙，有时甚至在组装阶段人为地在两铁心截面间隙垫上纸片等非铁磁质材料以造成气隙。气隙虽然在磁路长度中占比极低，但作为自变量，它在某些取值范围内哪怕只有微小的摄动，都会使因变量发生剧烈的难以承受的扰动，也就是说存在着病态数学问题。因此，气隙对磁性器件的整体性能有着至关重要甚至是决定性的影响。

(1) 变压器的气隙。变压器是直接传输电磁能量的。理想变压器并不需要气隙来传输电磁能量，故气隙越小越好，但变压器铁心却又常有气隙，其主要特征有：①为减小涡流损耗，常把硅钢先加工成零点几毫米的薄片并在其两面附着绝缘漆，再通过叠片或卷绕等工艺构成磁阻较小且电阻较大的铁心整体，主磁通并不穿过气隙；②将硅钢片切成小片以将其逐步拼接堆积成常用的 E 型闭合状的铁心；③以点焊/铆接等方式将冲压成 E 型的硅钢片连接成预制块，再将两块 E 型预制块拼接成闭合磁路，主磁通穿过预制块结合面所形成的气隙；④有的中高频变压器故意增加气隙来增大饱和磁场强度。

(2) 电感器的气隙。电感器是间接传输电磁能量的。在一个工作周期内有能量存储和释放的过程，而从理论上讲，磁场能量(简称磁能)的绝大部分是存储在电感器铁心的气隙中的，其主要特征有：①电感器的铁心在结构上需要有气隙，并使主磁通穿过该气隙；②为减小涡流，铁心主体的铁磁质加工成片状或颗粒状；③铁磁体的作用是增加电感量和提高功率密度，而气隙的作用则是存储磁场能量并降低饱和磁场强度；④气隙的精确计算需要翔实的铁磁质数据，且难觅有工程价值的有效数值解。

(3) 集中气隙 l_g。集中气隙类铁心的主要特征有：①在铁心拼接装配过程中虽然尽可能地做到严丝合缝，但仍然存在结构气隙；②硅钢片间已知厚度的绝缘漆；③为把控气隙厚度，铁心在装配过程中有意留下、以纸板或玻璃纤维板；磁集成装置中派生的主磁路产生的气隙；磁集成装置中派生的主磁路产生的气隙；④在铁心部件装配时，两弥合面之间客观存在离散缝隙，铁氧体等烧结或压结类铁心中含有未被发现的裂纹。

(4) 分布气隙。分布气隙类铁心的主要特征有：①铁心由三种不同直径的颗粒粉末状软磁材料混合而成，添加绝缘黏结剂后经过压制烧结而成型，铁磁质颗粒越大且充填率越高，磁导率越高，然而损耗亦随着颗粒的增大而增大；②铁磁质颗粒越大且充填率越低，非铁磁质的绝缘黏结剂占比越高，从而可以折算出的铁心等效气隙也越厚；③等效集中气隙可以通过铁磁质的磁导率及其颗粒的配比计算并辅以实验而获得。在研判分布气隙的影响时，常将其等效为集中气隙。

3.2.2 气隙和磁导率

虽然 B-H 回线能反映在正弦作用下某铁磁质的基本电磁特性，但铁磁质种类繁多，参数难以测算，即使是同一个磁件，在不同的工作状况下，其外特性参数也不相同，较难精准建模，常令人困惑。然而如 3.2.1 节所述，在磁路长度 l 中又常常嵌入特定的气隙 l_g，使得磁性器件的电磁特性分析更加困难，基于具体的铁磁质特性和磁路结构来讨论如何提高交流环境下平均脉冲磁导率的报道尚属鲜见[13,14]。本节对交流环境下硅钢片的平均脉冲磁导率与铁磁质的剩余磁感应强度、矫顽力、饱和磁感应强度、饱和磁场强度、磁路长度和气隙长度的关系进行了分析，并为以磁路长度、磁场强度和磁路气隙为自变量，以平均脉冲磁导率为因变量，展现其数值分布和变化趋势的分析做了铺垫。

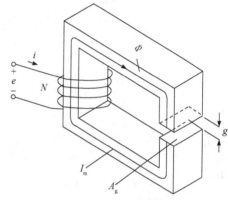

图 3-6 铁心、气隙主磁通示意图

1. 铁心中的气隙

铁心中的被主磁通穿越的气隙示意如图 3-6 所示。

图 3-6 中提示主磁通穿越气隙，气隙的磁导率和铁磁质的磁导率相差数十倍乃至数千倍，故气隙对磁性器件的电磁特性有着重大的影响。

记磁件铁磁质磁路长度为 l_m，其磁场强度为 H_m；气隙厚度为 l_g，其磁场强度为 H_g；总的磁路长度为 l，其磁势为

$$\oint H \mathrm{d}l = H_m(l - l_g) + H_g l_g = H_{mg} l \tag{3-9}$$

可见磁势能表达为等效磁场强度与总磁路长度之积 $H_{mg}l$，又因为 $l \gg l_g$，所以等效磁场强度 H_{mg} 可以进一步表示为

$$H_{mg} = H_m \frac{l - l_g}{l} + H_g \frac{l_g}{l} \approx H_m + B \frac{l_g}{\mu_0 l} \tag{3-10}$$

式(3-10)提示为了得到一定的磁感应强度 B，有气隙时磁场强度 H 应在无气隙时铁心磁场强度 H_m 的基础上再增加 $(Bl_g)/(\mu_0 l)$ 倍，以克服气隙的影响。

2. 基于 B-H 回线的气隙表达

以市售 YEE4-3 型硅钢片为例，在 50Hz 的工频电压的激励下，可以测得其有无气隙时的铁心极限磁滞回线(即 B-H 回线)如图 3-7 所示。

图 3-7 中显示了上述铁心在气隙厚度为 0.09mm 条件的工频状态下的极限磁滞回线，其中①、②分别为有无气隙的状况。从简计，抽象出极限磁滞回线的主要特征，如图 3-8 所示(从更加清晰且易于分析的角度考量，绘图时已稍做变形，但相对位置未变)。

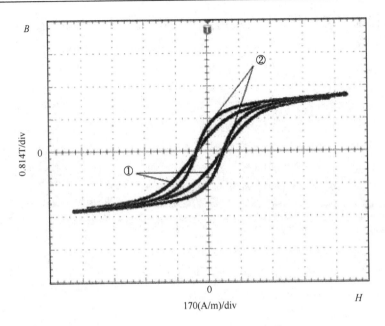

图 3-7　有无气隙时铁心的 B-H 回线

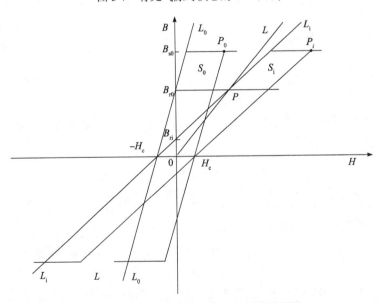

图 3-8　有无气隙时铁心的 B-H 回线示意图

3. 基于 B-H 曲线的气隙表达

平行四边形 S_i、S_0 分别代表有无气隙时的铁心的极限磁滞回线，P_i、P_0 分别为有无气隙时的饱和点，B_{ri}、B_{r0} 分别为有无气隙时的剩余磁感应强度；若 $l \gg l_g$，则有无气隙时的饱和磁感应强度均可以视作 B_{s0}，但有气隙时的磁场强度 H 较大；两矫顽磁场强度均被视作为 H_c；然而 $\angle B0L = \arctan(l_g/(\mu_0 l))$，$L_0L_0$ 为过 $-H_c$ 点 S_0 下降沿的切线，L_iL_i 为过 $-H_c$ 点 S_i 下降沿的切线，S_i 的斜率由 B_{r0} 点向右平移 $B_{r0}l_g/(\mu_0 l)$ 到达的 P 点来确定，$B_{r0}P$ 为过 B_{r0} 点平

行于 H 轴的直线。为了在极限 B-H 曲线上分析气隙与剩余磁感应强度 B_{ri} 的关系，从图 3-8 中提取 $0L$、L_0L_0、L_iL_i 和 $B_{r0}P$ 可以得到更为简洁的图 3-9。

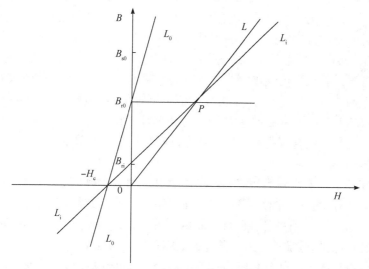

图 3-9　有无气隙时铁心的 B-H 曲线示意图

图 3-9 中，$B_{r0}P$ 为过 B_{r0} 点平行于 H 轴的直线，可得 $\Delta B_{r0}P\,B_{ri} \backsimeq \Delta(-H_c)B_{ri}0$，进而可有

$$\frac{\left|-H_c 0\right|}{B_{r0}P} = \frac{0B_{ri}}{0B_{r0} - 0B_{ri}}$$

$$B_{ri} = \frac{H_c B_{r0}}{H_c + B_{r0}\dfrac{l_g}{\mu_0 l}} \tag{3-11}$$

无气隙时饱和磁场强度记为 H_{s0}，则磁导率还可以进一步表示为

$$\mu_r = \frac{\Delta B_i}{\mu_0 \Delta H_i} = \frac{B_{s0} - B_{ri}}{\mu_0\left(H_{s0} + B_{s0}\dfrac{l_g}{\mu_0 l}\right)} = \frac{B_{s0} - \dfrac{H_c B_{r0}}{H_c + B_{r0}\dfrac{l_g}{\mu_0 l}}}{\mu_0\left(H_{s0} + B_{s0}\dfrac{l_g}{\mu_0 l}\right)}$$

$$= \frac{B_{s0}H_c\mu_0 l^2 + B_{r0}B_{s0}ll_g - B_{r0}H_c\mu_0 l^2}{H_c H_{s0}\mu_0^2 l^2 + B_{s0}H_c\mu_0 ll_g + B_{r0}H_{s0}\mu_0 ll_g + B_{r0}B_{s0}l_g^2} \tag{3-12}$$

即

$$\mu_r = f(B_{s0}, B_{r0}, H_c, H_{s0}, l_g/l) \tag{3-13}$$

对式(3-12)，令 $\partial\mu_r / \partial l_g = 0$ 可得新的方程，求解该方程可得磁导率最大的最佳气隙表达式：

$$l_g = \frac{B_{r0}H_c\mu_0 - B_{s0}H_c\mu_0 + \mu_0\sqrt{B_{r0}^2 H_c^2 + B_{r0}^2 H_c H_{s0} - B_{r0}B_{s0}H_c^2}}{B_{r0}B_{s0}}l \tag{3-14}$$

4. 特定条件下的公式转化表达

式(3-12)和式(3-13)表明：铁心加气隙后的磁导率 μ_r 是六个自变量即饱和磁感应强度 B_{s0}、剩磁 B_{r0}、饱和磁场强度 H_{s0}、矫顽力 H_c、铁心磁路长度 l 和气隙长度 l_δ 的函数，因为该方程属于多元非线性方程的范畴，因此常常没有解析解。

1) $\mu_r = f(H_{s0}, l_g, l)$

当利用现有器材和铁心已经确定时，磁感应强度 B_{s0}、剩磁 B_{r0}、矫顽力 H_c 和饱和磁场强度 H_{s0} 均为已知的，$l = l_g + l_m \approx l_m$，式(3-13)可被降维为三元函数，并能够实现四维标量数据可视化 $\mu_r = f(H_s, l_g, l_m)$。根据因变量的全局分布及其变化趋势，选择交变磁场强度、磁路长度和气隙长度的最佳组合来提高磁导率和电磁器件的功率密度和性价比。

2) $\mu_r = f(B_{s0}, B_{r0}, H_c, l_g/l)$

当磁件工作频率、电流波形和饱和磁场强度 H_{s0} 可大致确定时，磁件磁路长度也能大致被确定，故式(3-13)可降维为四元函数，并能够实现五维标量数据可视化 $\mu_r = f(B_{s0}, B_{r0}, H_c, l_g/l)$。以此来选择磁性材料时，须将各种磁性材料的相关数据进行归类排序，以期得到 B_{s0}、B_{r0} 和 H_c 的取值域，从而降低维数以适应既有的数据可视化算法。

还可据优化设计中的其他条件，对式(3-13)做相应的降维处理，得到更多的表达式。

3.2.3　磁导率和五维图

1. 主要电磁参数及其示意图

五维标量场数据可视化的因变量由 4 个自变量来表现，即将第 4 个自变量映射到时间 t 上，可重复、可再现地展现因变量的取值变化规律。五维可视化的基本概念和实施手法参阅 2.4 节，在此仅仅展现其数值分布 $\mu_r = f(B_{s0}, B_{r0}, H_c, l_g/l_m)$ 的五维可视化结果，如图 3-10 所示。

图 3-10 中考虑到电磁元件常用的铁磁质磁参数的取值范围：铁心相对磁导率 $\mu_r \in (1, 1600)$，气隙厚度与铁磁质磁路长度的比值 $l_g/l_m \in (0, 0.001)$，饱和磁感应强度 $B_{s0} \in (0.2, 2.5)$，剩余磁感应强度 $B_{r0} \in (0.1, 2.1)$，矫顽力 $H_c \in (0.4, 160)$。电路确定之后，磁场强度 H_{s0} 通常是已知的，通过获取饱和磁感应强度、剩余磁感应强度、矫顽力和气隙长度与磁路长度之比的最佳组合，选取适合的材料，使铁心相对磁导率尽可能大。

图 3-10 提示：当 $l_g/l_m = 0$ 时，铁心相对磁导率随着 B_{s0} 的增大而增大，随着 B_{r0} 的增大而减小，与矫顽力 H_c 大小无关，可见选择材料时 B_{s0} 越大越好，B_{r0} 越小越好。当 l_g/l_m 逐渐增大时，磁性材料所对应的磁导率变大，由此可知加入气隙后铁心的剩磁大大减小。继续增大 l_g/l_m，铁心的平均脉冲磁导率逐渐减小，且存在某一特定气隙使得磁导率最大。对于一个电路确定的最大磁场强度 H_{s0}，可通过寻求 B_{s0}、B_{r0}、H_c、l_g/l_m 的最佳组合来选择最佳的材料，使磁性元件的功率密度达到最大。

改变自变量 B_{s0}、B_{r0}、H_c、l_g/l_m 在五维数据场中的取值范围，可以突出不同关注点，得到更好的效果。例如，最大磁场强度 H_{s0} 取 1200A/m，可根据平均脉冲磁导率的表达式用可视化的方法选取合适的参数，从图 3-10 中可看出磁导率随剩余磁感应强度的减小而增大，随矫顽力的增大而减小，为使得磁导率更大，需综合考虑矫顽力与剩余磁感应强度的大小。根据某设计要求和市场资源，本节选取 35W270 材质的硅钢片作为铁心。

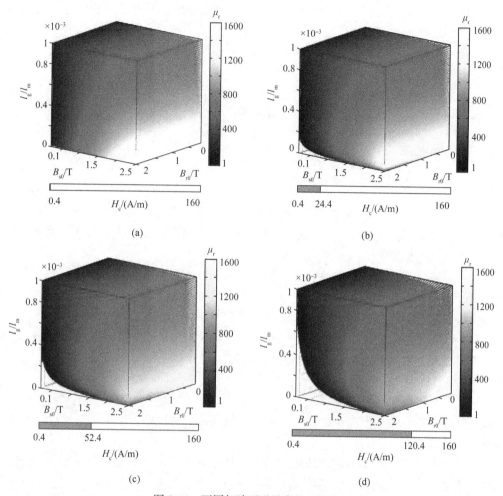

图 3-10　不同气隙下磁导率的可视化图

2. 电感量的可视化

铁心电感器的电感量计算公式可以表达为

$$L = \mu_r \mu_0 S N^2 / l \tag{3-15}$$

铁心相对磁导率直接影响着电感器的电感量，将式(3-12)代入到电感量的式(3-15)可以得到单位为 H 的电感量 $L = f(l, S, N, l_g/l)$ 的表达式，编程并代入相关数据后亦可实现五维数据场可视化，从而展现四元非线性函数的数值分布。

3. 结论

(1) 铁心相对磁导率可以表示成 $\mu_r = f(B_{s0}, B_{r0}, H_c, H_{s0}, l_g/l)$ 的形式。

(2) 当利用现有器材或铁心已经确定时，铁心相对磁导率可以表示为 $\mu_r = f(H_{s0}, l_g, l)$ 的形式，可用四维可视化算法来优化设计，根据电路的最大磁场强度、主磁路长度和气隙长度的不同组合评估几何尺寸确定后的铁心相对磁导率。

(3) 当磁件所在电路和空间位置已经确定，即磁场强度、磁路长度和气隙长度已经确定时，铁心相对磁导率可以表示成 $\mu_r = f(B_{s0}, B_{r0}, H_c, l_g/l_m)$ 的形式，可用五维可视化算法来进行优化设计，根据饱和磁感应强度、剩余磁感应强度和矫顽磁场强度的不同组合，以及现有资源来选择铁心材料。

(4) 铁心电感器的其他参数(如电感量等)亦可用铁心相对磁导率来表示，进而可以用多维数据场可视化来展现其诸参数之间的函数关系。

3.2.4　铁心和几何结构

1. 壳式铁心、芯式铁心和环形铁心

壳式铁心：铁心在外并环绕线圈，线圈散热面积受铁心阻挡而较小，铁心在外具有自屏蔽作用，漏磁和对外的磁辐射均较小，但受外界磁场的影响却较大，常用于高频磁性器件，罐型铁心和盒型铁心亦属于壳式铁心范畴。

芯式铁心：线圈在外并环绕铁心，线圈散热面积因无铁心阻挡而较大，适用于较大型的变压器，因受外界磁场的影响较小，适用于小信号输入变压器，但其缺点是对外界的磁辐射较大，电磁兼容性较差。

环形铁心：铁心为圆环形，线圈绕在铁心上，铁心散热条件较差，但漏感/漏磁通最小，其对外界的磁辐射和外界磁场对磁性器件的影响也最小。

2. 同心绕组结构和非同心绕组结构

同心绕组结构：变压器初次级绕组同处一个铁心柱，初次级绕组间的漏感/漏磁通均较小，耦合系数较大。

非同心绕组结构：变压器初次级绕组分两个铁心柱，初次级绕组间的漏感/漏磁通均较大，耦合系数较小，且初次级绕组间的漏感尚无较精确的计算公式。

3. 无取向铁心和取向铁心

(1) 无取向铁心：热轧硅钢片已被淘汰，冷轧晶粒无取向硅钢片常被用于主磁通路径不固定的旋转电机，因为其内部磁畴取向是随机的，磁导率、饱和磁感应强度较低，但损耗却较大，然而由于其市价较低，也常被低档小型变压器、电感器选用。由于损耗大，从全寿命周期的性价比考量，其电费总成本大于硅钢片漆包线的材料成本，将被取向铁心取代。

(2) 取向铁心：钢铁公司对硅钢片进行取向冷轧和保温热处理后，其沿取向的磁导率和饱和磁感应强度都会显著提高，常用于主磁通路径固定的变压器；冷轧取向硅钢片具有各向异性的特点，将铁磁质顺取向加工成型为铁心后，虽然剪切冲压等工序会破坏晶粒取向，但是经近百小时的再保温热处理，其取向后的良好电磁性能又会得以恢复，因此在变压器领域，冷轧晶粒取向硅钢片将取代冷轧晶粒无取向硅钢片。然而，如果磁通沿着晶粒取向的正交方向通过铁心，则其磁导率和饱和磁感应强度低于无取向硅钢片，因此应该规避。

4. 脆性磁材和柔性磁材

(1) 硅钢片等薄片磁材：硅钢的硅元素会使片材变脆，为减少涡流损失，硅钢常被制成零点几毫米的绝缘硅钢片，在铁心成型过程中追求磁通沿硅钢片的取向方向。

(2) 铁淦氧等烧结冲压磁材：该类磁材的气隙是分布在铁磁质颗粒周边的，其常用于高频器件；其力学特性类似于陶瓷，脆而易碎，抗震动和抗冲击能力差，而其隐形裂纹对电磁参数的影响颇大，组装前需要认真鉴别。

(3) 非晶纳米晶等柔性磁材：经冶炼、制带和滚剪等工艺过程，生产出柔性薄带状磁性材料，该带状磁性材料卷绕成型的铁心具有抗震动、抗冲击的能力。此外，因基于柔性磁材的铁心容易成型，故其也适用于研发阶段的铁心研制。

5. 烧结磁芯、切片铁心和卷绕铁心

烧结铁心：将三种目数相等的颗粒状铁磁体按比例充分混合，并加入绝缘且非导磁的充填物后经高温烧结而成的成品磁芯，亦有将上述颗粒状混合物填入模型中用压力机挤压成型的，该类磁芯像陶瓷，脆而易碎不抗冲击。

切片铁心：将大块的硅钢片冲压切成 E 型等，组装时再将其拼接或对接成闭合磁路，有横轭和舌芯不能兼顾取向之虑；大型变压器铁心则都冲压成取向方向，顺向拼接，但却大大增加了气隙。

卷绕铁心：沿取向方向将硅钢片卷绕成型的铁心，或称为渐开型结构；非晶纳米晶能够方便成型，亦可归于卷绕铁心的范畴。

6. E 型铁心、O 型铁心、C 型铁心和 R 型铁心

E 型铁心：铁磁质的几何形状类似于字母"E"，有由两组 E 型铁心套在线圈上组装成闭合磁路的，亦有由一组 E 型铁心与一组 I 型铁心组装成闭合磁路的，或由两组 F 型铁心组装成闭合磁路，显然这类组装成闭合磁路的铁心是存在结构气隙的。

O 型铁心：铁磁质的几何形状类似于字母"O"，由带状软磁材料沿取向方向卷绕成圆环形闭合磁路，或将颗粒铁磁质烧结/冲压成圆环形闭合磁路，其截面为矩形，无结构气隙。

C 型铁心：铁磁质的几何形状类似于字母"C"，由带状软磁材料沿取向方向卷绕成半个矩形环，套上线圈后，两个半矩形环构成矩形环状闭合磁路，其截面为矩形，有结构气隙，也会有机械加工或装配不够精细所造成的不密合气隙。

R 型铁心：R 为 Round 的首字母，由带状软磁材料沿取向方向卷绕成矩形闭合磁路，其截面为圆形，无结构气隙，漏感和铜铁损均较小。

3.3　变压器和电磁路

分析变压器最常用的办法是在平面上画出电路图和磁路图，并通过电磁感应的表达式建立起电路、磁路之间的联系，再根据节点电流定律和回路电压定律建立方程，构筑数学模型，表达输入输出电压/电流、电压调整率和损耗等。在此基础上，结合现有电磁材料、各类标准和实际工况的要求进行可行设计；表达各设计目标和约束条件，进行优化设计。电路和磁路对变压器本体的抽象是引入符号、等效假设和电磁基本理论，量化分析变压器的电磁关系和设计变压器的必经之路。本节讨论了变压器的等效磁路和等效电路、由 Maxwell 方程推导出的变压器设计公式、电磁参数及其测算方法，结合 *B-H* 曲线量化了正弦电压激励下的励磁电流，为防止上电阶段励磁电流过大提供参考。

3.3.1 等效电磁路和等效电路

变压器是通过三维空间分布参数间的电磁能量交换来改变初次级电压传输能量的，描述其物理过程的是 Maxwell 方程。但是，变压器设计所用的数学模型都是用集中等效参数构成的表达式，因此，需要将三维空间分布参数间的时变电磁能量交换映射成用集中等效参数构成的平面拓扑，建立数学模型，并通过输入输出关系等进行模式识别和参数辨识。

若不计损耗，则常规变压器电磁关系如图 3-11 所示。

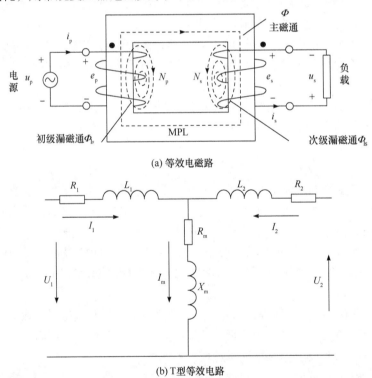

(a) 等效电磁路

(b) T 型等效电路

图 3-11　变压器的等效电磁路和 T 型等效电路

图 3-11 中的方向是人为的、主观的，但电磁规律却是客观的、固定的，故方程必须与所选定的箭头、正负和同名端一致。在此借用"源"和"汇"的关系来简单描述电磁能量的传递，其基本遵循是：源大于汇，顾及损耗。

电压由正到负表示端电压下降，电势由负到正表示端电势升高。

先关注初级：正弦电压源是"源"，变压器初级是"汇"，电压源对变压器传输功率，

u_p 和 i_p 的方向必须一致；图 3-11 中方向表示 u_p 正向增加时，初级绕组电流 i_p 和主磁通 Φ 也都正向增加；电流和磁通的方向符合右手定则，此刻初级电势 $e_p = -N_p\mathrm{d}\Phi/\mathrm{d}t$ 的作用是抑制电流增加，即 e_p 和 u_p 的方向是相互对顶的，考虑损耗和漏感作用时 $|u_p|$ 是略大于 $|e_p|$ 的。

再关注次级：变压器次级是"源"，次级负载是"汇"，变压器对负载传输功率，u_s 和 i_s 的方向必须一致，电流和磁通的方向符合右手定则；此刻次级电势 $e_s = -N_s\mathrm{d}\Phi/\mathrm{d}t$ 的方向由同名端符号"·"所标记，其作用是促使能量流出变压器，即 e_s 和 u_s 的方向是相互顺接的，考虑损耗和漏感作用时 $|e_s|$ 是略大于 $|u_s|$ 的。

记 A_m 为铁心的截面积，L_{MPL} 为磁路长度，N_p 为初级绕组匝数，N_s 为次级绕组匝数，U_p 为初级电压有效值，U_s 为次级电压有效值，I_p 为初级绕组电流有效值，I_s 为次级绕组电流有效值，B 为铁心的磁感应强度，Φ 为主磁通，H 为磁场强度，μ_r 为相对磁导率，μ_0 为真空磁导率，$\Phi = A_m B$，$H = (N_p I_p - N_s I_s)/L_{MPL}$，$B = \mu_r\mu_0 H$；"·"为电势同名端，"+"和"－"皆是正弦电源为前 1/4 周期内的电压和电势的方向，电流方向如图 3-11 箭头所示。

交流电源施加在无损耗理想的变压器初级绕组两端，产生初级电流和磁场强度，同时激励出磁通密度，也称为磁感应强度。主磁通的变化率通过初级线圈产生阻止初级电流变化的自感电势，并通过次级绕组匝数产生对应的互感电势，输出正比于初次级绕组匝数比的次级电压和反比于初次级绕组匝数比的次级电流，向负载输出功率。

3.3.2　Maxwell 方程和电磁路公式

Maxwell 方程概括了世间的电磁现象，由积分和微分两套对应的方程构成，积分形式四个方程的核心概念是用通量阐述的：①封闭曲面无边界，适用于描述内藏静电、静磁而引起的电磁现象，其通量分别由 Gauss 电场定理、Gauss 磁场定理来表达；②非封闭曲面的缺口构成了界面内外的电磁能量交换通道，适用于描述变压器、电感器的实际工作状况；③通过该缺口的磁通的变化率会在该缺口边缘产生对应的感生电势，前者的面积分等于后者的闭环线积分；④磁生电的现象由 Faraday 定律描述，电生磁的现象由 Ampere 定律描述，而变化的电通量亦能产生磁的现象则由 Maxwell 方程描述。

Faraday 定律： Maxwell 方程包括由 Faraday 定律导出：

$$\oint_C E \cdot \mathrm{d}l = -\int_S \frac{\partial B}{\partial t} \cdot \mathrm{d}a \tag{3-16}$$

式中，$\mathrm{d}a$ 为面积微元。

式(3-16)表示穿过曲面的磁通的变化率等于感生电场的环流，或者沿封闭曲线 C 对电场强度 E 做线积分，其积分值等于该封闭曲线 C 所围面积 S 内变化的磁通的面积分值，但符号相反。

根据 Faraday 定律，在电源电压 u 的激励下，若略去漏感、铜损和铁损，则初级线圈两端的电势 e_p 与 u 的关系为 $e_p = -u$，其中

$$u = \mathrm{d}(N_p\Phi)/\mathrm{d}t = A_m N_p \mathrm{d}B/\mathrm{d}t \tag{3-17}$$

u 是交变的，其区间平均值 $\langle u \rangle$ 由式(3-17)两边定积分而得：微元 $\mathrm{d}B$ 的积分区间为磁感应强度 B 从零到其最大值 B_m，对应的电压施加时间，与从 0 到 τ 的积分间隔区间，即

$$\langle u \rangle = \frac{1}{\tau} \int_0^\tau u(t)\mathrm{d}t = \frac{A_\mathrm{m} N_\mathrm{p}}{\tau} \int_0^{B_\mathrm{m}} \mathrm{d}B = \frac{A_\mathrm{m} N_\mathrm{p} B_\mathrm{m}}{\tau} \tag{3-18}$$

区间平均值 $\langle u \rangle$ 的定义及表达式简明, 推导过程清晰, 为便于应用, 特将其与众所周知的交流电压有效值 U_rms 联系起来, 定义波形比值 k:

$$k = U_\mathrm{rms} / \langle u \rangle \tag{3-19}$$

若令交流频率为 f, 周期为 T, 并记 K_V 为波形系数, 根据式(3-18)和式(3-19)可得

$$U_\mathrm{rms} = k\langle u \rangle = kA_\mathrm{m} N_\mathrm{p} B_\mathrm{m}/\tau = kA_\mathrm{m} N_\mathrm{p} B_\mathrm{m} f\, T/\tau = fK_\mathrm{V} N_\mathrm{p} A_\mathrm{m} B_\mathrm{m} \tag{3-20}$$

记主磁通幅值为 Φ_m, 将主磁通 $\Phi(t) = \Phi_\mathrm{m}\sin\omega t$ 代入式(3-17)及 $e_\mathrm{p} = u$ 可得

$$e_\mathrm{p} = N_\mathrm{p}\mathrm{d}\Phi/\mathrm{d}t = N_\mathrm{p}\omega\Phi_\mathrm{m}\cos\omega t = N_\mathrm{p}\omega\Phi_\mathrm{m}\sin(\omega t + 0.5\pi) \tag{3-21}$$

据前述 $e_\mathrm{p} = -u$ 可知, 电势幅值 e_pmax 为

$$e_\mathrm{pmax} = N_\mathrm{p}\omega\Phi_\mathrm{m} = 2\pi f N_\mathrm{p}\Phi_\mathrm{m} = 2\pi f N_\mathrm{p} A_\mathrm{m} B_\mathrm{m} \tag{3-22}$$

注意到 $2\pi/2^{0.5} = 4.44$, 故对应的电势幅值有效值为

$$e_\mathrm{prms} = e_\mathrm{pmax}/2^{0.5} = 2\pi f N_\mathrm{p} A_\mathrm{m} B_\mathrm{m}/2^{0.5} = 4.44 f N_\mathrm{p} A_\mathrm{m} B_\mathrm{m} \tag{3-23}$$

因此, 将式(3-20)与式(3-23)相比较, 可得对正弦波而言, $K_\mathrm{V} = 4.44$; 另外, 对方波而言, $K_\mathrm{V} = 4$, 推导过程从略。

B_m 是在正弦电压激励稳态时, 磁感应强度 B 所能达到的最大值。

若不计损耗, 则初级电压有效值是与次级电压有效值相等的, 因此电机学和变压器设计手册上均有变压器初级电压有效值 U_p 与初级绕组匝数 N_p、铁心截面积 A_m 及其磁感应强度 B_m 的如下关系:

$$U_\mathrm{p} = 4.44 f N_\mathrm{p} A_\mathrm{m} B_\mathrm{m} \tag{3-24}$$

综上所述, 式(3-23)是变压器设计手册上常用的简明解析式, 它是由 Maxwell 方程演绎而来的。

Ampere 定律: Maxwell 方程包括由 Ampere 定律导出:

$$\oint_C H \cdot \mathrm{d}l = I_\mathrm{enc} \tag{3-25}$$

式(3-25)表示曲面缺口内所包含的电流 I_enc 等于沿该缺口封闭曲线的磁场强度的曲线积分, 可演绎变压器的电生磁现象。

记 l_fe 为变压器的磁路长度, N 为初次级线圈总匝数, i 为电流瞬时值, 则演绎变压器、电感器的 Ampere 定律可以表达为

$$\sum Hl_\mathrm{fe} = Ni \tag{3-26}$$

Maxwell 定律: Maxwell 方程包括由 Maxwell 定律导出:

$$I_\mathrm{d} = \varepsilon_0 \frac{\mathrm{d}}{\mathrm{d}t}\left(\int_S E \cdot \mathrm{d}a\right) \tag{3-27}$$

式(3-27)描述变化的电通量也能产生磁的现象, 可演绎变压器、电感器所产生的电磁干扰。

3.3.3 电磁参数和设计变量

　　变压器的电源是交变的，其电磁参数亦是交变的，然而在变压器设计手册等文档所提供的公式中,需要设计者结合实际工况和材料特性而选择的都是某些特定的常数，在铁磁质、铁心的标准和产品说明书中所提供的也是某些特定的常数；然而，变压器主磁通的路径却是不变的。因此，设计者应该理解电磁参数中交变量和某些特定常数间的关系。

　　1. 主要电磁参数及其示意图

　　变压器铁心所具有的多值非线性可以用 B-H 折线来近似，在正弦电压激励下，如果励磁电压是正弦波，则励磁电流便是非正弦波；反之，如果励磁电流是正弦波，则励磁电压便是非正弦波。现以正弦电压激励为例，其对应关系如图 3-12 所示。

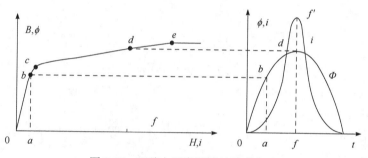

图 3-12　正弦电压激励下的励磁电流

　　图 3-12 中，左图为 B-H 折线, 0 为零起点，b 为设计者选择的工作磁通密度 B_w 的上限，c 为由磁性材料确定的膝点，d 为与正弦电压激励下磁感应强度的最大值 B_{max} 所对应的点，e 为铁磁质的饱和点 B_{sat}；变压器工作磁通密度 B_w，在线段 0b 内选择，d 点在线段 ce 之间选择。右图为正弦电压激励下的变压器铁心磁通 Φ 变化曲线和励磁电流 i_p 变化曲线，前者的正弦波是因为初级线圈会产生自感电势来抵消励磁电流的增加，后者的正弦波是因为在 B-H 折线的作用下，膝点之前比式 $\Delta\Phi/\Delta i$ 大，励磁电流小，过了膝点之后，比式 $\Delta\Phi/\Delta i$ 小，励磁电流大，而过了 e 点之后，比式 $\Delta\Phi/\Delta i$ 更小且已接近水平，励磁电流更大。需要强调的是，铁磁质不同，铁心的加工工艺不同，上述各段的 $\Delta\Phi/\Delta i$ 也不相同，造成空载电流和合闸冲击电流等均有很大差异。

　　图 3-12 中，与左图电流 0a 相对应的右图磁通为 ab，磁化曲线水平轴上表示的电流 0a 在时域中的 b 处垂直绘制，以给出该时刻磁通的大小 ab；左图电流 0f 相对应的右图磁通为 ff'，磁化曲线水平轴上的电流 0f 在时域中的 f 处垂直绘制，以给出该时刻电流的最大值；进入 B-H 折线的 e 点之后，铁心已完全饱和，相当于对应的空心线圈使得电感量陡然降低，从而导致励磁电流瞬间增加，甚至造成危害。

　　图 3-12 中，左图还提示，为了尽可能地发挥铁磁质的作用，提高磁性器件功率密度，应该让铁心工作在膝点 b 附近，而在 B-H 曲线上，与 b 点磁感应强度 B 相对应的磁场强度 H 是必须保证的激励，而 $H = F/l_m = NI/l_m$，也就是说在应该根据 $H(NI,l_m)$ 的某个值域来选择

绕组匝数、励磁电流和铁心磁路长度。例如，在磁路长度 l_m 一定的条件下，则必须通过安匝数 NI，即调整匝数 N 或电流 I，来保证激励所需的磁场强度 $H(0a)$，使磁通密度达到对应的 $B(0b)$。

结论：在设计功率磁性器件时，基于功率密度的考量，铁心磁感应强度的选择应该以其正弦电压激励下的最大值 B_{max} 为准，B_{max} 位于图 3-12 左图中 ce 段的 d 点；然而在设计电磁传感器时，基于减小波形畸变的考量，在正弦电压激励下 B_{max} 应该位于图 3-12 左图中 $0b$ 段靠近零起点的线性部分。

2. 技术文档和实际工况

在设计变压器时，一开始便要涉及铁心的磁感应强度 B 的选择，它直接关系到变压器的绕组匝数、电压调整率、损耗、温升、体积、重量和成本等技术经济指标，因此它的选择是十分重要的。下面以最常见的硅钢片为例进行讨论。

1) 材料的电磁特性

铁磁质磁性特性的主要形式有：

(1) 二维数组形式的磁场强度 H 和磁感应强度 B；

(2) 在某个特殊点，例如，磁场强度为 800A/m 时，有 $B = 1.8T$；

(3) 依取向方向而异的玫瑰叶图；

(4) 磁导率特性曲线；

(5) 单位质量的损耗，例如，在 50Hz|1.6T 条件下，铁损是 1W/kg。

2) 铁心的电磁特性

铁磁质的磁性特性直接影响着变压器铁心的磁性特性，但是，小型变压器铁心的磁性特性相对于铁磁质材料的磁性特性又较差，主要理由如下：

(1) 硅钢片牌号繁多，电磁特性视牌号的不同有很大差异，而文档中的仅仅是代表性的数据；

(2) 磁性元件的实际工作状况千差万别，出厂技术文档的数据都是在典型条件下获取的，如 50Hz、1.5T 等；

(3) 常见的 C 型、E 型铁心等都有着结构气隙，导致磁阻增加，铁损增加，磁感应强度 B 下降；

(4) 一次冲压成型的 E 型硅钢片，因主磁通方向与取向可能只有一部分是一致的且另一部分则与取向方向相差 90° 而磁导率最低，因此两者综合表达后的磁性特性与基于取向的出厂数据有很大差异；

(5) 铁心机械加工和装配的偏差使得两段铁心端面的密合度不一致，从而产生气隙差异，导致磁感应强度 B 的显著变化。

然而，在现行设计中选取的磁感应强度 B 往往都是设计手册、技术文件和个人经验等所推荐的固有特斯拉量值或高斯量值，以应对不同的工作状况。没有关键参数的精确把控，很难达到优化设计的效果。

3) 实际工况下的电磁特性

变压器通常是用交流电压激励初级绕组，通过电磁感应向次级负载提供不同等级的电源电压的。在交流电压中,正弦波电压最为普遍,从 Fourier 分析可知其谐波分量为零,从而损耗也最低。产品技术文档中所提供的实验数据也是基于正弦波获取的。在正弦交流电压的激励下,变压器铁心工作于 $B\text{-}H$ 回线的 Ⅰ～Ⅲ 象限部分,且波形对称,所围面积代表一个周期内的铁心损耗。

在实际工况下,特别是在电力电子电路中,不少变压器的电压、电流波形已经不是正弦波,且谐波分量占比甚高,其电磁特性与正弦电压激励的理想状态有很大的差异。例如,PWM 会在 $B\text{-}H$ 回线周围镶嵌小闭环,电压、电流中的直流分量会造成 $B\text{-}H$ 回线在 Ⅰ～Ⅲ 象限不对称等。

因此,在设计变压器前必须对实际工作状况有所了解。

3. 变压器设计的内涵

设计对产品性价比的贡献率高达七成,是研发高性价比变压器的关键。设计是指把一种设想通过合理的规划表达出来的过程。

1) Maxwell 方程和变压器设计

设计过程需要用到大量的公式,只有既知其能,又知其所以能,才能灵活应用。

Maxwell 方程:归纳了宇宙万物的电磁现象。变压器是一种常用的电磁能量转换形式,其设计手册上的有序解析式(数学模型)都是由 Maxwell 方程演绎而来的。该说法并不牵强,因为在 Maxwell 方程中,B 是磁感应强度,E 是电场强度,这些电磁参数都隐含着几何尺寸,ε 是介电常数,μ 是磁导率,这些常数都与所涉材料的电磁特性强相关。

变压器设计的本质:将 Maxwell 方程描述的三维空间分布参数间的电磁能量变化映射为由集中等效参数构成的二维平面上的电路图、磁路图,并逐步演绎成为有序解析式,选择不同的电磁材料及其对应的结构尺寸,使得被设计的变压器在指定的工作条件下能够达到所预期的技术经济指标。

2) 设计中的变量和常数

设计过程亦是将自变量代入有序解析式求因变量/中间变量的过程,常用的变量如下。

工作条件:变压器输出容量、输入输出电压、频率、温度和电磁环境等,设计中一般以常数导入。

设计目标:电压调整率、效率、体积和电磁兼容性等。

约束条件:温升、成本、空载电流和合闸冲击电流等。

电磁参数:磁场强度 H、磁感应强度 B、电流密度 J 和电流 I 等。

电磁材料特性:导线的电阻率、铁心的磁导率和漆包线等的极限温度等。

3) 变压器设计的顺序

变压器的设计过程可分为四个不同的阶段。

(1) 概念设计:将设计者繁复的感性和瞬间思维上升到统一的理性思维从而完成的设计,涉及通过磁集成而扩展的新功能、新型导电/导磁/绝缘材料、新的铁心/线圈结构和新的冷却方式,或者它们的组合,使其具有更符合实际工况的几何结构、更低的损耗、较低的成本、更低的温升噪声和更好的电磁兼容性等。

(2) 电磁设计:比照变压器设计手册上的有序解析式所涉内容进行计算,列出所得结果:铁心材料、铁心截面积、窗口面积,以及初次级导线截面积和初次级绕组匝数等,对每个数据都给出具体的取值范围，以便完成后续工艺设计。

(3) 工艺设计：工艺设计又称为结构设计，应结合机绕或手绕特点，设计龙骨的结构尺寸、线圈的绕制方式、输入输出桩头的形式、绝缘的处理方式、冷却通道排列方式和温度传感器设置等，以便备工备料，制造模夹具。

(4) 实验设计：测算出空载/满载电流、电压调整率、损耗、温升或者电磁兼容性等，包括在正弦电压激励的条件下，结合非正弦的空载电流计算出空载损耗，记录 B-H 回线，并得出 B-H 曲线和 B-H 折线等。此外，还有实际工况下的数据比对等。

4) 优化设计和其他设计方法

变压器、电感器电磁设计的整体技术水平可分为测绘仿制、可行设计、优化设计和系统设计四个不同的层级，其中可行设计的应用最广，从中又派生出基于通用设计手册的专用软件和基于电磁场分析的有限元软件。

(1) 测绘仿制：在实际工况下测算样本变压器的电磁参数，如空载电流和空载损耗、满载损耗和温升、铁心的 B-H 回线等；拆解既有变压器，测算样本变压器的结构数据，如铁心截面积、窗口面积、漆包线匝数和各绕组匝数等；测算仿制属于变压器研发的初级阶段。

(2) 可行设计：变压器设计手册中有一系列用来描述输出容量、各绕组电压、匝数、铜耗和电压调整率等的有序解析式。设计时依次将已知自变量代入因变量表达式，便可以算出与之对应的函数值，再用该函数值取代下一个解析式中的自变量，得到新的函数值……进而得到绕制变压器所需的铁心截面积、窗口面积等初次级绕组匝数的数据。

① 专用软件：变压器设计商用软件有多种形式，但其基本操作都是逐步地往对话框中填入数据，PC 运行后又弹出新的对话框及待填数据，周而复始，直至得到全部设计所需数据。支持该类软件的程序所表达的仍是变压器设计手册中的有序解析式。设计者“知其然而不知其所以然”，但却必须熟悉各类电磁材料的基本常数和参数变量的取值范围。

② 有限元软件：Ansoft 等软件能在三维空间中构造等比例尺寸的变压器铁心和初次级绕组，填入磁性材料、导线材料和绝缘材料的具体数据，再接上负载和时变的电源，便能看到三维空间中变压器各个部位的磁感应强度、电流密度和温升等随时间的变化。该方法是元器件级的，设计者虽“不知其所以然”，但同样需要有较深的学术/工程背景，并有详尽的数据支撑。目前尚无元件级多目标约束优化设计的报道，更难以涉及系统优化设计。

(3) 优化设计：将变压器设计手册中的有序解析式分为多个设计目标和约束条件，构造共同的决策变量，逐步缩小决策变量最优解集，使之能在诸约束条件下兼顾各个设计目标。从若干个因果关系清晰的有序解析式的自变量中，提炼出共同且能贯穿始终的决策变量簇，强化了解析式间彼此的关联性，但也使得优化设计的数学模型既无解析解，又难觅有用数值解，可视化算法是一种新的求解方法，既能找出全局最优解，又能判断解的稳定性。

(4) 系统设计：变压器本体属于元器件级范畴，在工作时它常与其他元器件构成系统来实现某种功能。由于诸元器件间的电磁参数会相互影响，而设计能在一定条件下把控各元件的电磁特性，因此按能量流向将诸元器件分成上、下层，通过双层优化设计并融入博弈策略可兼顾上下层利益，实现整个系统的多目标约束优化设计。

5) 常用设计方法比较

变压器设计方法也是相比较而存在、相对立而发展的，特将上述设计方法进行整理，如表 3-2 所示。

表 3-2　常用设计方法比较

常用设计方法	解的形式	解的稳定性	常用工具	特点
测绘仿制	点状	难以判断	纸、尺和笔	按严格定义不属于设计范畴
可行设计	点状	难以判断	设计手册、纸和计算器	虽属于初级阶段，仍广泛采用
专用软件	点状	难以判断	PC 和专用软件	不能在诸约束下兼顾多目标
四维软件	点/集状	部分判断	PC 和 Ansoft 等软件	不能在诸约束下兼顾多目标
优化设计	点状	难以判断	PC 和自编程序或纸笔	能在诸约束下兼顾多目标
可视化算法	集状	可以判断	PC 和自编程序/二次编程	能在诸约束下兼顾多目标
系统设计	点/集状	部分判断	PC 和自编程序	博弈上下和同层多目标约束

多目标约束优化设计既是元器件级设计的高级阶段，又是系统级优化设计的基础。

6) 点状解和集状解

设计可理解为计划准备，构成该计划的组成部分包括各类数据。研制变压器需要按照变压器设计手册上的数据簇准备硅钢片和漆包线等材料，变压器设计的任务包括提供所需点状解形式的数据簇，而该数据簇源自设计手册上诸方程的解，方程的解又有点状解和集状解之分。

点状解：变压器设计手册上所列方程都是有序解析式，所求出来的解都是解析解，解析解通常是点状的。

点状解的稳定性：数学模型的结构各不相同，变压器设计手册中的解析式在因变量的某些取值范围内有可能存在着病态数学问题，即所得点状解析解即使有微小的摄动，也会使因变量发生很大甚至难以忍受的扰动，也就是说点状解存在着不稳定的风险，设计时应该进行点状解的稳定性分析，或者点状解的鲁棒性评估。

点状解的实用性：变压器设计手册中解析式的解都是点状解，而商品漆包线的导线直径、铁心截面积和窗口面积等的数值分布都不是连续分布。因此，在设计结果中总有点状解不能与既有电磁商品的数据相吻合，这是"灰犀牛"事件。

集状解：多目标约束优化设计所涉模型为多元非线性方程，既无解析解，又难觅有用数值解。典型的数值解寻优方法是：设定初始解，并按暂定的方向、步长和判别模式等进行逐步迭代，直至找到最优解。所得解很可能不是一个点，而是若干个甚至无数个点的集合，因此，位于集状解中的点状最优解都具有某个方向的稳定性。

3.3.4　电磁参数和测算方法

1. 铁磁质的电磁特性

表3-3是某产品技术文档所提供的27Q120型硅钢片的磁场强度与磁感应强度的测试数据。

表 3-3　27Q120 型硅钢片磁场强度与磁感应强度的关系

磁场强度/(A/m)	磁感应强度/T	磁场强度/(A/m)	磁感应强度/T	磁场强度/(A/m)	磁感应强度/T	磁场强度/(A/m)	磁感应强度/T
2	0.025	15	1.218	100	1.722	1508	1.907
3	0.059	18	1.336	151	1.760	2011	1.918
4	0.130	20	1.387	201	1.778	3017	1.932
5	0.185	30	1.531	302	1.807	4020	1.941
6	0.259	40	1.597	402	1.824	5024	1.947
7	0.347	50	1.635	502	1.837	6030	1.948
8	0.461	60	1.663	603	1.847	7036	1.950
9	0.596	70	1.682	703	1.856	8041	1.951
10	0.729	80	1.699	803	1.865	9060	1.952
12	0.988	90	1.712	1004	1.877	10053	1.952

从表 3-3 只能观察到数据是在递增的，但人读入的数据是串联的，进行判断时需要人脑暂态记忆参与，难以直接判断全值域的变化规律。

显然，不同的磁性材料有不同的数据，其他商品磁性材料的数据在其技术文件或者网上亦能查得。

2. 将数组拟合成 B-H 曲线

当磁化特性具有高度非线性时，通过高次多项式曲线拟合的方式难以达到满意的效果，在此特采用一种分段折线化拟合磁化曲线的方法。

分段折线化拟合：表 3-3 中每两组相邻数据可以确定出一个直线函数。比如，$H = 2\text{A/m}$、$B = 0.025\text{T}$ 和 $H = 3\text{A/m}$、$B = 0.059\text{T}$ 两组数据可以得到 $B = 0.0125H$，相应地，表 3-3 中的 40 组数据总共可以得到 39 组直线函数，积直线簇可以得到曲线。由于磁场强度的跨度从 2A/m 到 10053A/m，为了更清楚地展现其局部的相对变化，仅对横轴采用对数函数，即 semilogx 函数，得到半对数 B-H 曲线，如图 3-13 所示。

图 3-13 中提示：基于 $\mu = B/H$，可见 $B = f(H)$，为非线性的；$\mu = f(B/H)$，并不是常数。随着磁场强度 H 的增加，磁感应强度 B 在自零点开始的 $0a$ 段增长较慢，然后进入 ab 段迅速增长，随后进入 bc 段增长缓慢下来，直至 cd 段不再有明显的增长而进入饱和区，在 s 点之后进入深度饱和区，B 仅正比于真空磁导率 μ_0，即 $B = \mu_0 H$，其中 cd 段是造成初级励磁电流非正弦化的主要原因，其斜率决定着励磁冲击电流的大小。

比较图 3-12 和图 3-13 可知，真实的 B-H 曲线比示意图复杂，然而却是变压器、电感器优化设计的重要基础。

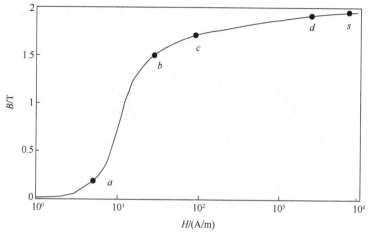

图 3-13 半对数 $B\text{-}H$ 曲线

曲线拟合的方法很多，亦能找到现成的程序，在此不深入讨论。曲线拟合所得 $B\text{-}H$ 曲线虽然较为精确，但其函数表达复杂，不太方便使用。

3. 将 $B\text{-}H$ 曲线简化成 $B\text{-}H$ 折线

$B\text{-}H$ 折线由几个直线方程构成。折线方程表达简单，物理意义简明，可带来许多便利。

1) 折线方程的导出

膝点以前视为线性部分，通过实际数据绘制出的 $B\text{-}H$ 曲线选取(90,1.712)为膝点，记为 a 点，由膝点 a 及膝点以前的数据通过最小二乘法得到一元线性回归方程。

$$\hat{B} = \hat{\beta}_0 + \hat{\beta}_1 H \tag{3-28}$$

其中

$$\hat{\beta}_1 = \frac{n\sum_{i=1}^{n}H_iB_i\left(\sum_{i=1}^{n}H_i\right)\left(\sum_{i=1}^{n}B_i\right)}{n\sum_{i=1}^{n}H_i^2 - \left(\sum_{i=1}^{n}H_i\right)^2}$$

$$\hat{\beta}_0 = \overline{B} - \hat{\beta}_1\overline{H}$$

式中，H_i、B_i 分别为硅钢片数据中的各个磁场强度和磁感应强度；n 为待拟合数据组数；$\overline{H}$、$\overline{B}$ 分别为硅钢片数据中待拟合数据的平均磁场强度和平均磁感应强度。

把 2.3.4 节第一部分"数值解的寻觅过程"中实际数据代入上述算式计算得到

$$\hat{\beta}_1 = 1.902\times10^{-2}, \quad \hat{\beta}_0 = 0$$

即膝点之前线性部分的一元线性方程为 $B = 1.902\times10^{-2}H$。

近饱和非线性部分：计算方法与以上无二，把膝点之后的数据代入上述算式得

$$\hat{\beta}_1 = 3.43\times10^{-5}, \quad \hat{\beta}_0 = 1.71$$

即膝点之后非线性部分的一元线性方程为 $B = 3.43\times10^{-5}H + 1.71$。

将上述得到的 B-H 曲线的两段拟合方程取奇变换得到第Ⅲ象限的 B-H 曲线的拟合方程，总分段方程为

$$\begin{cases} B = 3.43 \times 10^{-5} H - 1.71, & -7020 \leqslant H < -90 \\ B = 1.902 \times 10^{-2} H, & -90 \leqslant H < 90 \\ B = 3.43 \times 10^{-5} H + 1.71, & 90 < H \leqslant 7020 \end{cases} \tag{3-29}$$

显然，这是三条直线段，分处第Ⅰ、Ⅲ两个象限，图解比表达式更为清晰直观。

2) B-H 折线图

由于在正弦波的激励下第Ⅰ～Ⅲ象限是完全对称的，图 3-13 半对数 B-H 曲线所示的原磁化曲线经过以上分段线性化后，可以得到图 3-14。

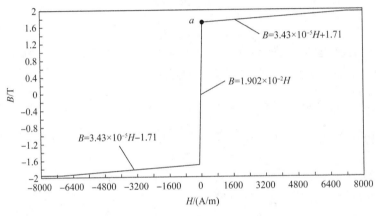

图 3-14 B-H 折线

B-H 折线与 B-H 曲线的变化规律相似，但却有简单清晰的表达式，可方便量化计算。

3) 误差分析

为判断误差，采用确定系数来评估一次线性拟合与原始实际数据的符合程度。

膝点以前拟合曲线的确定系数：$R^2 = 1 - SSE/(SSR+SSE)$，代入数据计算残差平方和 $SSE = \sum_{i=1}^{n}(\hat{B}_i - B_i)^2 = 2.753$，回归平方和 $SSR = \sum_{i=1}^{n}(\hat{B}_i - \overline{B})^2 = 8.8635$，最终确定系数 $R^2 = 0.69$。然而，膝点以后拟合曲线确定系数：$R^2 = 0.63$。

比较图 3-13 和图 3-14 可知，因采用的是一次线性拟合原始数据，且其离散度高，故一次拟合后的回归方程在膝点附近的误差较大。但膝点只是一个为便于理解而定义的概念，用折线来近似地表达曲线会在膝点附近带来较大的误差。但膝点同时也是一个普通的工作点，其附近的误差并不会对整体效果造成颠覆性的影响。

4. 基于 B-H 折线的稳态励磁电流

众所周知，在正弦电压激励的条件下有如下定性结论：如果变压器的励磁电压是正弦波，则其励磁电流不是正弦波；反之，若变压器的励磁电流是正弦波，则其励磁电压便不是正弦波。

变压器设计更需要的案例是在实际工况下的定量解析。作者曾应邀对某出口商品变压

器进行优化设计,选用的是 R 型铁心。因 R 型铁心选用的是无气隙取向卷绕成型的硅钢片,且成型后经过热处理,其铁心的 B-H 折线亦可源自表 3-3 及图 3-14,据此可得变压器在 480V 正弦电压激励下基于图 3-14 所示的 B-H 折线对应的励磁电流波形。

图 3-15 是图 3-14 所示的 B-H 曲线在实际工况下的应用,记 A_m 为铁心截面积,结合图 3-12、式(3-22)和电磁原理可知以下几点。

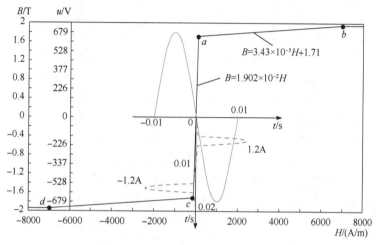

图 3-15　基于 B-H 折线的励磁电流

(1) 在正弦电压 $u(t)$ 的激励下,有对应的励磁电流 i_0 进入初级线圈并导致 B 变化,并且会感应出电势 $e_p = -N_p \mathrm{d}\Phi/\mathrm{d}t = -A_m N_p \mathrm{d}B/\mathrm{d}t$ 来阻止 i_0 的变化,而电源必须额外做一定的功 $\mathrm{d}A$ 来支撑 i_0 的变化,$\mathrm{d}A$ 在数值上等于 e_p 所做的功 $\mathrm{d}A' = i_0 e_p \mathrm{d}t = i_0(-A_m N_p \mathrm{d}B/\mathrm{d}t)\mathrm{d}t = -i_0 A_m N_p \mathrm{d}B$;又因为 $u(t)$ 是正弦波,e_p 可视为大小相等、方向相反,B 也可视为正弦波,B 在 B-H 回线上对应于 H 产生的非正弦电流,即图 3-15 中的正弦波既表示电源电压,又表示磁感应强度。

(2) 由 $e_{pmax} = N_p \omega \Phi_m$ 可知,图 3-15 中正弦波的纵轴既反映 480V 正弦电压的幅值 $U_{2max} = 679$V,又映射出铁心的磁感应强度的幅值 $B_{max} = 1.8$T 位于膝点 a 和饱和点 b 之间。

(3) 在绝大部分时段内,与正弦电压 $u_p(t)$ 对应的正弦磁感应强度 $B(t)$ 都小于膝点的磁感应强度 $B_a = 1.7$T,记 N_p 为初级绕组匝数,l 为磁路长度,则励磁电流可以逐步由时变的磁场强度 $f(H(t))$ 乘以线段 ac 的斜率(1/0.01902)化作 $f(B(t))$,进而得到

$$i_p(t) = \frac{H(t)l}{N_p} = \frac{(1/0.01902)l}{N_p} B(t) = \frac{52.58l}{N_p} B_m \sin\omega t \tag{3-30}$$

纵轴兼为时间轴,初级励磁电流为正弦电流的一部分,因线段 ac 的斜率(1/0.01902)很小,故 $i_p(t)$ 在该区间的数值很小,贴近时间轴。

(4) 当与正弦电压 $u_p(t)$ 对应的正弦磁感应强度 $B(t)$ 都大于膝点的磁感应强度 $B_a = 1.7$T 时,从图 3-15 中的表达式可得励磁电流为

$$i_p(t) = \frac{H(t)l}{N_p} = \frac{(1/0.0000343)l}{N_p} B(t) = \frac{29155l}{N_p} B_m \sin\omega t \tag{3-31}$$

因线段 ab 和 cd 的斜率(1/0.0000343)很大,故 $i_p(t)$ 在该区间的数值很大,呈兔耳状而远离时间轴,形成典型的非正弦励磁电流。

(5) 如果降低铁心的工作磁感应强度 B_w，使得与正弦电压 $u_p(t)$ 对应的正弦磁感应强度 $B(t)$ 都小于膝点的磁感应强度 $B_a = 1.7T$，则可使励磁电流接近准正弦波，代价是大大降低变压器的功率密度。

3.4 非同心绕组变压器的漏感

变压器的磁路和电路都是闭合的，磁路和电路之间又是相互感应且彼此绝缘的，通过电磁感应完成电磁能量的传输。铁心中绕有绕组的部分称为芯柱，因为绕组是环绕着芯柱的，所以芯柱的轴线与绕组的轴线是重合的，铁心中没有绕组的部分称为轭。铁心几何结构不同，其芯柱的数量也是不相同的，在矩形窗口截面的铁心中芯柱的数量大于等于 2。变压器的基本功能是改变初级绕组和次级绕组之间的变压比，也就是说通常的变压器至少有两个绕组。两个绕组绕在同一个芯柱上称为同心绕组结构，两个绕组分别绕在不同的芯柱上称为非同心绕组结构，绕组结构不同，变压器的接线组别和漏感等外特性都大不相同。本节讨论变压器绕组构成结构和漏感，通过推导出既有设计手册上的漏感计算公式，指出这些源自长螺线管磁场分布的漏感计算公式对非同心绕组变压器具有不适应性，推导出非同心绕组变压器的漏感计算公式，并用变压器漏感取代了整流 LC 低通滤波器的电感器。

3.4.1 绕组分布和漏感构成

同时交链着变压器初级绕组和次级两绕组的磁通为主磁通，仅仅交链着初级绕组或次级绕组的磁通为漏磁通，与之对应的电感称为漏感，漏感与线圈的分布状态强相关。漏感对电源变压器的电压调整率、整流变压器的换向/滤波特性、脉冲变压器的波形畸变率、音频变压器的工作频带和磁集成的外特性等都有着直接影响。漏感对应着漏磁通，虽然其交汇电磁、跨接场路、融合理工，但因人类对磁参数的测算至今仍远不及对电参数的测算来得简捷精准，故漏磁通、漏感的研究热度经久不衰。变压器在绕组结构上可分为同心和非同心两类，且有三种漏感：与仅仅交链着初级绕组磁通对应的漏感、与仅仅交链着次级绕组磁通对应的漏感和与初次级绕组间铁心漏磁通对应的漏感。但非同心绕组变压器漏感的报道仍尚属鲜见，这三种漏感也很难拆分，然而非同心绕组结构在磁集成等器件中却应用甚广。

漏感对变压器性价比、外特性及其周边开关器件都有重要影响，成为延续多年的学界、业界的研究热点。

在电磁理论方面，文献[6]～[8]用有限元仿真来展现漏磁场的空间分布，并推算漏感，文献[7]用磁路取代磁场来表达漏感，文献[8]用有限元法以两个圆坐标推导出圆环胎铁心的漏感，用电桥测试验证后误差为 8%，文献[9]用三帧二维漏磁通图评估漏感并做出可变漏感的变压器，文献[10]据磁场分布和自定义公式计算漏感，文献[11]用最小二乘法辨识漏感，文献[12]～[15]作为设计手册则是在变压器电磁参数和几何尺寸均已知的条件下，视初次级绕组位于同芯柱上下或内外侧的不同来提供相应漏感计算公式。

在商品软件方面，Ansoft/Maxwell 等是用电磁场色彩渲染来展现漏磁通/漏感的空间数值分布的，但须先输入磁件的参数和尺寸，求解的技术路线是：已知输入→已知模型→求解输出[16]；而磁性器件的优化设计却是把铁心和线圈的几何尺寸甚至铁磁质参数作为决策变量，技术路线是：求解输入→已知模型→多目标约束，因此，有限元法是难以求得设计所需的漏感计算公式的[17]。

在漏感测算方面，文献[9]主张用 LCR 电桥，文献[3]是用电流波形来进行分析比较的，而在研制变压器、限制或利用漏感时，更需要的是基于集中等效参数的各部分漏感表达和实际工况下可复核的漏感测算方法[17,18]。漏感还与工作频率强相关，工频瞬态、中频变压器、圆导线、立导线变压器和磁集成高频变压器的漏感均有各自的特点[12-15]，本书侧重于实际工况下工频稳态漏感的测算。

在计算公式方面，既有变压器设计手册上的漏感计算公式[12-15]针对的都是同心绕组结构的变压器，且被考察的绕组之间的距离都很近，而非同心绕组结构的变压器的初次级绕组各有轴线，绕组间距甚远，既有公式难以套用，故其诸漏感值域均仍难以把控[1,4,17]。漏感是不可避免的，但要做到避害趋利，须将其把控在某值域内，要将分布参数间的电磁能量交换映射到由集中等效参数表达的电磁路平面上，定量计算仍具挑战性[4,17,18]。

作者应邀对某商品变压器进行了优化，采用 R 型铁心非同心绕组结构，通过汇集绕组轴线外的漏磁能推导出平均磁感应强度和漏感计算公式，所算得的漏感能与实际工况下的测算值和 LCR 电桥测算值相互验证；用该变压器漏感取代 LC 滤波器中的电感器得到了平稳的滤波效果，被把控的漏感得到了有效利用。

3.4.2　同心绕组变压器漏感的分析

1) 变压器的绕组结构

记变压器绕组轴向长度为 h，初、次级绕组厚度分别为 a、b，初、次级绕组间距为 c，绕组宽厚度为 d，磁场强度为 H，初、次级电流分别为 I_p、I_s，初、次级绕组匝数分别为 N_p、N_s，铁心截面积为 A_m，则内外结构的磁场强度 H 随绕组的径向分布如图 3-16 所示，绕组上下结构的磁场强度 H 随铁心的轴向分布如图 3-17 所示。

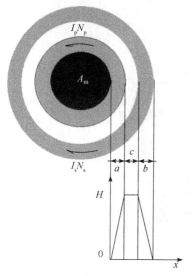

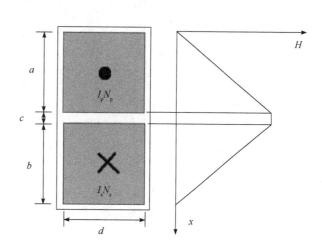

图 3-16　内外结构及其场强　　　　　　　　　图 3-17　上下结构及其场强

2) 漏感计算公式

同心绕组变压器绕组内外、上下结构的漏感表达分别如式(3-32)、式(3-33)所示。

$$L_{p1} = \frac{4\pi(\mathrm{MLT})N_p^2}{h}\left(c + \frac{a+b}{3}\right) \times (10^{-9}) \tag{3-32}$$

$$L_{p2} = \frac{4\pi(\mathrm{MLT})N_p^2}{d}\left(c + \frac{a+b}{3}\right) \times (10^{-9}) \tag{3-33}$$

当间隙 c 较小时，式(3-32)和式(3-33)都能作为漏感计算所遵循的理论依据。

3) 漏感计算公式的电磁学基础

以图 3-16、式(3-32)为例，初、次级绕组的磁场强度为

$$H_p(x) = \frac{I_p N_p}{h} \times \frac{x}{a} = \frac{I_s N_s}{h} \times \frac{x}{a} \tag{3-34}$$

$$H_s(x) = \frac{I_p N_p}{h}\left(1 - \frac{x}{b}\right) = \frac{I_s N_s}{h}\left(1 - \frac{x}{b}\right) \tag{3-35}$$

在初、次级绕组的间隙，其磁场强度是常数：

$$H_{ps}(x) = \frac{I_p N_p}{h} = \frac{I_s N_s}{h} \tag{3-36}$$

在初、次级绕组本体及其间隙处磁能密度均被视为 $w_m = 0.5BH = 0.5\mu_0 H^2$，则对应的总能量为

$$W_m = \int_0^V w_m \mathrm{d}v \tag{3-37}$$

将式(3-34)～式(3-36)代入式(3-37)，分段积分即可得到除铁心外，绕组本体及其间隙的总能量 W_m，令漏感 L_1 中能量 $W_m' = 0.5L_1 I^2$，因 $W_m = W_m'$，即可得到式(3-32)。

该漏感计算公式在推导时将电磁学长螺线管中磁密 $B = \mu_0 n I$ 不变的结论用于间隙 c 的 w_m 表达，其中 n 为单位长度匝数，I 为电流。

4) 对非同心绕组变压器的不适应性

非同心结构绕组见图 3-18，其相关数据随后介绍。

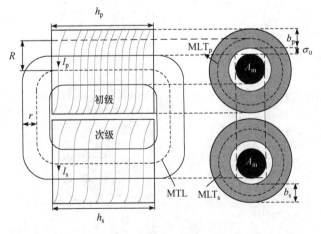

图 3-18　非同心绕组变压器结构及其各类参数示意图

本例所用的铁心是基于国标 R1500 加工的，选用磁密 $B_{max} = 1.8T$ 的取向硅钢片，铁心截面积 $A_m = 20.5cm^2$ 不变，窗口面积 A_w 由原 $55cm^2$ 减为 $21cm^2$，窗口长 $L = h_p = h_s = 8.3cm$，绕组厚 $b_p = b_s = 1cm$，初、次级匝数 $N_p = 617$，$N_s = 305$，骨架厚 $\sigma_0 = 0.2cm$，半径 $R = 3.3cm$，绕组长度与绕组半径之比 $2R/L$ 远不及长螺线管，两线圈间的距离远远大于图 3-16 和图 3-17 中的 c，初次级绕组沿两轴线是非同心的，不能再被视作同心无限长螺线管。显然，因为非同心绕组变压器的结构与图 3-16、图 3-17 均有很大的不同，非同心绕组变压器初次级绕组是分立的，且两绕组间距大，磁感应强度是不相等的，不能套用电磁学长螺线管中磁密 $B = \mu_0 nI$ 不变的假设，对上述漏感公式具有不适应性，所以不能直接套用式(3-34)和式(3-35)，也就是说既有文献上的漏感计算公式具有不适应性。

3.4.3 非同心绕组变压器漏感的分析

1. 非同心绕组的漏感

1) 磁场能量的搜集

记 $L = \Psi/I$ 为电感量，Ψ 为磁链，绕组电流 I 和铁心磁导率 μ 强相关；因漏磁通部分通过空气，故漏感 L_l 可由线圈几何尺寸和匝数 N 所确定。$\Psi = N\Phi = NBS$，$B = \Phi/S$，Φ 是主磁通，B 是磁感应强度，S 是截面积，N、S 均是能够精准测算的，而影响 B 的因素却很多。

漏磁通在三维空间的时变分布 $f(x,y,z,t)$ 是向量且受铁磁边界的影响，难以直接推导出与其对应的标量解集 $L_l \in (L_{l1}, L_{l2})$ 形式的漏感。但是，漏感所含的磁场能量是便于计算的标量，将铁心之外的漏磁场能量搜集起来，磁场等效体积 V 内的漏磁场能量 $E_m = 0.5BHV$，应该等于漏感中的磁场能量 $E_l = 0.5L_lI^2$ 的遵循，进而可以算出漏感 $L_l = 2E_m/I^2$。

2) 磁密表达式 $B(L,R)$ 和磁通密度曲线

绕组类似于螺线管，螺线管内磁感应强度的分布如图 3-19 所示。

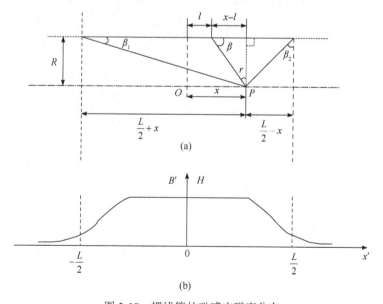

图 3-19 螺线管的磁感应强度分布

沿轴线 x 对螺线管长度 $l \in [-L/2, L/2]$ 积分，即累积每匝的作用可得某点 P 的磁场强度 H，其元素 $\mathrm{d}H_x$ 和各匝绕组所累积的轴向 H_x 分别为

$$\mathrm{d}H_x = \frac{R^2 In}{2[R^2 + (x-l)^2]^{3/2}} \mathrm{d}l$$

$$r = [R^2 + (x-l)^2]^{0.5} = R\csc\beta, \quad x - l = r\cos\beta, \quad \mathrm{d}l = R\csc^2\beta\,\mathrm{d}\beta$$

$$H_x(\beta) = \frac{nI}{2} \int_{\beta_1}^{\beta_2} \sin\beta\,\mathrm{d}\beta = \frac{nI}{2}(\cos\beta_1 - \cos\beta_2) \tag{3-38}$$

$$\cos\beta_1 = \frac{x + 0.5L}{\sqrt{R^2 + (x+0.5L)^2}}, \quad \cos\beta_2 = \frac{x - 0.5L}{\sqrt{R^2 + (x-0.5L)^2}}$$

即轴线上任意点 P 的轴向磁场强度 H_x 可沿轴线 x 积分而得。若将微元从 $\mathrm{d}l$ 换成角微位移 $\mathrm{d}\beta$，被积函数从 $f(l)$ 变成 $f(\beta)$，关注特殊点可知：

(1) 在绕组正中的 $x = 0$ 处，$H(x)$ 为最大值 $H_{\max}$，其幅值通过两端 $-0.5L$ 和 $0.5L$ 向无穷远处衰减；

(2) 当绕组长 $L \to \infty$ 或 $R \to 0$ 时，可以有

$$H(x) = H_{\max} = nI \tag{3-39}$$

(3) 因此 $B(x) = B_{\max} = \mu_0 nI = \mu_0 H_{\max}$，$B_{\max} = f(A_\mathrm{m}, A_\mathrm{w}, K)$

$$B_{\max} = \mu_0 nI = \mu_0 (N/L)I = \mu_0 IN / KA_\mathrm{w}^{0.5} \tag{3-40}$$

(4) $B(x) = \mu H$，在越过绕组长为 L 的端面后，随着轴向磁通 Φ_x 所经截面积 S 的扩大，轴向磁通密度 $B(x) = \Phi_x/S$ 和轴向磁能密度 w_m 均急剧缩小。

两端面的 $H(l)$：有限长螺线管绕组端面的轴向磁场强度 H_x 与漏感强相关，基于式(3-38)可分别有 $\cos\beta_1 = L/(R^2+L^2)$、$\cos\beta_2 = 0$；$\cos\beta_1 = 0$、$\cos\beta_2 = L/(R^2+L^2)$；因为有 $L = KA_\mathrm{w}^{0.5}$，$R = f(A_\mathrm{m}, A_\mathrm{w}, K)$，故式(3-38)可表为 $H_x = f(A_\mathrm{m}, A_\mathrm{w}, K)$；如图 3-19(b)所示，在有限长螺线管半径 R 和长度 L 确定后，H_x 是随 L 或 x 而变化的，然而在两端面 $\pm L/2$ 附近，$\partial H_x / \partial x$ 却是变化较大的。

2. 绕组磁场的轴向分量

磁感应强度和磁能密度：绕组电感量与其磁感应强度和磁能密度相关，非同心绕组结构，从式(3-37)和式(3-38)以及图 3-20 和图 3-21 中可得不同 L/R 下的磁感应强度 B_x 及其磁能密度 w_x。

(1) 以绕组长 $L = 20$ 为基准，绕组两端面位于 $x = -10$、$x = 10$ 处，靠改变半径 R 来调整 L/R 值。

(2) 图 3-20 中曲线 E 表达 $L/R = 100$，即绕组足够细长时，两端面之间的 B、磁能密度 w 均基本不变；故以其 B、w 值为标幺值基准 1，绘出其他曲线。

(3) 曲线 K 表达 $L/R = 0.5$，代表绕组充分粗短；而曲线 A、H、B 及其附近曲线更有工程价值。

(4) 与绕组轴向磁力线对应的电磁能密度：

$$w_x = 0.5\mu H_x^2(\beta) \tag{3-41}$$

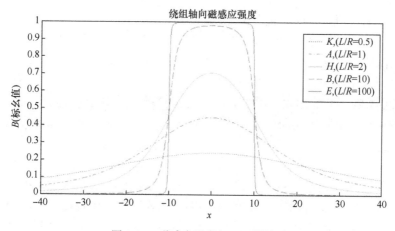

图 3-20　磁感应强度与 L/R 的关系

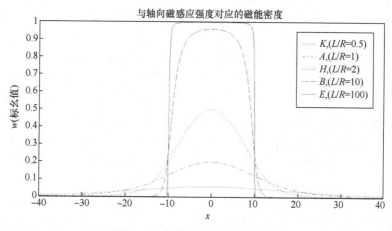

图 3-21　磁能密度与 L/R 的关系

式中，$H_x(\beta)$ 源自式(3-38)。

(5) K、A、H、B 和 E 源自程序代码，以绘出 L/R 越小，轴向磁感应强度峰值及其对应的磁能密度峰值均越小的视觉效果。

图 3-20、图 3-21 中 $E = L/R = 100$ 的曲线提示，当绕组足够细长即可被当作无穷长绕组时，绕组长度 L 之外的轴向磁感应强度 B_x 及其磁能密度 w 均约为零，长螺线管中部的磁场强度 $H = NI/L = nI = H_{max}$，两端面之间任意点的 $H(l)$ 也无限趋近于 H_{max}，而并不依赖于绕组的轴向位置，即可用绕组磁能 $E = wV = wLR^2\pi$ 来表达绕组电感。

当 $L/R \to \infty$ 时，有 $H = H_{max}$，故据图 3-20、图 3-21 的曲线 E 和式(3-37)和式(3-38)，并设定简单磁介质无损耗，可得以下定理。

定理 3-1　螺线管绕组的内自感基于该绕组的径向磁感线。

证明：无限长螺线管模型的 $B(x)$ 见图 3-20 的曲线 E，其建模条件为径向 $\partial B_r/\partial r = 0$，角向 $\partial B_\theta/\partial \theta = 0$，轴向 $\partial B_x/\partial x = 0$ 或 $\partial B_x/\partial l = 0$，长螺线管绕组的内自感定义为 $L_l = \Psi/I = N\Phi/I = NBS/I = N\mu HS/I$，而 $n = N/L$，$H = (NI)/L$，$V = SL = R^2\pi L$，故 $L_l = \mu_0 n^2 V$，又因平行且等密度的磁感线簇垂直地通过面积 $S = R^2\pi$ 的绕组端面，而两端面均垂直于绕组轴线，$B_x = \Phi_x/S$

为常数，绕组只有构成内自感的轴向磁感线，证毕。

磁能密度：绕组的磁场强度和磁感应强度都是矢量，但绕组内的能量是标量，以便于累积。

(1) 无限长螺线管绕组的磁能密度可以表示为 $w_m = 0.5B_x^2/\mu = 0.5\mu H_x^2$，因 H_x 和 B_x 皆为常数，故磁能密度 w_m 亦为常数。

(2) 当绕组长度 L 充分远大于半径 R 时，绕组磁场能量 $W_m = w_m V \approx w_m SL = w_m R^2 \pi L$，磁感线平行于轴向，垂直于端面。

3. 常规绕组的轴向磁场

(1) 有限长绕组的磁感线：当螺线管状绕组的比值 L/R 较小时，如图 3-20、图 3-21 中的曲线 K、A、H 和 B 所示，绕组两端面内的磁感应强度和磁能密度均不是常数，且在绕组两端面附近会出现剧烈变化。然而，在式(3-32)和式(3-33)既有同心绕组漏感计算公式的推导过程中，是将端面外的磁感线当作常数处理的，即无限长螺线管中部的磁场强度 $H = NI/L = nI = H_{max}$，图中提示 L/R 越大，两绕组间距越大，所计算出的漏感的偏差越大。

(2) 磁场强度和磁感应强度：由图 3-19 和式(3-37)、式(3-38)可知，长螺线管中部的磁场强度 $H_0 = NI/L = nI$，任意点 H 依赖于绕组的轴向位置 $H(l)$，在该磁场强度作用下，会在绕组周长内、绕组周长外、绕组两端面内外产生在数值上相差很大的磁感应强度 $B(l)$，绕组越粗短，绕组两端面外的磁感线越相对密集，磁能密度亦越大。

(3) 绕组内侧：绕组内通常含有铁心，其磁感应强度 $B = \mu H$，所对应的轴向主磁通亦贯穿初次级绕组，与初级轴向磁感应强度相对应的是初级绕组内自感，同理与次级轴向磁感应强度相对应的是次级绕组内自感。

(4) 绕组外侧：在平行于轴线的绕组近旁外侧，具有透过匝间间隙且部分通过空气的小闭环轴向漏磁通，进而累积叠加为近旁轴向漏磁通；在数倍于绕组尺度的远侧，磁感线相当稀疏，但总的磁通 Φ 不变且贯穿绕组两端面构成闭合回线，与该磁感线相对应的电感相对于绕组本体来说是外自感，但相对于变压器初次级线圈来说却是漏感。

(5) 常用绕组的 L/R：工程上常用的非同心绕组的 L/R 比值常与绕组商品骨架数据和商品铁心标准相关。现以既有设计手册的 E 型、R 型铁心的柱长和窗口宽度的数据集[8]为例，反复比较归类，并考量多目标约束优化设计所涉铁心的尺寸可能的变化范围，略去特殊情况无限长螺线管的理想状况，暂拟 $0.5 \leqslant L/R < 4$ 为关注目标，如图 3-22 所示。

① 若 $L/R > 1$，则与绕组轴向磁感线对应的磁能分布主要集中在横轴上 $-0.7L \leqslant x \leqslant 0.7L$ 之间。

② 绕组越细长，磁能密度越大，据 L/R 的大小可量化绕组的磁能分布，进而计算出绕组的内自感。

③ 仍以图 3-21 中 $L/R = 100$ 时的 w 值为基准 1。

定义 3-1　螺线管虚拟半径 R' ——与单位为 T 的螺线管磁密 $B(L)$ 大小对应的纵轴绕组的虚拟几何尺度 $R'(L)$，即单位为 cm。

映射：以 B 为原像，以螺线管虚拟半径 R' 为像，两者皆为非空集合，设法则 f 使得对于 B 中的每个元素 B，在 R' 中均有唯一确定的元素 R' 与之相对应，即 f 为 B 到 R' 的单射。原像的定义域 $D_f = B \in (0, x)$T，像的值域 $R'_f \sim f(B) = \{f(B) | B \in B\}$，而像的值域为 $R'_f \subset R'_f$；

在密绕有限长螺线管两端面外的径向磁感应强度远小于轴向磁感应强度，因此螺线管虚拟半径的最大值便出现在图 3-19(b)的 $x = 0$ 处，为其几何直径 R，即 $R'_{\max} = R$。

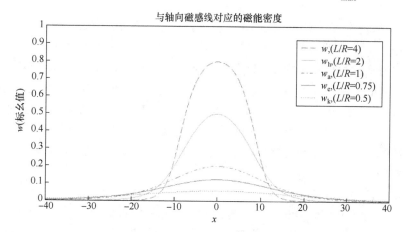

图 3-22　磁能密度(l)与常用 L/R 的关系

将单位为 T 的 $B_{\max} = \mu nI$ 映射至单位为 cm 的 $R'_{\max}$，$R'_{\max}$ 为螺线管几何半径。在此仅取其对应于 $B_{\max} = \mu nI \sim R'_{\max}$ 之意，对应于式(3-38)，有

$$R'(l/2) = \frac{R'_{\max}(l/2)}{[R^2 + (l/2)^2]^{1/2}} \tag{3-42}$$

可见，轴向磁感应强度 $B(l)$ 及其所映射的虚拟半径 $R'(l)$ 均是随着绕组长度 L 而变化的，亦可借用图 3-19(b)来表示。

定义 3-2　螺线管虚拟体积 V' —— 螺线管虚拟半径所涉空间为磁能体积 $V'(l)$，单位为 cm³。

如图 3-19(b)所示，$f(l)$ 绕 x 轴旋转一周形成的桶形体，其被积表达式为 $\mathrm{d}V' = R'^2(l)\pi\mathrm{d}l$，为便于此后的积分运算，特将积分变量由 l 化为 $l/2$：

$$\mathrm{d}V' = \frac{2(l/2)^2\pi R'^2_{\max}\mathrm{d}(l/2)}{R^2 + (l/2)^2} \tag{3-43}$$

式(3-42)和式(3-43)是被映射后的数值表达，结果映射为半径和体积。

1) 磁场能量和上限系数

磁能元素：螺线管的磁场能量的微分为其磁能密度与体积微分的积 $\mathrm{d}W = w_{\mathrm{m}}\mathrm{d}V'$，将式 (3-41)、式(3-43)代入 $\mathrm{d}W_{\mathrm{m}} = w_{\mathrm{m}}\mathrm{d}V'$，可得磁能元素：

$$\begin{aligned}
\mathrm{d}W_{\mathrm{m}} &= \frac{B_{\max}^2}{2\mu} \cdot \frac{(l/2)^2}{R^2 + (l/2)^2} \cdot \frac{2(l/2)^2\pi R'^2_{\max}\mathrm{d}(l/2)}{R^2 + (l/2)^2} \\
&= \frac{(l/2)^4\pi B_{\max}^2 R'^2_{\max}\mathrm{d}(l/2)}{\mu[R^2 + (l/2)^2]^2}
\end{aligned} \tag{3-44}$$

磁场能量：绕组两端面内和部分绕组两端面外的磁场能量，即

$$W = \frac{1}{2}\iiint B \cdot H\mathrm{d}V = \frac{\pi B_{\max}^2 R'^2_{\max}}{\mu}\int_0^{JL/2}\frac{(l/2)^4\mathrm{d}(l/2)}{[R^2 + (l/2)^2]^2} \tag{3-45}$$

因 $B_{max} = \mu nI$，R'_{max} 为螺线管的几何半径，π 和 μ 均为常数，螺线管的能量亦可表达为其长度 JL 的单变量递增函数，$J \geqslant 1$ 为上限系数，定积分为

$$I_1 = \int_0^{JL/2} \frac{(l/2)^4 \, \mathrm{d}(l/2)}{[R^2+(l/2)^2]^2} = \left[\frac{l}{2} - \frac{3R}{2}\arctan\frac{l}{2R} + \frac{R^2(l/2)}{2[R^2+(l/2)^2]} \right]_0^{JL/2} \tag{3-46}$$

绕组的几何直径和长度比为 $2R/L$，与定积分结果强相关，$2R/L$ 越小，I_1 越大。将图 3-18 及其后续说明中的 $L = 8.3\text{cm}$、$R = 3.3\text{cm}$ 代入式(3-46)即有 $I_1 = 0.8038$，螺线管两端面之间的磁场能量 $W = 0.8038\pi nIR$，故可按 $E = 0.5L_{li}I^2$ 计算出螺线管内的对应的电感量 L_{li}。

漏磁场能量：$J \geqslant 1$ 为待定系数，JL 表示变上限定积分。当 $J = 1$ 时，式(3-45)、式(3-46) 所搜集的是螺线管两端面之间的磁场能量；当 $J > 1$ 时，将积分区间扩展到绕组长度 L 之外，搜集部分漏磁场能量。

2) 电感值域和电感系数

螺线管电磁场常用 Maxwell 方程解析，但其多元数值解集难以直接用于优化设计。

绕组本体电感：绕组电感 L_1 的计算有多种方法，若记 K_L 为电感系数，绕组长度可简化为

$$L = K_L \mu N^2 R^2 \pi / L \tag{3-47}$$

其中，电感系数 K_L 可由图 3-23 和式(3-48)给出。

电感系数：令绕组直径与长度之比 $2R/l = x$，则 $K_L = f(x)$，可将基于 Maxwell 方程的绕组电磁场分析简化为单变量函数，如式(3-48)和图 3-23 所示。

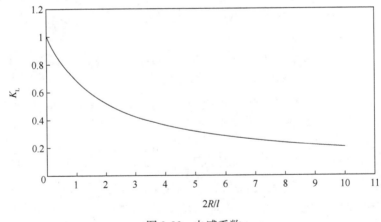

图 3-23　电感系数

$$f(x) = 7\times10^6 x^6 - 0.0003x^5 + 0.0039x^4 - 0.0308x^3 + 0.1426x^2 - 0.4266x + 0.9998 \tag{3-48}$$

绕组结构及其电感量：绕组越细长，$2R/l$ 越小，电感系数越接近 1，径向扩散的漏磁通越少，绕组电感越接近无限长螺线管的 $L_l = \mu N^2 R^2 \pi / l$。在此，$l$ 为绕组长度 L 的变量。

3) 搜集漏磁通和定积分区间

漏磁通的搜集：恰当地扩展积分区间，能搜集部分漏磁通中的磁能，构成测算漏感的有效磁通，进而通过漏磁通所携磁能量推算出漏感。

优化设计的制约：变压器的优化设计须兼顾成本、损耗、几何尺寸和漏感等多个目标，通常绕组直径与长度之比 $2R/l$ 在 0.75 左右，图 3-21 中对应的电感系数 K_L 约亦为 0.75；$2R/l$

越大，绕组越粗短，漏感也越大。

上限系数的选择：主张将电感系数 K_L 在原绕组的基础上扩大 5 个基点，用来搜集绕组两端面外的磁场能量。例如，将电感系数 K_L 从 0.75 扩大到 0.80，即通过调整式(3-46)和式(3-47)的上限系数 J，将绕组长度扩大到 JL，搜集绕组两端面外的磁场能量来计算非同心绕组变压器的等效漏感。因为电感系数 K_L 仅增加约 5 个基点，对应的 $2R/l$ 变化不大，因此尚还能够维系在原来的绕组结构。

本例 $R = 3.3$cm，$l = 8.3$cm，$2R/L \approx 0.8$，$K_L = 0.75$；测算时磁能的搜集范围从 8.3cm 扩展为 11.6cm，且 $2R/JL \approx 0.6$，电感系数 $K_L = 0.8$，可有 $J = 1.4$，$J/2 = 0.7$，从而确定式(3-46)和式(3-47)的积分区间，搜集绕组轴线上两端面外各 1.6cm 内的磁能，并借此逐步推算出等效漏感。

3.4.4　非同心绕组变压器漏感的探讨

1. 平均磁感应强度和漏感磁密系数

如图 3-19 所示，绕组中的磁感应强度是因变量 $B(l)$，可用平均值 $\overline{B}$ 确定，积分上下限为 $-0.7L$ 和 $0.7L$，其区间作为平均值的分母：

$$\overline{B} = \frac{\mu In}{2 \times 1.4L} \int_{-0.7L}^{0.7L} \frac{R^2 \mathrm{d}l}{(R^2 + (x-l)^2)^{3/2}} = \frac{\mu In}{2[R^2 + (0.7L)^2]^{1/2}} \tag{3-49}$$

如前所述，无限长螺线管的磁通密度也就是最大磁通密度 μnI，将其与式(3-49)相除得到

$$k = \frac{1}{2[R^2 + 0.49L^2]^{1/2}} \tag{3-50}$$

定义 3-3　漏感磁密系数 k——考虑漏磁通能量搜集范围的平均磁通密度与最大磁密之比。k 是非同心绕组变压器漏感计算的关键。

2. 铁心变形和磁场能量

如果将图 3-18 的变压器环形铁心切断后展开成线段，并将初次级两绕组间的两段间距合二为一，则可等效为有限长直螺线管，其磁能分布示意图如图 3-24 所示。

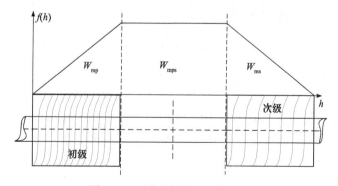

图 3-24　磁能与轴向位置的关系

磁场强度 H 为初、次级磁场强度 H_p、H_s 之和，与之对应的磁感应强度 B 为初、次级磁感应强度 B_p、B_s 之和

$$W_m = \frac{1}{2} \iiint B \cdot H \mathrm{d}V$$

$$W_m = \frac{1}{2} \iiint (B_p + B_s) \cdot (H_p + H_s) \, \mathrm{d}V = \frac{1}{2} \iiint \mu (H_p{}^2 + H_s{}^2 + 2H_p \cdot H_s) \, \mathrm{d}V \tag{3-51}$$

W_{mp}、W_{ms} 分别是初、次级的磁能，W_{mps} 是初、次级绕组间的磁能；因为能量是标量，故变压器的总磁能为 $W_m = W_{mp} + W_{mps} + W_{ms}$。

3. 初级漏感和次级漏感

初级漏感：图 3-24 初级绕组磁场强度 H_p 为

$$H_p = \frac{I_p N_p}{b_p} \times \frac{h}{h_p} \tag{3-52}$$

结合 $w_m = 0.5\mu_0 H^2$ 和式(3-51)可得初级绕组本体(除铁心)磁能密度 $w_{mp} = 0.5\mu_0 k^2 H_p{}^2$，其对应的磁能为

$$W_{mp} = \frac{\mu_0 h_p k^2 I_p{}^2 N_p{}^2 \mathrm{MLT}_p}{6 b_p} \tag{3-53}$$

漏感中的磁能亦可用集中等效漏感 L_{lp} 表示为 $W'_{mp} = 0.5 L_{lp} I_p{}^2$，$W'_{mp}$ 应该与式(3-53)的磁能 W_{mp} 相等，也就是 $W'_{mp} = W_{mp}$，故初级绕组本体(除铁心)的漏感为

$$L_{lp} = \frac{\mu_0 h_p k^2 N_p{}^2 \mathrm{MLT}_p}{3 b_p} \tag{3-54}$$

L_{lp} 折算到次级时还应乘上变比的平方。

次级绕组漏感：图 3-24 中初级绕组本体的 H_s 为

$$H_s = \frac{I_s N_s}{b_s} \times \left(1 - \frac{h}{h_s}\right) \tag{3-55}$$

同理，次级绕组本体(除铁心)的漏感为

$$L_{ls} = \frac{\mu_0 h_s k^2 N_s{}^2 \mathrm{MLT}_s}{3 b_s} \tag{3-56}$$

4. 拆解重组的铁心和绕组间距的漏感

由绕组间的磁场强度 H_{ps}，且视初次级绕组长相等 $h_p = h_s$，可得 $H_{ps} = (I_p N_p)/h_p = (I_s N_s)/h_s$ 和初次级两绕组间漏磁通的磁能密度为

$$w_{mps} = \frac{1}{2} \mu_0 k^2 \left(\frac{I_p N_p}{h_p}\right)^2 \tag{3-57}$$

　　铁心体积：在漏磁通磁能密度 w_{mps} 基础上再乘上对应的体积可得漏磁能量，特将图 3-18 拆解为图 3-25。

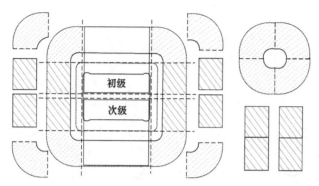

图 3-25　变压器形状变换及圆环胎示意图

　　去除初次级绕组以及所含铁心，再沿点画线将绕组外的铁心分成八块，点状阴影的四块可合并成圆环胎，斜线阴影的四块可拼成圆柱体，故计算漏感时，将其分别看成圆环胎和圆柱体进行积分。

　　圆环胎体积：$V_{yht} = 2\pi r^2 R = 2A_m R$，$r \approx R$。

　　圆柱体的体积：$V_c = A_m h_c$，h_c 为圆柱体的长。

　　初次级线圈间的磁能：考量式(3-57)、V_{yht} 和 V_c 可以得到

$$W_{mps} = \iiint w_{mps} dV = 0.5\mu_0 \int_V H_p{}^2 dV$$

$$W_{mps} = \frac{1}{2}\mu_0 k^2 \left(\frac{I_p N_p}{h_p}\right)^2 (2A_m R + A_m h_c) \tag{3-58}$$

　　漏感中的磁能亦可用集中等效参数 L_l 表示为 $W'_{mps} = 0.5L_{lps}I_p^2$，结合前述 $W'_{mps} = W_{mps}$，因此可以得到初次级线圈间的漏感：

$$L_{lps} = \frac{\mu_0 k^2 N_p{}^2 A_m (2R + h_c)}{h_p{}^2} \tag{3-59}$$

　　由于式(3-58)和式(3-59)均是在初级激励下得到的，还应再乘上变比的平方 $(N_s/N_p)^2$ 才能折算到次级，记 L'_{lp} 为补级漏感折算值，L'_{lps} 为初次级间漏感折算值，故有变压器的总漏感：

$$L_l = L_{ls} + L'_{lp} + L'_{lps} \tag{3-60}$$

5. 漏感利用的实例

1) 某商品变压器的优化

本例采用了图 3-18 的变压器结构，其所在整流电路如图 3-26 所示。

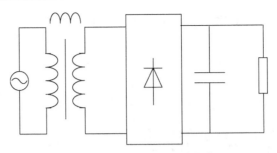

图 3-26　整流变压器及其负载

$S = 1\text{kV} \cdot \text{A}$, $f = 50\text{Hz}$, $U_1 = 480/380\text{V}$, $U_2 = 230\text{V}$, $U_\text{d} = 200\text{V}$, $C = 4700\mu\text{F}$, $L = 46\text{mH}$; L、C 还可有其他组合, 但需考量截止频率、衰减比和瞬态特性。

虽然功率因数校正器(PFC)有不少优点, 但变压器的隔离和变压作用却是不可替代的, 在换流站、电解电源和工控装制等领域, 相控整流仍因简单、元件少和故障率低等特点而被广泛应用; 小型变压器效率常低于三相电力变压器, 但数量却远大于电力变压器, 故其总损耗巨大。在节能减排制约下, 设计整流器时既要降低成本, 又要降低损耗, 因此必须对变压器漏感进行精准把控。

(1) 用取向卷绕圆截面的 R 型铁心取代冲压成型方截面的 E 型铁心, 计算漏感时因前者无气隙而可简化推导过程且能得到较为精准的公式。

(2) 用变压器漏感取代 LC 滤波器的电感器, 可减少器件, 提高可靠性, 降低成本和损耗。

(3) 用变压器漏感取代电感器, 电感量折算到负载侧, 以对应处于负载侧的电容器和负载电阻。

(4) 用非同心绕组取代同心绕组以增加漏感。

非同心绕组变压器是一类结构, 但现行中英日文设计手册上尚无对应的漏感计算公式。

2) 非同心绕组变压器的数据

在图 3-18 中, A_m 为铁心截面积, 容易得到 $r = (A_\text{m}/\pi)^{0.5}$ 为铁心半径, σ_0 为骨架及间隙厚度, $R = (r + \sigma_0 + 0.5b_\text{p})$ 为等效螺线管半径, b_p、b_s 分别为初、次级绕组厚度, h_p、h_s 为初、次级绕组高度, MLT_p、MLT_s 分别为初、次级绕组中心长度, MTL 为磁路长度。

对漏感有直接影响的变压器设计数值如表 3-4 所示。

表 3-4　非同心绕组变压器设计数据

铁心基本型号: R1500	最大磁密 B: 1.8 T	铁心截面积 A_m: 20.5cm²
窗口面积 A_w: 21cm²	磁路长度 MTL: 35.6cm	平均匝长 MLT: 20cm
初级绕组匝数 N_p: 617	初级绕组匝数 N_s: 305	绕组长度 $L(h)$: 8.2cm
绕组厚度 $b_\text{p}(b_\text{s})$: 1.1cm	骨架厚度 σ_0: 0.2cm	铁心半径 r: 2.6cm
螺线管半径 R: 3.3cm	磁密系数 k: 0.58	初级绕组漏感折算值: 21mH
初次级间漏感折算值: 2mH	次级绕组漏感: 21mH	变压器总漏感: 44mH

优化设计所得结果的计算过程源自第 6 章。

3.4.5　非同心绕组变压器漏感的验证

1. 低通滤波的电感作用

图 3-18 所示变压器及其负载的等效电路如图 3-27 所示。

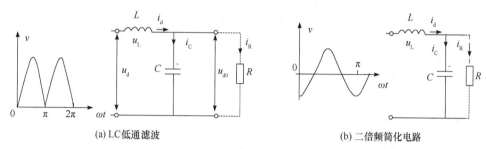

(a) LC低通滤波　　　　　　　　　　(b) 二倍频简化电路

图 3-27　低通无源滤波

L_1 是电感，市电整流后电压为 $311|\sin\omega t|$，经过 Fourier 变换能得到以 $u_d = -130\cos2\omega t$ 为主的偶次谐波簇，时变因子从 $\sin\omega t$ 变成为二倍频的 $-\cos2\omega t$，成为滤波对象。图 3-27 在 1kW 时有倍频容抗 $X_{2C} = 1/(2\omega C) = 0.34\Omega$，$R = 48\Omega$，$X_{2C} \ll R$，$i_{2C} \gg i_R$，故可忽略电阻支路的影响。

尽管 L_1 和 C 间有整流桥，但因电感为串联连接，若折算得当，其滤波效果仍不变，还可减小整流管短路电流；图 3-26 及其对应的图 3-27 的电感电流为交流，无直流饱和之虑。

2. 基于电桥的漏感测算

电桥的电源常来自内部小功率振荡器，故其 ΔB 和 ΔH 均很小，因与漏感对应的漏磁通是部分通过空气的，故受铁磁质的影响小。用 TH2816 电桥对本例变压器漏感的测算实况如图 3-28 所示。

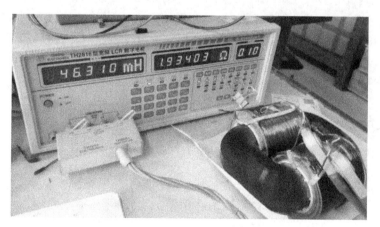

图 3-28　基于交流电桥的漏感测算

测算时将初级绕组短路，在次级测算。单相全桥整流负载是以二倍频为主的，故测算电源频率选 100Hz，图 3-28 中显示 46.310mH，与表 3-4 的计算结果 44mH 相近，电桥测算数据与计算结果初步得到了验证。基于 LCR 电桥的测算方法在此不再赘述。

3. 实际工况的漏感测算

用 Tektronix 示波器、A621 电流传感器的 10A、100mV/A 挡,整流桥输出电流为二倍频脉动的准正弦波,所得波形如图 3-29 所示。

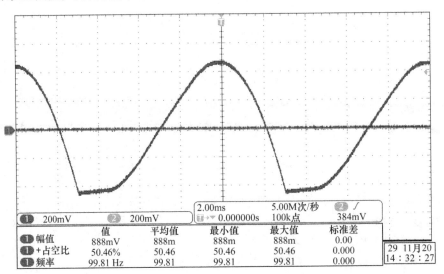

图 3-29　整流桥输出电流

阅图解读:频率 99.81Hz,电压峰峰值 888mV,对应的电流峰峰值为 8.88A,电流有效值、瞬时值分别为 $I_2 \approx (8.88/2)/\sqrt{2} \approx 3.1A$、$i_2 \approx 4.4\sin628t$。

电压推定:单相桥式整流电压为 $311|\sin314t|$,倍频电压 $u_2 = 130\sin628t$,所以其有效值 $U_2 = 93V$。

漏感计算:据图 3-27 可知,$I_2 = U_2/Z_2$,$X_{2C} \ll R$,$i_{2C} \gg i_R$,故可忽略 R,则通过漏感 L 的电流 $\dot{I}_2$ 为 $\dot{I}_2 = U_2/(X_{2L}+X_{2C}) = U_2/[j628L - j(1/628C)]$,又因为有 $U_2 = I_2Z_2$,再代入上述公式计算结果,即能够得到 $93 = 3.1(628L - 0.3388)$,最后解得漏感 $L_1 = L = 48mH$。

结果比较:实际工作状况下测算的漏感为 48mH,而计算的漏感为 44mH,前述 LCR 电桥测算的是 46mH,基本上可互相验证。

误差分析:电流波形为准正弦波,计算时忽略了 4、6、8、10 等偶次谐波,4% 的误差低通滤波器是可接受的,但若用于谐振回路,则偏大。

4. 滤波电感的漏感取代

用单相变压器漏感取代 LC 滤波(又称为感容滤波)中的电感器,实验照片见图 3-30。

对于满载时的输出电压 U_d,其电压脉动是可以接受的;额定值为标称电压 220V 的平均值。

$$U_d = \frac{1}{\pi}\int_0^\pi 220\sqrt{2}\sin\omega t d\omega t \approx 200$$

若仍用带 44mH 交流电感器的 LC 滤波器,则必须另外增加铜铁重量 2kg 和运行损耗 5W。

效果:把控整流变压器漏感,取代 LC 滤波器中的交流感器,实现了对漏感的利用。

图 3-30　带负载实验

5. 低通滤波的传递函数

图 3-26、图 3-27 中 LC 低通滤波器的传递函数为

$$G(s) = \frac{1/(L_1 C)}{s^2 + s/(RC) + 1/(L_1 C)} \tag{3-61}$$

无阻尼振荡谐振角频率 $\omega_n = (L_1 C)^{-0.5}$，阻尼比 $\xi = 0.5 L_1^{0.5} C^{-0.5}/R$；结合图 3-29 还有：$L_1$、$R$ 和 C 的值域相关且影响滤波性能；R 不小于额定值；C 太大导致电流波形不连续。

6. 漏感值域的可视分布

优化设计：漏感影响着电压调整率、瞬态特性和性价比等指标，调整铁心线圈尺寸和匝数，可把控漏感。若变压器容量一定，铁心截面积 A_m 越小，匝数越多，漏感越大；窗口面积 A_w 越大，漏磁通越多，漏感越大；矩形系数 K 越大(正方形 K 为 1)，漏感越大。式(3-55)、式(3-57)、式(3-60)表明，调整电磁参数和几何结构便能把控漏感，故以 A_m、A_w 和 K 为优化设计的决策变量。

可视化算法：多目标约束优化设计涉及多元非线性方程，常常既无解析解，又难觅有用数值解。作者提出并实现了四维可视化算法，并用交集来兼顾多目标，用并集来限定约束，通过可视化交互所得的最优解集还能够判断点状解的稳定性，其中漏感 $L_1(A_m, A_w, K)$ 在 $1\sim1.1\text{kV}\cdot\text{A}$ 瓦片状容量弧上连续分布的集状解如图 3-31 所示。

为凸显漏感的细微变化，选择了加强色谱来映射值域。然而，加强色谱采用的离散提取后的可视化方法会带来不连续的视觉效果。因此，该类色谱虽不影响可视化交互，但也需要把数值回归于连续值域的先验认知。减小步长、增加切片数量亦可克服色彩缺损，但会增加计算时间和内存空间。

避害趋利：漏感不可避免，故应该趋利避害。例如，漏感会延长相控变换的换向过程，定性分析的变化趋势可为漏感测算指明方向，追求漏感越小越好；但在讨论利用漏感时，却要求能够定量地将漏感把控在某段所需值域内。对漏感定量的把控比定性的抑制难度更大。

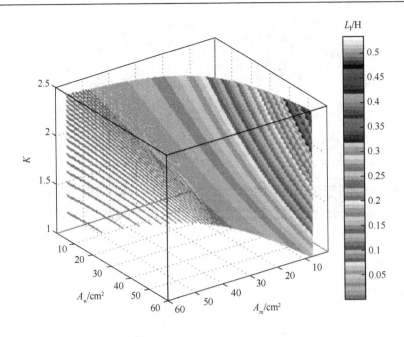

图 3-31　漏感的数值分布

7. 漏感值域的求解步骤

非同心绕组变压器漏感的计算并不需要繁杂的推导过程，只需掌握计算漏感的主要步骤：

(1) 由绕组的长度直径比 $2R/l$ 通过式(3-49)或图 3-23 确定原电感系数 K_L；

(2) 将原电感系数 K_L 扩大约 5 个基点来求解式(3-50)的积分区间$(-0.5JL,0.5JL)$，搜集绕组两端面外的漏磁势能，求绕组平均磁感应强度 B 和式(3-51)所示的漏感磁密系数 k；

(3) 首先，依磁能密度对绕组进行体积分，并代入漏感磁密系数 k，逐步求出初次级绕组和初次级绕组间的漏磁场能量；然后，依据集中等效参数表达的漏感 L_l 内的磁能与上述积分所得漏磁场能量相等的推理，通过式(3-54)~式(3-60)并借助于四维数据可视化算法求得漏感值域。

8. 后续研究的简要介绍

(1) 变压器和 LC 滤波器构成上下层的多目标约束，在用漏感取代电感器时，漏感值域不但影响变压器本体的性能，还影响 LC 滤波效果，上下层的优化设计需导入多重博弈的策略。

(2) 软开关和谐振类功率变换器对电感量精度的要求比低通滤波器高，漏感也应考虑在列。

(3) 将非同心绕组漏感测算方法应用于磁集成结构的磁性器件，如耦合电感的漏感计算。

3.4.6　非同心绕组变压器漏感的结论

本节提出了非同心绕组变压器漏感的计算方法，展现了公式推导过程，主要结论如下。

(1) 通过搜集绕组轴线两端面外的部分漏磁通的能量可算出漏感，其结果被 LCR 电桥测算和实际工况下的测算所验证，误差均小于 4%；搜集部分漏磁通能量受制于定积分区间，定积分区间内的平均磁感应强度决定着漏感磁密系数，进而显著影响着漏感的计算结果。

（2）以绕组直径与其长度之比为自变量，可递减地表达有限长螺线管的电感系数，将绕组漏磁场能量的积分区间延伸至绕组轴线两端面之外，可视为虚拟地增加绕组长度、减小自变量和增大电感系数，当电感系数增大 5 个基点时，与之对应的积分区间所计算出来的漏感精度能满足 LC 低通滤波器的需求。

（3）漏感也能加以利用，例如，可用变压器漏感来取代 LC 滤波器中交流或直流电感器，进而减少器件数量，降低整流器成本及其运行损耗。

3.5　多线圈电子变压器的漏感

顾名思义，变压器是用来改变交流电压的，其基本原理图常用铁心、初级绕组和次级绕组来表示，初级绕组漏磁通/漏感、次级绕组漏磁通/漏感等亦各就各位，逻辑清晰。但是多线圈电子变压器也是广泛存在的，例如，三相整流两电压变压器有 6 个线圈，推挽变压器有三个线圈。多线圈电子变压器漏磁通及其对应漏感的表达式远比两线圈电子变压器复杂，在周边电力电子开关的作用下漏感还有时空属性。本节主要讨论三线圈排列推挽式结构、漏感的涉及空间和漏感的持续时间、能量的流向和所涉的漏感、漏感的限制和漏感的利用[15-18]。

3.5.1　三线圈排列推挽式结构

1. PWM 和磁性器件

漏感在理论分析和工程设计上都得到了广泛的应用，在表述变压器能量传递、优化设计和改善开关环境时都需要其数学模型和包括漏感在内的参数辨识。但是，工频稳态环境下漏感的概念却又禁锢着人们在开关或瞬态过程中对漏感的认知。磁性器件的电磁时间常数约为 10^{-3} 秒级，而电子开关器件的过渡过程约为 10^{-7} 秒级，PWM 脉冲功率序列的瞬态过程所表现出来的电磁现象已经难以用单纯的电力电子学和电机学理论来解释。

2. 三线圈和两漏感

多线圈电子变压器得到了日益广泛的应用，但其诸线圈投切频繁，能量流向复杂，人们对其的认知又滞后于双线圈电子变压器。推挽变压器是典型的多线圈电子变压器，有三个线圈：两个经常切换的对称初级线圈以推挽的方式向一个次级线圈传输能量。漏感是电子变压器模型中关键的集中等效参数，推挽变压器漏感常由两部分构成：一是初级两线圈间的漏感；二是初次级绕组间的漏感。动态过程的描述常把各线圈的自漏感当作常数来看待，而未考量其作用时间和涉及空间，这使得通过建立数学模型来定量评估含电子变压器的功率变换器的动态、静态过程难以顺利进行，从而不得不求助于仿真。然而，不少商品软件虽然可以不需要事先知道被仿对象的数学模型，只需将库中的各功能块按电路图连接起来便可进行仿真，但是在其库文件中只是给每个线圈提供了一个待设定的漏感常数，却并未涉及各线圈高速投切所带来的能量流向变化，也未涉及诸线圈间的漏互感的动态过程，致使多线圈电子变压器的仿真结果与实验波形往往会有较大的误差。

3. 测算困惑和原因分析

虽然对少数几种标准结构的变压器来说，其特定的集中等效参数也可以根据有关资料计算出来，但在大多数情况下还须对设计加工后的半成品乃至商品进行参数测算，其原因为：①铁磁材料种类繁杂；②线圈结构多种多样；③组装时磁路间隙的微小变化也有可能对有些参数造成显著的影响；④两线圈漏感的测算方法不能直接用于三线圈漏感的测算。变压器参数与实际工况密切相关，在开关状态下，其多值非线性、分布效应和趋肤接近效应都更加凸显，具体数值不但与电流大小、铁心线圈的材料结构有关，而且更容易受到脉冲电压宽度、电压、电流变化率和磁通原始点的影响，测试条件不同，所得的结果会有很大的差异，其测算方法常令人困惑。

下面在研究电子变压器集中参数测算方法的基础上，讨论了推挽变压器的诸漏感的涉及空间和持续时间，对基于变压器动态有效漏感假设的推挽式电压型 SPWM 逆变器进行了数学表征，既可支持推挽式功率变换器的控制系统设计和改善推挽式功率变换器电力电子器件开关环境的研究，也可为多线圈电子变压器的优化设计提供参考。

3.5.2 漏感的涉及空间和漏感的持续时间

1. 漏磁通/漏感的相对性

1) 漏磁通/漏感的涉及空间

由于多线圈电子变压器各线圈的位置不同，其诸漏磁通和各线圈的交链方式及其对应的漏感也不相同。以三线圈电子变压器为例，其三个线圈之间的诸漏磁通的相关性，如图 3-32 所示。

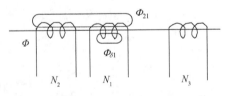

图 3-32　三线圈电子变压器的主磁通和漏磁通

在此 N_i 既表示第 i 个线圈又表示其匝数。Φ 为主磁通；$\Phi_{\delta 1}$ 为部分通过空气仅与 N_1 交链的自漏磁通；Φ_{21} 为由 N_1 产生、部分通过空气且交链着 N_2 的漏磁通，是 N_1 的自漏磁通，相对于 N_1 和 N_2 是一种互链磁通，但相对于 N_1 和 N_3 之间则是漏磁通。即 $\Phi_{\delta i}$ 为部分通过空气仅与 N_i 交链的自漏磁通；Φ_{ij} 为由 N_j 产生、部分通过空气且交链着 N_i 的磁通，也是互链磁通，但对励磁线圈与剩下的线圈来说则是漏磁通，暂且定义为漏互磁通；对应地将漏磁通 $\Phi_{\delta i}$ 称为结构漏磁通。主磁通 Φ 对应着电感 L_m，诸漏磁通对应着各自的漏电感，$\Phi_{\delta 1}$ 对应着 $L_{\delta 1}$，$\Phi_{\delta 2}$ 对应着 $L_{\delta 2}$，Φ_{21} 对应着 L_{12}。因此，在多线圈电子变压器中，漏磁通/漏感有相对性，有各自涉及空间。

2) 能量流向和诸漏磁通

推挽变压器是典型的三线圈电子变压器，以推挽式 SPWM 逆变器为例，其主回路见图 3-33。

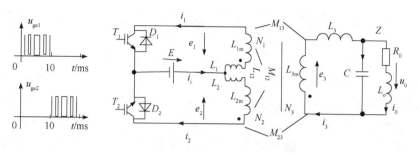

图 3-33 推挽式 SPWM 逆变器主电路

在 0～10ms，T_1 导通时，$E \rightarrow L_1 \rightarrow L_{1m} \rightarrow T_1 \rightarrow E$ 构成回路，初级线圈标记端为"+"，无标记端为"–"；T_1 截止时，因为初级线圈中的电流是不可能突变的，所以 D_2 被正偏导通，$L_{2m} \rightarrow L_2 \rightarrow E \rightarrow D_2 \rightarrow L_{2m}$ 构成回路，初级线圈标记端为"–"，无标记端为"+"；次级线圈亦相应地改变着 e_3 的极性，产生升压的两电平 SPWM 波，经 L_3 和电容器 C 构成的低通滤波器后，负载 Z 即可得到受控正弦波电压。在 T_i 和 D_i 的共同作用下，虽然初级电流在 N_1 和 N_2 之间来回切换，但两线圈是按图示同名端来连接的，使得初级线圈整体的电流基本上是常数 I_{i0}，因此交链着诸线圈的主磁通并未发生突变，对初级线圈整体来说却是连续的。

变压器属于三维时变电磁场，漏磁通感等都属于分布参数，数学模型是变系数偏微分方程组，但为求解方便常以集中等效参数表达。图 3-34 为图 3-33 构成回路时的磁通示意图，显然 $\Phi'_{12} \in \{\Phi_{12}, \Phi_{21}, 0\}$，$\Phi'_{23} \in \{\Phi_{23}, \Phi_{32}, 0\}$，$\Phi'_{31} \in \{\Phi_{13}, \Phi_{31}, 0\}$，图 3-34(a)、(b)分别为三、两线圈工作状态。

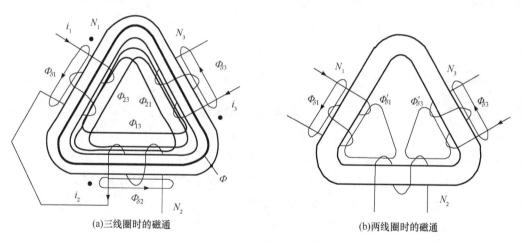

(a)三线圈时的磁通　　　　　　　(b)两线圈时的磁通

图 3-34 推挽变压器的诸磁通

以若干个集中等效元素在平面拓扑上来近似地描述立体分布参数之间的动态耦合，从图 3-34(a)可以得到三线圈电子变压器的各种磁通/链的简单描述为

$$\begin{cases} \psi_1 = N_1(\Phi + \Phi_{\delta 1} + \Phi_{12} + \Phi_{13}) \\ \psi_2 = N_2(\Phi + \Phi_{\delta 2} + \Phi_{21} + \Phi_{23}) \\ \psi_3 = N_3(\Phi + \Phi_{\delta 3} + \Phi_{31} + \Phi_{32}) \end{cases} \tag{3-62}$$

电能馈送的方向不同，图 3-34(a)中三线圈间的交链磁通也不同，应根据变压器工作状态的不同而加以取舍。当图 3-33 中功率器件以 PWM 的方式截止导通使得 N_1 向 N_3 馈送能量，N_2 处于开路状态时，图 3-34(a)可表示为图 3-34(b)(N_1 和 N_2 的位置稍有变化是为了绘图方便)，因 N_2 处于开路状态，漏互磁通 Φ'_{21} 以特定的结构漏磁通 $\Phi'_{\delta i}$ 的形式存在，N_1 的自漏磁通增加为 $\Phi_{\delta 1} + \Phi'_{\delta 1}$；$\Phi'_{23}$ 以 $\Phi'_{\delta 3}$ 的形式存在，N_3 的自漏磁通增加为 $\Phi_{\delta 3} + \Phi'_{\delta 3}$。显然，各自漏磁通、互漏磁通以及对应的电感都不是常数，其数值不但受电流、频率等因素影响，而且与器件的开关状态有直接关系，通常用两绕组变压器的漏感测算方法得到的参数不能直接用于三绕组变压器，推挽变压器的漏感应根据其外在影响而区别对待。

3) 励磁电感和漏感

图 3-34(a)中当线圈 N_1 励磁，绕组 N_2 和绕组 N_3 都开路时，记 Λ_{Fe} 为铁心磁阻、$\Lambda_{\delta 1}$ 为绕组 N_1 的漏磁阻、Λ_{21} 为绕组 N_1-N_2 的漏磁阻、Λ_{31} 为绕组 N_1-N_3 的漏磁阻，可有 N_1 的励磁磁通 Φ_{T1}、磁链 $N_1\Phi_{\mathrm{T1}}$ 和自感电势 $N_1\mathrm{d}\Phi_{\mathrm{T1}}/\mathrm{d}t$ 分别为

$$N_1\Phi_{\mathrm{T1}} = \frac{N_1N_1i_1}{\Lambda_{\mathrm{Fe}}} + \frac{N_1N_1i_1}{\Lambda_{\delta 1}} + \frac{N_1N_2i_1}{\Lambda_{21}} + \frac{N_1N_3i_1}{\Lambda_{31}}$$

$$N_1\frac{\mathrm{d}\Phi_{\mathrm{T1}}}{\mathrm{d}t} = M_{1\mathrm{m}}\frac{\mathrm{d}i_1}{\mathrm{d}t} + L_{\delta 1}\frac{\mathrm{d}i_1}{\mathrm{d}t} + L_{21}\frac{\mathrm{d}i_1}{\mathrm{d}t} + k_{13}L_{31}\frac{\mathrm{d}i_1}{\mathrm{d}t} = M_{1\mathrm{m}}\frac{\mathrm{d}i_1}{\mathrm{d}t} + L_{11}\frac{\mathrm{d}i_1}{\mathrm{d}t} = M_{11}\frac{\mathrm{d}i_1}{\mathrm{d}t} \tag{3-63}$$

强调并在绕制变压器时追求 $L_{12}\approx L_{21}$、$L_{13}\approx L_{31}$、$L_{11}\approx L_{22}$ 和 $L_{13}\approx L_{23}$，则 N_3 励磁、N_1 和 N_2 都开路时可得 N_3 的磁链和自感电势分别为

$$N_3\Phi_{\mathrm{T3}} = \frac{N_3N_3i_3}{\Lambda_{\mathrm{Fe}}} + \frac{N_3N_3i_3}{\Lambda_{\delta 3}} + \frac{N_1N_3i_3}{\Lambda_{13}} + \frac{N_2N_3i_3}{\Lambda_{23}}$$

$$N_3\frac{\mathrm{d}\Phi_{\mathrm{T3}}}{\mathrm{d}t} = M_{3\mathrm{m}}\frac{\mathrm{d}i_3}{\mathrm{d}t} + L_{\delta 3}\frac{\mathrm{d}i_3}{\mathrm{d}t} + k_{31}L_{13}\frac{\mathrm{d}i_3}{\mathrm{d}t} + k_{32}L_{23}\frac{\mathrm{d}i_3}{\mathrm{d}t} = M_{3\mathrm{m}}\frac{\mathrm{d}i_3}{\mathrm{d}t} + L_{33}\frac{\mathrm{d}i_3}{\mathrm{d}t} = M_{33}\frac{\mathrm{d}i_3}{\mathrm{d}t} \tag{3-64}$$

式中，L_{ii} 为与 Φ_{ii} 相对应的电感；$M_{i\mathrm{m}}$ 为线圈 N_i 的励磁电感；Λ_{Fe} 为与 Φ 对应的铁心磁阻；Λ_{21} 为与 Φ_{21} 对应的磁阻；k_{ij} 为 N_i/N_j；i,j 均属于{1,2,3}；Λ_{31} 为与 Φ_{31} 对应的磁阻；Λ_{ij} 为与 Φ_{ij} 对应的磁阻；$L_{\delta i}$ 为与 $\Phi_{\delta i}$ 相对应的漏感，漏自感；L_{ij} 为与 Φ_{ij} 相对应的结构互感，对特定的 N_i 和 N_j 来说也是互感，暂且称为漏互感，但该电感对励磁线圈 N_j 与剩下的线圈来说则是漏感。本节暂且定义与漏磁通 $\Phi_{\delta i}$ 对应的漏感均为结构漏感；N_2 励磁、N_1 和 N_3 开路时 N_1 的自感电势可比照推出，与部分通过空气的磁通对应的磁链、自感如式(3-65)、式(3-66)所示，图 3-34(a)的磁链还可表示为式(3-67)。

$$N_i\Phi_{ij} = L_{ij}i_i, \quad i,j \in \{1,2,3\} \tag{3-65}$$

$$N_1\Phi = L_{1m}i_1 + k_{12}L_{1m}i_2 + k_{13}L_{1m}i_3 \tag{3-66}$$

$$\begin{bmatrix} \psi_1 \\ \psi_2 \\ \psi_3 \end{bmatrix} = \begin{bmatrix} N_1 \\ N_2 \\ N_3 \end{bmatrix}\Phi + \begin{bmatrix} L_{11} & L_{12} & L_{13} \\ L_{21} & L_{22} & L_{23} \\ L_{31} & L_{32} & L_{33} \end{bmatrix}\begin{bmatrix} i_1 \\ i_2 \\ i_3 \end{bmatrix} \tag{3-67}$$

4) 由漏磁链导出漏感时的限定条件

由电感的静态定义 $L = \Psi/I$，可知 L 的大小等于 I 为单位值时电流回路所围面积的 Ψ；若 I 趋近于 0，虽然 Ψ 也趋近于 0，但不符合电流为单位值的限定条件，为规避 0/0 尚难以确定的困惑，特限定条件 $I \neq 0$。

由电感的动态定义 $L = \mathrm{d}\Psi/\mathrm{d}I$，可知 L 的大小等于回路中的电流变化为单位值时，在回路本身所围面积内引起的 Ψ 的改变值；若 I 为常数，虽 Ψ 也应为某常数，但不符合定义 $L = \mathrm{d}\Psi/\mathrm{d}I$ 中电流变化为单位值的限定条件，为规避 0/0 尚难以确定的困惑，特设立限定条件 $\mathrm{d}I \neq 0$；若电流 I 为常数，则可以 $L = \Psi/I$ 取代 $L = \mathrm{d}\Psi/\mathrm{d}I$。

2. 互感和自感

自漏磁通和漏互磁通的作用可以漏感的形式表现在电路中，以图 3-33 中 T_1 导通时为例，在电源、变压器周边开关器件和负载的共同作用下，记 p 为微分算子 $\mathrm{d}/\mathrm{d}t$，则可得可以得到电压方程，如式(3-68)所示。

$$\begin{bmatrix} u_1 \\ u_2 \\ u_3 \end{bmatrix} = \begin{bmatrix} r_1 & 0 & 0 \\ 0 & r_2 & 0 \\ 0 & 0 & -r_3 \end{bmatrix} \begin{bmatrix} i_1 \\ i_2 \\ i_3 \end{bmatrix} + \begin{bmatrix} M_{11} & -M_{12} & M_{13} \\ -M_{21} & M_{22} & -M_{23} \\ -M_{31} & M_{32} & -M_{33} \end{bmatrix} \begin{bmatrix} pi_1 \\ pi_2 \\ pi_3 \end{bmatrix} \tag{3-68}$$

式中，r_1、r_2、r_3 分别为 N_1、N_2、N_3 的电阻；各励磁电感为

$$M_{1\mathrm{m}} = M_{2\mathrm{m}} \tag{3-69}$$

$$M_{3\mathrm{m}} = K_{31}{}^2 M_{1\mathrm{m}} \tag{3-70}$$

各互感为

$$M_{12} = M_{21} = M_{1\mathrm{m}} + L_{12} = M_{1\mathrm{m}} + L_{21} \tag{3-71}$$

$$M_{13} = M_{31} = K_{31}M_{1\mathrm{m}} + L_{13} = K_{31}M_{1\mathrm{m}} + L_{31} \tag{3-72}$$

$$M_{23} = M_{32} = K_{32}M_{1\mathrm{m}} + L_{23} = K_{31}M_{1\mathrm{m}} + L_{32} \tag{3-73}$$

可见在式(3-71)～式(3-73)中，互感还包括了部分通过空气的漏互感。

各自感为

$$M_{11} = M_{1\mathrm{m}} + L_{11} \tag{3-74}$$

$$M_{22} = M_{1\mathrm{m}} + L_{22} \tag{3-75}$$

$$M_{33} = K_{31}{}^2 M_{1\mathrm{m}} + L_{33} \tag{3-76}$$

可见在式(3-74)～式(3-76)中，自感还包括了部分通过空气的漏自感。

3.5.3　能量的流向和所涉的漏感

1. 初级两线圈间的漏感

1)初级两线圈间的电流切换

图 3-33 中，推挽式功率变换器的输入电流 i_1 是由 N_1 和 N_2 以推挽的形式提供的；N_1 的电流又是经由 T_1 和 D_2 的，N_2 的电流则是经由 T_2 和 D_1 的，其实测电流波形、电流表达式分别如图 3-35、式(3-77)和式(3-78)所示。

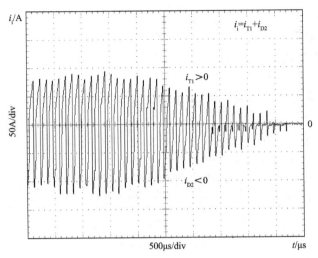

图 3-35　推挽变压器的输入电流

$$i_i(t) = i_1(t) + i_2(t) = [i_{T1}(\tau) + i_{D2}(\tau)] + [i_{T2}(\tau) + i_{D1}(\tau)] \tag{3-77}$$

$$E_0 i_i = \sqrt{2}u_o \sin \omega t \cdot \sqrt{2}i_o \sin(\omega t - \alpha)$$

$$i_i = \frac{u_o i_o}{E_0}\cos \alpha - \frac{u_o i_o}{E_0}\cos(2\omega t - \alpha) \tag{3-78}$$

次级电流 i_3 在变压器低通效应的作用下是 50Hz 的正弦波(其边沿受开关频率的影响而略带毛刺),虽初级电流在 N_1 和 N_2 两线圈之间来回切换,但初级线圈整体的电流基本上仍是 50Hz 的正弦波。

2) 初级电流切换于两线圈时的漏感

电流从 N_1/T_1 向 N_2/D_2 切换时,N_1 中磁链变化率为

$$\begin{aligned}
\frac{\mathrm{d}\psi_1}{\mathrm{d}t} &= N_1\frac{\mathrm{d}}{\mathrm{d}t}\Phi + N_1\frac{\mathrm{d}}{\mathrm{d}t}\Phi_{\delta1} - N_1\frac{\mathrm{d}}{\mathrm{d}t}\Phi_{12} + N_1\frac{\mathrm{d}}{\mathrm{d}t}\Phi_{13} \\
&= N_1\frac{\mathrm{d}}{\mathrm{d}t}\left(\frac{N_1 i_1 - N_2 i_2 + N_3 i_3}{\Lambda_{\mathrm{Fe}}}\right) + N_1\frac{\mathrm{d}}{\mathrm{d}t}\left(\frac{N_1 i_1}{\Lambda_{\delta1}}\right) - N_1\frac{\mathrm{d}}{\mathrm{d}t}\left(\frac{N_2 i_2}{\Lambda_{12}}\right) + N_1\frac{\mathrm{d}}{\mathrm{d}t}\left(\frac{N_3 i_3}{\Lambda_{13}}\right) \\
&\approx \frac{N_1^2}{\Lambda_{\mathrm{Fe}}}\left(\frac{\mathrm{d}i_1}{\mathrm{d}t} - \frac{\mathrm{d}i_2}{\mathrm{d}t}\right) + \frac{N_1^2}{\Lambda_{\delta1}}\frac{\mathrm{d}i_1}{\mathrm{d}t} - \frac{N_1^2}{\Lambda_{12}}\frac{\mathrm{d}i_2}{\mathrm{d}t} = \frac{N_1^2}{\Lambda_{\delta1}}\frac{\mathrm{d}i_1}{\mathrm{d}t} - \frac{N_1^2}{\Lambda_{12}}\frac{\mathrm{d}i_2}{\mathrm{d}t}
\end{aligned} \tag{3-79}$$

式中,Λ_{Fe} 为铁心磁阻;$\Lambda_{\delta1}$ 为 $\Phi_{\delta1}$ 磁路的磁阻;Λ_{ij} 为 Φ_{ij} 磁路的磁阻;由于 i_3 接近于正弦波,相对于 $\mathrm{d}i_1/\mathrm{d}t$、$\mathrm{d}i_2/\mathrm{d}t$ 来说,$\mathrm{d}i_3/\mathrm{d}t$ 可以忽略不计;因为 $i_{T1} = i_1$、$i_{D2} = -i_2$,所以 $\mathrm{d}|i_1|/\mathrm{d}t = \mathrm{d}|i_2|/\mathrm{d}t$。

此外还有 $N_1 = N_2$,由此可得

$$e_1 = -(L_{12} - L_{\delta1})\mathrm{d}i_1/\mathrm{d}t = -L_1\mathrm{d}i_1/\mathrm{d}t \tag{3-80}$$

$$L_1 = L_{12} - L_{\delta1} \tag{3-81}$$

$L_1 = (L_{12} - L_{\delta1})$ 为所定义的初级线圈间的有效漏感,其涉及的空间为 N_1 和 N_2,作用时间由半导体器件的开关过程来确定,约 10^{-7} 秒级,L_1 会增加开关器件的电压应力,是有害的,应加以限制,将初级两线圈并绕并适当交叉使 $L_{12} = L_{\delta1}$ 便可大大降低 e_1 和 e_2。另外,变压器的推挽式结构在设计时强调在绕制时追求对称性,因此可有 $L_{ij} = L_{ji}$、$L_{1m} = L_{2m}$、$M_{13} = M_{23}$、

$M_{12} = M_{21}$ 和 $L_1 = L_2 = L$。

显然，同理可得到 $e_2 = -(L_{21} - L_{\delta 2})\mathrm{d}i_2/\mathrm{d}t = -L_2\mathrm{d}i_2/\mathrm{d}t$。

初级两线圈间的漏感会大大地增加开关器件的电压应力，如图 3-36 所示。

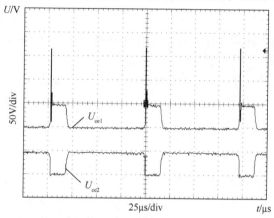

图 3-36　漏感造成的过电压

图 3-36 中提示漏感中的电流突变会造成很高的过电压：$e_1 = -(L_{12} - L_{\delta 1})\mathrm{d}i_1/\mathrm{d}t = -L_1\mathrm{d}i_1/\mathrm{d}t$ 或者 $e_2 = -(L_{21} - L_{\delta 2})\mathrm{d}i_2/\mathrm{d}t = -L_2\mathrm{d}i_2/\mathrm{d}t$。将图 3-33、图 3-36 与式(3-77)、式(3-78)相结合可以得到以下几点。

(1) 变压器输入电流 i_i 以 2 倍的工频频率在脉动，能验证与式(3-78)的表达。

(2) 图 3-33 右端为 u_o 和 i_o 方向不一致的区域，$i_{n2}(i_{D2})$ 的维持时间长于 $i_{n1}(i_{T1})$ 的维持时间，以回馈能量。

从全波考量，u_o 和 i_o 方向不一致时下式成立：

$$\left|\int_0^t i_{T1}(\tau)\mathrm{d}\tau\right| < \left|\int_0^t i_{D2}(\tau)\mathrm{d}\tau\right|, \quad \left|\int_0^t i_{T2}(\tau)\mathrm{d}\tau\right| < \left|\int_0^t i_{D1}(\tau)\mathrm{d}\tau\right|$$

i_i 积分小于零，而 $E_0 > 0$，故直流电源做负功。

(3) 输出端 u_o 和 i_o 方向一致时，$i_{n2}(i_{D2})$ 的维持时间短于 $i_{n1}(i_{T1})$ 的维持时间。

从全波考量，u_o 和 i_o 方向不一致时下式成立

$$\left|\int_0^t i_{T1}(\tau)\mathrm{d}\tau\right| > \left|\int_0^t i_{D2}(\tau)\mathrm{d}\tau\right|, \quad \left|\int_0^t i_{T2}(\tau)\mathrm{d}\tau\right| > \left|\int_0^t i_{D1}(\tau)\mathrm{d}\tau\right|$$

i_i 积分结果大于零，而 $E_0 > 0$，故直流电源做正功。

(4) 初级两线圈间的漏感会对全控开关器件的安全运行造成很大的危害，减小漏感可降低这种危害。此外，吸收电路和软开关亦可减小开关器件的电压应力，但需要知道漏感的数值。

结论： 初级电流切换过程中只需考虑两初级绕组间的漏感 $L = L_1 = L_2$，不要考虑初次级绕组间的漏感 L_3，多线圈电子变压器的漏感是动态的，其作用时间和涉及空间均与能量流向有关。

3) 初级两线圈间漏感 ≠ 两线圈电子变压器漏感

以 $N_1 \sim N_2$ 间的漏感为例，现行定义及其测算方法的物理实现是将 N_2 短路，用电桥从 N_1 两端测算，其测算结果实际为 N_1 端自漏感与 N_2 端自漏感的折算值之和：

$$L_{s12} = L'_{\delta1} + k_{12}^2 L'_{\delta2} = (L_{\delta1} + L_{31}) + k_{12}^2 (L_{\delta2} + L_{32}) = 2L_{\delta1} + 2L_{13} \tag{3-82}$$

在这种状态下，推挽变压器的交链磁通如图 3-34(b)所示，比较式(3-81)、式(3-82)可知，因 $2L_{\delta1} + 2L_{13} \neq L_{12} - L_{\delta1}$，故所得漏感不能对初级两线圈间换流时产生的过电压进行定量的推算，也不能支持吸收回路/软开关的设计。由于初级线圈间换流时次级线圈仍有电流通过，即此时推挽变压器的三个线圈都在工作，各自线圈的自漏磁通/自感都与两线圈工作时完全不同，所以通常两线圈间的漏感测算方法在此不适用。

结论：在现行两线圈电子变压器模型中定义的漏感及其测算方法不能描述推挽变压器初级两线圈间电流切换时的物理现象。

2. 初次级线圈间的漏感

1) 推挽变压器简介

图 3-33 中载波频率为 10kHz，正弦波为 50Hz，直流电压为 24V，交流电压为 220V，功率为 1000W，线圈 N_1、N_2 各为 12 匝，N_3 为 206 匝，铁心厚度为 70mm，N_1 与 N_2 并绕且为一单元以减小漏感，N_3 为另一单元，调节两单元之间的距离 δ 可改变初次级线圈间的漏感，结构如图 3-37 所示。

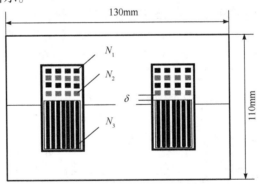

图 3-37　初次级线圈分布

综合考虑逆变器的整机功率因数，系统功率密度，器件的电压、电流应力和传递函数等因素，要求该逆变器的等效 Γ 型低通滤波器的剪切角频率 $\omega_C \approx 4000\text{rad/s}$，滤波电容 $C \approx 8\mu\text{F}$；等效滤波电感 $L \approx 6\text{mH}$，本例该电感由初次级间的漏感代替。

在全控器件 IGBT 作用下，推挽变压器有以下特点。

(1) 相对于图 3-35 的初级线圈电流波形，通过次级线圈的电流基本不变。

(2) 虽然由 N_1 和 N_2 共同构成的初级线圈电流也基本不变，但因当开关器件动作时初级电流会从一半绕组移向另一半绕组，N_1 和 N_2 中的电流均按开关频率切换，所切换电流 ΔI 的大小为工频正弦电流的瞬时值，切换时间 Δt 受器件关断时间和主回路相关电感的影响。

(3) 全控电压型开关器件导通时间约 100ns，截止时间约 200ns，每工频周期 20ms 内约有 200 个开关过程，总计开关时间约 40μs，远远小于 20ms，故能量的传输路径主要是从初级绕组到次级绕组。

(4) 不论从电源往负载馈送视在功率还是从负载往电源回馈无功功率，如果忽略持续时间较短的电力电子器件的反向恢复电流，则在推挽变压器的三个线圈中每个导通/截止时间段内都只有两个线圈在馈送/反馈能量，即 N_1 与 N_3 之间，或者 N_2 与 N_3 之间。

2) 初次级绕组间的能量传递及其所涉漏感

在图 3-33 中，$L_3 = k_{13}^2 L'_{\delta 1} + L'_{\delta 3}$，并且该有效电感 L_3 仅在初次级间能量传输时起作用，关注两初级线圈之间换流时则有 $L_3 = 0$，其中 $L'_{\delta 1}$ 为与两线圈工作条件下交链着 N_1 的漏磁通 $\Phi_{\delta 1} + \Phi'_{\delta 1}$ 相对应的漏感；$L'_{\delta 3}$ 为与交链着 N_3 的漏磁通 $\Phi_{\delta 3} + \Phi'_{\delta 3}$ 相对应的漏感。

L_3 的作用时间为器件导通给定时间与开关过程之差，其数量级本例为 10^{-4} 秒级；当 T_1 导通向负载传输能量时，L_3 所涉及的空间为 N_1-N_3，其折算值为

$$L_{s13} = L'_{\delta 1} + k_{13}^2 L'_{\delta 3} = (L_{\delta 1} + L_{21}) + k_{13}^2 (L_{\delta 3} + L_{23}) \tag{3-83}$$

此时 $L_3 = L_{s13}$，它不仅包括了相关线圈的自漏感 $L_{\delta 1}$ 和 $L_{\delta 3}$，而且包括了曾经被当作漏互感的 L_{21} 和 L_{23}，多线圈电子变压器的漏感是动态的、有作用时间和涉及空间的。同理，当 T_2 导通向负载传输能量时，L_3 所涉及的空间为 N_2-N_3，其折算值为

$$L_{s23} = L'_{\delta 2} + k_{23}^2 L'_{\delta 3} = (L_{\delta 2} + L_{12}) + k_{23}^2 (L_{\delta 3} + L_{13}) \tag{3-84}$$

此时 $L_3 = L_{s23}$，它不仅包括了相关线圈的自漏感 $L_{\delta 2}$ 和 $L_{\delta 3}$，而且包括了曾经被当作漏互感的 L_{12} 和 L_{13}，推挽变压器在设计过程中强调在绕制时采用初级两线圈并绕的手法以追求其对称性，使得 $L_{s13} = L_{s23} = L_3$。

结论：初次级间能量传输时只需考量初次级间的漏感 L_3，不需考量初级两线圈间的漏感 L_1 或 L_2；初级两绕组间电流切换时也不再考量 L_3；多线圈电子变压器漏感的作用时间和涉及空间均与能量流向强相关。

3.5.4 漏感的限制和漏感的利用

1. 漏感的限制

为顺利完成电流切换，要求 N_1 与 N_2 之间有很好的磁耦合，在主磁通一定的条件下，自漏磁通要小，而互漏磁通要适当，否则有危害：①延长换流时间；②增加器件电压应力；③延长器件开关过程导致开关过程能量消耗的增加；④增加电磁干扰(EMI)。

以电流从 N_1 与向 N_2 切换为例，N_1 中磁链变化率为

$$\frac{\mathrm{d}\psi_1}{\mathrm{d}t} = N_1 \frac{\mathrm{d}}{\mathrm{d}t}\Phi + N_1 \frac{\mathrm{d}}{\mathrm{d}t}\Phi_{\delta 1} + N_1 \frac{\mathrm{d}}{\mathrm{d}t}\Phi_{12} + N_1 \frac{\mathrm{d}}{\mathrm{d}t}\Phi_{13}$$

$$= N_1 \frac{\mathrm{d}}{\mathrm{d}t}\left(\frac{N_1 i_1 + N_2 i_2 + N_3 i_3}{\Lambda_{\mathrm{Fe}}}\right) + N_1 \frac{\mathrm{d}}{\mathrm{d}t}\left(\frac{N_1 i_1}{\Lambda_{\delta 1}}\right) + N_1 \frac{\mathrm{d}}{\mathrm{d}t}\left(\frac{N_2 i_2}{\Lambda_{12}}\right) + N_1 \frac{\mathrm{d}}{\mathrm{d}t}\left(\frac{N_3 i_3}{\Lambda_{13}}\right) \tag{3-85}$$

图 3-33 中 i_3 接近于正弦波，相对于 $\mathrm{d}i_1/\mathrm{d}t$、$\mathrm{d}i_2/\mathrm{d}t$ 来说，$\mathrm{d}i_3/\mathrm{d}t$ 可以忽略不计，所以右边第 4 项可忽略不计；考虑到续流电路的存在，$i_1 + i_2 = I_0 = \mathrm{const}$，$N_1 = N_2$，所以右边第 1 项也可以忽略不计，这样便可得到

$$\frac{\mathrm{d}\psi_1}{\mathrm{d}t} \approx N_1 \frac{\mathrm{d}}{\mathrm{d}t}\frac{N_1 i_1}{\Lambda_{\delta 1}} + N_1 \frac{\mathrm{d}}{\mathrm{d}t}\frac{N_2 i_2}{\Lambda_{12}} = L_{\delta 1}\frac{\mathrm{d}i_1}{\mathrm{d}t} + L_{12}\frac{\mathrm{d}i_2}{\mathrm{d}t} \tag{3-86}$$

N_1 的电势 e_1 为其自感电势 e_{11} 与 N_2 的互感电势 e_{12} 之和，即

$$e_1 = e_{11} + e_{12} = -\left(L_{\delta 1} \frac{\mathrm{d}i_1}{\mathrm{d}t} + L_{12} \frac{\mathrm{d}i_2}{\mathrm{d}t} \right) = -(L_{\delta 1} - L_{12})\frac{I_0}{\Delta t} \tag{3-87}$$

式中，I_0 为换流前 N_1 中的电流。式(3-87)说明：

(1) 减小线圈自漏感 $L_{\delta 1}$ 或调节 N_1 和 N_1 间的互感 L_{12} 均可减小电流切换时产生的过电压。

(2) 当 $L_{\delta 1} - L_{12} = 0$ 时，可使 e_1 为 0。

(3) 当达到 $L_{12} - L_{\delta 1} = L_{器件} + L_{线路}$ 的理想状态时，可使电流切换时产生的电压应力增量为 0。

用 N_1/N_2 两线并绕的手法可增加 L_{12}，在绕制线圈时改变中途换位点可使得 $L_{\delta 1} \approx L_{\delta 2}$，即上述第(1)点是不难做到的，但第(2)、(3)点则更是值得追求的，须反复地测算、调整。

漏感的抑制是尽可能地减小漏感，比较容易实现。

2. 漏感的利用

从式(3-63)、式(3-64)可知，如果磁阻一定，则某线圈漏感与其匝数成正比，因为所用推挽变压器的升压比 $k_{31} = k_{32} = N_3/N_1 > 17$，所以可将变压器与电感器磁集成在一起，把初次级间的漏感当作低通滤波器的线性电感。

初次级间能量传输时也不再考量图 3-33 的 L_1 或 L_2，仅考量 L_3 即可，L_3 的作用时间为器件导通给定时间与开关过程之差，其数量级本例为 10^{-4} 秒级；当 T_1 或 T_2 导通向负载传输能量时，L_3 所涉及的空间分别为 N_1-N_3 或 N_2-N_3，其折算值分别如式(3-83)和式(3-84)所示。

本例推挽变压器为同心绕组结构，如式(3-33)所示，调整初次级间绕组的位置可改变初次级间漏感的大小，若把该漏感当作逆变器用 LC 低通滤波器中的电感器 L，则可减小变压器体积，也是对客观存在的变压器漏感的合理利用。利用漏感作为低通交流滤波器需要将漏感的值域把控在一定的范围内。

参 考 文 献

[1] 麦克斯韦. 电磁通论[M]. 戈革, 译. 北京: 北京大学出版社, 2019.

[2] ULABY F T, MICHIELSSEN E, RAVAIOLI U . 应用电磁学基础[M]. 邵小桃, 等译. 北京: 清华大学出版社, 2016.

[3] 汤蕴璆. 电机学[M]. 5 版. 北京: 机械工业出版社, 2014.

[4] 张占松, 蔡宣三. 开关电源的原理与设计(修订版)[M]. 北京: 电子工业出版社, 2004.

[5] VAN DEN BOSSCHE A, VALCHEV V C. Inductors and transformers for power electronics[M]. New York: Taylor & Francis, 2005.

[6] MCLYMAN C W T. Tansformers and inductor design handbook[M]. 3rd ed. Colifornia: Kg Magnetics, Inc. , 2004.

[7] HURLAY W G, WÖLFLE W H. Transformers and inductors for power electronics: theory, design and applications[M]. Chichester: John Wiley & Sons, Ltd. , 2013.

[8] 王全保. 新编电子变压器手册[M]. 沈阳: 辽宁科学技术出版社, 2007.

[9] 王瑞华. 脉冲变压器设计[M]. 2 版. 北京: 科学出版社, 1996.

[10] 電気学会, 電気工学ハンドブック[M]. 6 版. 東京: 電気学会, 2001.

[11] 電気学会, 電力用磁気デバイスの最新動向[R]. 電気学会技術報告, 第 1274 号, 2012.

[12] 伍家驹, 刘斌. 逆变器理论及其优化设计的可视化算法[M]. 2 版. 北京: 科学出版社, 2017.

[13] 伍家驹, 李晨, 施红军, 等. 旋阀结构可变电感器的概念与硬件实现[J]. 中国电机工程学报, 2016,

　　　　36(22): 6262-6268.

[14] 伍家驹, 铁瑞芳, 刘斌, 等. 平均脉冲磁导率和交流电感器设计的可视化[J]. 中国电机工程学报, 2015, 35(10): 2607-2616.

[15] 伍家驹, 杉本英彦, 余达祥, 等. 一种间接测算推挽变压器漏感的新方法[J]. 中国电机工程学报, 2005, (23): 129-137.

[16] 伍家驹, 刘桂英, 陈琼, 等. 推挽变压器的一种外特性模型[J]. 电工技术学报, 2011, 26(3): 123-128.

[17] 伍家驹, 杉本英彦. 一种用于推挽式电压型逆变器的低损耗无源吸收电路[J]. 中国电机工程学报, 2006, 26 (11): 93-101.

[18] 伍家驹, 刘杰, 刘浩广, 等. SPWM 逆变器用推挽变压器漏感的时空属性[J]. 中国电机工程学报, 2017, 37(17): 5143-5152, 5234.

第 4 章　电磁参数的测算方法

磁性器件的电磁能量变换是在分布参数构成的电磁场内进行的，可以用 Maxwell 方程来加以描述，但是，在工程应用和优化设计中又常常将场映射成电磁路，以简化分析，电感(含各种励磁电感和漏感)便是一种集中等效参数，能够将磁性器件磁场的能量变化映射到电路中[1-5]。

难点一： 铁磁质是变压器、电感器的关键构成，其多值非线性使得磁性元器件的磁性参数测算远较电路参数测算困难，因此各种电感量的测算既不能回避，又令人困惑。

难点二： 无功功率不仅是交流电路的一种电磁现象，也是重要的技术指标，通常是通过提取正弦电压信号和正弦电流信号并判断两者之间的相位差来测算的。但是，相控整流电路对交流电的控制正是在正弦波内进行的，从而改变了电压、电流的相位差，也使得相控整流电路的无功功率测算变得异常困难。整流变压器在相控整流电路中起到改变电压，隔离交、直流回路的重要作用，其无功功率的测算亦是不可回避的。

本章讨论了电感量的测算方法和漏感量的测算方法，讨论了纯阻负载、反电势负载和阻感负载下的无功功率测算方法。

4.1　电感量的测算

磁性器件在实际工况下的电感量对电气设备的性能有着至关重要的影响，按优化设计所得数据制造出来的磁性器件必须经过电感量的测算。本节所讨论的电感量指的是含铁心的磁性器件所具有的电感量，在数值上与对绕组中铁心磁导率强相关，然而从铁磁质的 *B-H* 曲线可以看出铁心的磁导率具有多值非线性，且与直流偏磁、磁场强度和磁感应强度的变化趋势有关[6, 7]。

4.1.1　电桥直接法和测算间接法

1. 用 LCR 电桥直接测算

在被测磁性器件完全断电的状态下，用 LCR 电桥按实际工作状况进行调整测算频率等操作，LCR 电桥便可以直接读出电感量和 *Q* 值，如图 3-28 所示。

由于 LCR 电桥的原理是由内部的仪用正弦振荡器来作为激励电源，并计算电感量，而激励电源的功率很小，故只能围绕着 *B-H* 回线零点附近的 $\Delta B / \Delta H$ 变化，把磁特性换算成电压、电流及其相位差来进行计算，而实际工况下的 *B-H* 曲线是多值非线性且远离零点的，因此，直接测算时所显示的数值仅仅是零点附近的电感量，或者是被测磁性器件主磁路部分通过空气时的电感量，并不是实际工况下的电感量。

2. 由电压电流间接测算

将被测磁性器件接于频率 f 的正弦交流电路中，通过两端电压有效值 U、其中电流有效值 I 来计算出感抗 $X_L = U/I$，进而再根据 $X_L = 2\pi f L$ 计算出电感量 L。

在铁心电感器中，受如图 3-14 所示的 B-H 曲线所制约，当被测磁性器件的激励为正弦电压源时，其电流为非正弦波，当被测磁性器件的激励为正弦电流源时，其两端电势为非正弦波，而非正弦波是不能直接用有效值来进行计算的。也就是说，该方法实施的前提条件是磁性器件的两端电压/势和其中的电流都是正弦波。

4.1.2　直流偏置和测算方法

1. 直流偏置

交流电路使用的电感器都为交流电感器，其电感铁心中只存在交变磁场，属于双向磁化。而对于在直流状态下的直流电感器，或者有直流分量的电感器，由于直流磁化的作用，电感铁心中除存在交变磁场外，还存在着稳态磁场，处于单向磁化状态或者部分单向磁化状态。施加到电感磁芯的磁场强度可以表示为

$$H = \frac{0.4\pi NI}{l_m} \tag{4-1}$$

式中，N 为匝数；I 为电流，A；l_m 为磁芯中的磁路长度，cm。随着直流的大小不同，其稳态磁场的强度不同，磁通也不同。

当电感器中的电流仅有交流无直流时，其工作区域在 B-H 曲线的 Ⅰ～Ⅲ 象限，属于双向磁化状态，铁心磁导率为 $\mu_1 = \Delta B_1 / \Delta H_1$；而当该电感器中有直流流过时，由于直流偏置，磁芯工作在单向磁化状态，其工作区域远离 B-H 曲线的零点附近，铁心磁导率为 $\mu = \Delta B_2 / \Delta H_2$；由于 $\Delta H_1 \approx \Delta H_2$，$\Delta B_2$ 比 ΔB_1 小，即在相同情况下，电感在直流工作条件下的值比在交流工作条件下小。

同样的电感器，随着工作环境不同，其电磁参数亦可能有很大的不同。

图 4-1(a)为 LC 低通无源滤波器中的电感器位于交流侧的单相整流器，图 4-1(b)为与之对应的 B-H 曲线。

图 4-2(a)为 LC 低通无源滤波器中的电感器位于直流侧的单相整流器，图 4-2(b)为与之对应的 B-H 曲线。

显然，电感器位于交流侧时工作于第 Ⅰ～Ⅲ 象限，电感量大且不易饱和；而电感器位于直流侧时工作于第 Ⅰ 象限，电感量小且容易饱和；可见在设计磁性器件本体时，要特别关注其实际工作状况。铁心的磁导率不同，电感量也就不同。

2. 电感量测算方法

图 4-3 为直流电感量测算原理接线图。

线圈 B 为被测滤波电感线圈，线圈 A 是与 B 匝数相等的偏置线圈，在测算过程中，I_A 应与实际工作中的直流分量相等(如取 $I_A = 10A$，测算频率取 100Hz)。此时 LCR 电桥测算

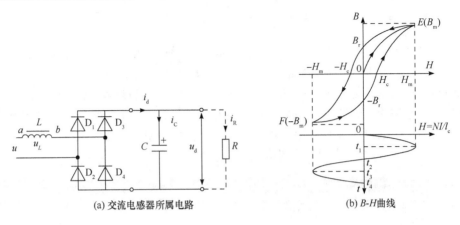

图 4-1 带交流电感器的整流器

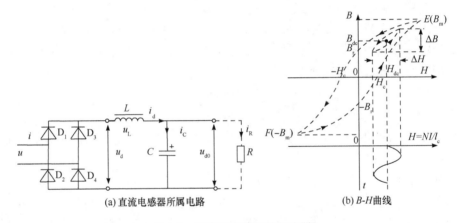

图 4-2 带直流电感器的整流器

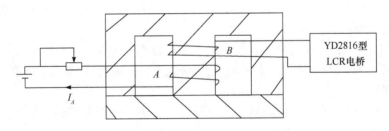

图 4-3 直流电感量测算原理接线图

的电感量即为电感量在直流磁化下的实际值。

如果直流偏置较大,可以采用如图 4-4 所示电路来测算实际工况下的电感量,R 是用来调节直流的可调电阻(也可以通过改变电压 u_d 来调节电流)。

常用的 LCR 电桥由于其测算的电压低、电流小,故仅能反映零点附近的 $\Delta B / \Delta H$,因此,不能直接用最常见的 LCR 电桥来测算直流电感量。

YD2816 型 LCR 电桥输出的交流电压为 3.8V,为使电感工作在直流状态下,使 L 和 C 的值足够大,使电感的纹波电压峰值远小于 3.8V,电阻 R 为 8.7Ω,C_1 为 6000μF,通过

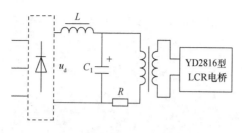

图 4-4　实际电感量测算示意图

三相调压器调压，整流输出后，使得电阻 R 上的直流电压为 87V，测得电感的纹波电压峰值为 0.087V，则电感流过的电流为 10A。此时，电桥直接测算的电感量为在直流偏置、单向磁化区域下的电感量。在图 4-5 中，由于电感 L、电容 C_1、电阻 R 构成一个回路，电桥测得的电感量并不是直流电感量 L，从电感两端看，其测得值为电阻与电容串联，再与电感并联后总的电感量 l，如式(4-2)所示，直接测算电路如图 4-5 所示。

$$X_l = (X_{C_1} + R) // X_L \tag{4-2}$$

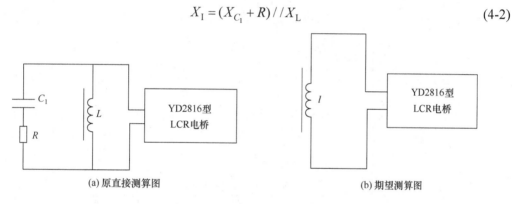

(a) 原直接测算图

(b) 期望测算图

图 4-5　直流电感量直接测算电路

根据式(4-2)和直流等效测算电路，可得到直流电感量 L 与回路总电感量 l 的关系，即

$$l = \frac{\omega^2 R^2 C_1^2 L + (1 - \omega^2 L C_1) L}{(1 - \omega^2 L C_1)^2 + (\omega C_1 R)^2} \tag{4-3}$$

3. 测算实例

对于某被试电感器的测算，若直接用 YD2816 型 LCR 电桥，即交流测算法，测得 7.1mH 为交流下的电感量；而采用图 4-3 的方法(即直接测算法)测的电感量为回路总电感量，测得 3.5mH，再通过式(4-3)所算得的值才为直流电感量，为 4.1mH。

该电感器用于输出电流为 10A、输出电压为 230V 的单相全桥整流滤波电路中，所得实验和仿真波形分别如图 4-6、图 4-7 所示。

仿真中该电感器的参数设为 4.1mH，由参数之间的关系，可以得出该电感器在单相全桥整流滤波电路当中的值接近 4.1mH，与本方法(直流电感直接测试)测得的直流电感器值相吻合。

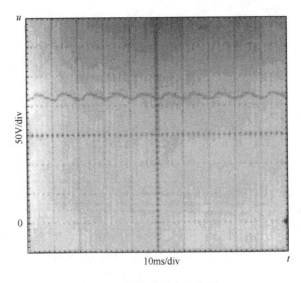

图 4-6　负载电压实验波形

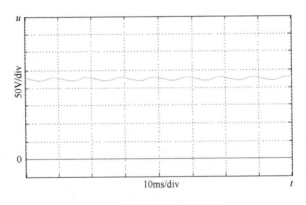

图 4-7　负载电压仿真波形

4.2　漏感量的测算

　　虽然漏感对应的漏磁通部分通过空气,呈线性态,但是漏感/漏磁通具有时空属性,即具有持续时间和涉及空间,在测算时也必须充分考量,漏感的测算方法与励磁电感的测算方法不能互相取代。本节只讨论推挽变压器和漏磁通分离、两初级绕组间的换流漏感和初次级绕组间的滤波漏感的测算方法。

4.2.1　推挽变压器和漏磁通分离

　　(1) 漏自感和漏互感:在图 3-34(a)中,若三绕组变压器部分通过空气的磁通仅交链着某一个线圈,则与该磁通相对应的电感称为漏自感;若三绕组变压器部分通过空气的磁通交链着某两个线圈,则与该磁通相对应的电感可称为漏互感。当三绕组变压器仅有两个绕组工作时,比较图 3-34(a)、(b)可知,部分通过空气的交链磁通将发生变化,与其对应的漏自感和漏互感也将随之发生转换。

(2) 漏感的等效和漏感的分离：通常漏感测算过程中还要分别取推挽变压器的一个绕组进行 $3C_1$ 次测量，考虑极性后分别取两个绕组串联后进行 $2×3C_2$ 次测量和取三个绕组串联后进行 $3P_3$ 次测量，试图利用诸总电感的表达式来分离三绕组变压器的诸漏感 $L_{\delta i}$、L_{ii} 和 L_{ij}，由于独立方程的个数总是少于未知数的个数，再加上令某个绕组的漏感等于零的假设不符合图 3-34 的变压器结构，所以图 3-33 所示的漏感 L_1、L_2 和 L_3 的量化很难实现。显然，在此基础上再根据分离后的诸漏感和诸漏互感来计算初级两绕组之间的电感 $L_{\delta 1}$-L_{12} 及 $L_{\delta 2}$ - L_{21} 也是同样很难实现的，没有必要拘泥于描述瞬态过程的漏磁通变化，以等效漏感取代即可。

(3) 开关状态和漏磁通流向：将传统定义的漏感用于推挽变压器时，存在着两大问题。其一是物理意义并不明确，漏磁通是相对于主磁通的，漏感对应的是漏磁通，然而，半导体开关器件截止、导通的状态转化改变着电路拓扑，也就改变着能量的流向和主磁通的流向，进而改变着漏感和漏磁通。其二是难以分离，开关器件的通断状态改变着诸主漏磁通，三个线圈的存在使得两两相交的磁通存在着主磁通和漏磁通的相互转换，并且二者难以分离。

(4) 涉及空间和持续时间：初次级绕组间低通滤波特性以及初级线圈间的换流效应都与构成 L_1、L_2、L_3 的部分电感有关，而这三个集中等效电感又难以分离。为此应该退而求其次，关注在额定工况下诸漏感对电路的综合外在影响，进而定义出等效漏感 $L_1=L_{\delta 1}$-L_{12}，$L_2=L_{\delta 2}$-L_{21}，并按实际情况规定在此所定义的等效电感 L_1 和 L_2 仅在初级两绕组之间换流时起作用，由于推挽变压器在设计时强调在绕制时追求对称性，故在仅仅关注初次级间能量传输时，有 $L_1 = L_2 = 0$。

4.2.2　初级线圈和换流漏感

图 3-36 展示了在无吸收回路的条件下初级两线圈间换流时的尖峰电压 $e_{ce1} = u_{ce}$，在全控开关器件截止过程中有较大的过电压，该电压可表示为

$$e_{ce1} = -\{(L_{\delta 1}-L_{12})+L_T+L_L\}I_0/\Delta t \tag{4-4}$$

式中，L_T 为器件内电感，可以通过查阅厂家说明书获得；L_L 为主回路相关部分电感，可通过计算或测量获得；Δt 为器件截止时间，可根据 IGBT 驱动电压的 U_{ge} 确定，亦可通过查阅厂家说明书获得或从示波器上读出；知道换流前 N_1 中的电流 I_0，测出未加吸收回路时的发射极对集电极电压 u_{ce}，即 Ldi/dt，这样初级两线圈间的换流等效漏感 $L_1 = L_{\delta 1}$-L_{12} 也可求出。为获取接近实际工作状况下的等效参数，应在次级带负载的条件下测量 u_{ce}，为防止器件上过压，应逐步加大负载电流和直流电压。

实验时的有关参数为：直流电源电压 $E = 24V$，$I_0 = 20A$，$L_T = 20nH$，$L_L = 180nH$，而截止时间 $\Delta t = 250ns$，$u_{ce} = e_{ce} = 170V$，亦可从图 3-36 读出，将它们代入式(4-4)即可得到 $L_1 = L_{\delta 1}$-$L_{12} = 1.9\mu H$，即初级两线圈间的换流等效漏感 $L_1 = 1.9\mu H$。

初级线圈另一个绕组的换流等效漏感 $L_{\delta 2}$-L_{21} 亦同，在绕制和调整时追求对称的效果可以使得 $L_{\delta 1}$-$L_{12} \approx L_{\delta 2}$-$L_{21}$，即 $L_2 = 1.9\mu H = L_1$。

4.2.3　初级次级和滤波漏感

图 3-33 所示的推挽变压器是在 SPWM 激励下工作的，变压器阶跃响应前沿等效电路如图 4-8 所示，其中 U_i 为输入电压，U_o 为输出电压，L_s 为折算到初级的漏感，R_1 为折算到初级的线圈电阻，U'_o 为折算到初级的输出电压，R'_3 为折算到初级的负载电阻，C_s 为折算到次级的综合电容；$k_{13} = N_1/N_3$，$R'_3 = k^2_{13} R_3$，$U'_o = k_{13} U_o$，综合考虑逆变器的开关频率、输出工频、整机功率因数，系统功率密度，器件的电压应力、电流应力和传递函数等因素，要求该逆变器的 Γ 型低通滤波器的剪切角频率 $\omega_C \approx 4000\ \text{rad/s}$、滤波电容 $C \approx 8\mu\text{F}$ 和额定负载 $R = 48.4\Omega$，可以算得滤波电感 $L \approx 6\text{mH}$。

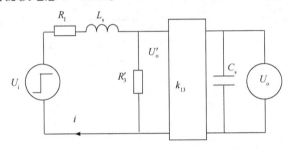

图 4-8　变压器阶跃响应前沿等效电路

虽然用阶跃电压亦可较精确地测算出实际推挽变压器的初次级绕组间的滤波漏感，但是实验准备和数据计算都有较大的工作量。注意到漏感是与部分通过空气的漏磁通相对应的，受铁心多值非线性的影响不大，现将用阶跃响应求解法和用 LCR 电桥进行直接测算所得结果列表，如表 4-1 所示。

表 4-1　测算结果比较

阶跃响应求解		LCR 电桥直接测算
L_1	1.9H	N_1 短路，N_2 测量：3.0μH(50Hz)；2.3H(10kHz)
L_2	1.9H	N_2 短路，N_1 测量：2.9μH(50Hz)；2.2H(10kHz)
L_3	6.2mH	N_1 短路，N_3 测量：13.0mH(50Hz)；8.8mH(10kHz)

阶跃响应求解法与 LCR 电桥直接测算法所得结果有差异，且后者的测算结果与所用测算频率有着很大的关系(表 4-1 仅以工频和开关频率为例)。

4.3　无功功率的测算

无功功率是衡量交流系统电能传输贡献率、设备做功能力和电能利用率的重要物理量，尽管 IEC 和 IEEE 都集百年来百家研究成果之大成发布了相关标准，但是无功功率理论至今仍尚无定论。相控整流器用途广泛，但它即使带纯阻负载，也会含无功分量，导致网侧功率因数较低，而现行功率理论对该现象却仍然具有不适应性，其常被作为现行功率理论不具普遍性的典型案例。近来虽有 PFC 出现，但在大功率和常规整流器上仍采用相控的形式。整流变压器在 AC-DC 变换中起着改变电压和隔离交、直流回路的关键作用，其初级电压、电流等信息还常被采集用作无功功率计量。本节对纯阻负载、反电势负载和阻感负载下的单相相控整流电路进行了分析，基于网侧电压、电流绘出三维 Lissajous 图及其投影分图，并通过其投影来解析瞬时有功和无功功率，以计算三角形实际有效面积来计算无功功率。该方法具有简捷且实时的效果，可应用于相控整流电路的无功辨识和无功补偿[8, 9]。

4.3.1　半波整流电阻负载和无功功率图解法

1. 单相半波相控整流的功率分析

1) 网侧和阀侧的波形特点

(1) 网侧和阀侧电流波形都是部分时间段幅值缺失的正弦波；

(2) 阀侧电压、电流同相位，都是部分幅值缺失的正弦波，电压、电流瞬时值之比为常数电阻；

(3) 网侧电压为标准正弦波，而阀侧电压为部分时间段幅值缺失的正弦波，从网侧看为非线性负载，从阀侧看为线性负载。网侧功率角滞后呈感性，功率因数与开关器件导通角相关。

2) 无功分量的表达

假设交流电源与负载之间存在着等效电感，并以该等效电感两端的电压 $v(t) = V_m\cos\omega t$ 和其中的电流 $i(t) = I_m\sin\omega t$ 来表达其磁场能量流的存储或释放。因这两个物理量满足正交的条件，故在 v-i 平面图上的轨迹是封闭曲线的广义椭圆。

伪无功功率：因纯电阻本身不占有瞬时无功功率，故纯阻负载相控整流电路阀侧电流瞬时值与阀侧电压呈线性关系；而在其网侧，因电压为正弦波，电流为残缺正弦波，故呈非线性关系，属于感性负载，且功率因数较低。据此，可认为交流电能从电源传输到整流器时，其近旁电磁空间具备电感的特性。若不拘泥于该电感的等效数值，仅强调电感电流和电压的相位关系，则可借助于纯电感无功功率来表达交流纯阻负载电路的电磁能量交换现象。

定义 4-1　先将网侧电压 $v(t)$ 移相 90° 为 $u(t)$，再与网侧电流 $i(t)$ 相乘，所得面积 ui 所示的功率为伪无功功率 $Q_f = Q_f^+ + Q_f^-$。

储能时 $Q_f > 0$，为 Q_f^+，释放能量时 $Q_f < 0$，为 Q_f^-，整半周期内的伪无功功率 $Q_f = Q_f^+ + Q_f^-$；因 [ui] 是功率量纲，其闭路积分面积再除以无量纲积分区间大小 2π，即 Q_f 与 2π 的商，为基波无功功率 Q_1；当 $u(t)$、$i(t)$ 均是正弦波时，在 Lissajous 图上的轨迹也是椭圆，其面积是 $i(0) \rightarrow i(t)$ 的周期内磁场能量流之和，即磁场储能能力；整周期内伪无功功率即是基波无功功率(单位为 var)：

$$Q_1 = \frac{Q_f(\text{Area})}{\omega T} = \frac{1}{2\pi}\left|\oint u(t)\mathrm{d}i(t)\right| = \frac{V_m I_m}{\omega T}\left|\int_0^t \cos\omega\tau\mathrm{d}\sin\omega\tau\right| \tag{4-5}$$

Q_1 等于整周期 $\mathrm{d}Q_f = u(t)\mathrm{d}i(t)$ 的积分面积的平均值 $Q_f/2\pi$，显然无功功率随积分上限 t

即视其导通角而异，当 $t = T$ 时，$Q = 0.5V_mI_m$，与基于纯电感 L 的电流及其两端电压的计算相同：

$$Q = \max\{v(t)i(t)\} = 0.5V_mI_m\sin\pi/2 \tag{4-6}$$

至此，已在某种程度上与传统功率理论保持一致。另外，伪无功功率的瞬时值为

$$q_f(t) = V_m\cos\omega t \cdot I_m\sin\omega t = 0.5V_mI_m\sin2\omega t \tag{4-7}$$

$0.5V_mI_m$ 既是直角三角形面积，也是正弦波幅值。Q_f 的数值只需进行简单算术运算即可得到。

伪无功能力：纯阻负载的单相半波相控整流电路因正、负半周期不对称凸显了功率分析中的特殊性。当正弦电流通过理想电感时，i、u、无功功率 Q_f 和无功能量 w_L 间的相位关系如图 4-9 所示。

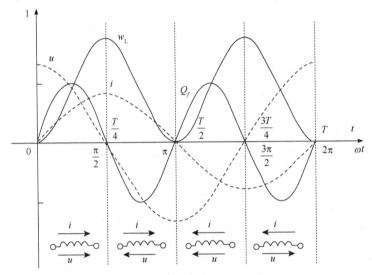

图 4-9　瞬时无功功率和磁场能量

对 $w_L(t)$ 的积分为能量流，为求简捷，拟以计算三角形面积来取代积分运算，并有以下定义。

定义 4-2　在网侧电压正半周期内，正伪无功功率 Q_f^+ 减去负伪无功功率 Q_f^- 之差在所属电角度 π 中的平均值为伪无功能力 Q_a^+；若关注负半周期内，则负伪无功功率 Q_f^- 减去正伪无功功率 Q_f^+ 之差在所属电角度 π 中的平均值为伪无功能力 Q_a^-，即

$$Q_a^+ = (Q_f^+ - Q_f^-)/\pi \tag{4-8}$$

$$Q_a^- = (Q_f^- - Q_f^+)/\pi \tag{4-9}$$

显然，因 $Q_f^+ > 0$，$Q_f^- < 0$，故 $Q_a^+ > 0$，$Q_a^- < 0$；同理，Q_a 的计算只需进行简单的算术运算。

3) 有功分量的表达

为满足三维图形中三个自变量彼此正交的必要条件，应构筑除上述 $v(t)$、$i(t)$ 外的第三个自变量。由电磁感应定理可知，通过对 $v(t)$ 积分可以得到与 $v(t)$ 正交的磁通 $\Phi(t)$，这样 $i(t)$ 和 $\Phi(t)$ 便也可形成 Φ-i 平面，两者的合成轨迹也是周期运动，也为封闭曲线的广义椭圆。

电压为 $v(t) = V_m\cos\omega t$(V)，电流为 $i(t) = I_m\cos\omega t$(A)，与 $v(t)$ 对应的磁通(Wb)为

$$\Phi(t) = \int_0^t v(\tau)\mathrm{d}\tau = \Phi_m\sin\omega t = \frac{V_m}{\omega}\sin\omega t \tag{4-10}$$

以 $i(t) = I_m\cos\omega t$ 为纵轴，以 $\Phi(t) = (V_m/\omega)\sin\omega t$ 为横轴，两者量纲和单位虽不相同，但其合成轨迹也是周期运动的，用平面图表示如图 4-10 所示。

因为横轴、纵轴的量纲和单位均不同，若不在几何视觉效果上刻意追求作圆，则将所得图形归类于广义的椭圆更具有普遍性。

图 4-10 中椭圆面积(Area)可表达为周期 T 内电阻所耗散的能量；$i(t)\Phi(t)$ 的量纲就是 $[I][L^2MT^{-2}I^{-1}]$ 功率的量纲 $[L^2MT^{-2}]$，故该面积再除以周期 T，所得商的量纲 $[L^2MT^{-3}]$ 为功率的量纲，在数值上为平均有功功率：

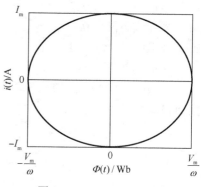

图 4-10 Φ-i Lissajous 图

$$P = \frac{\text{Area}}{T} = \frac{1}{T}\int_0^T i(t)\mathrm{d}\Phi(t) = \frac{1}{T}\int_0^t v(\tau)i(\tau)\mathrm{d}\tau \quad \text{(W)} \tag{4-11}$$

可见椭圆面积和有功功率均随积分上限 t 的增加而增加，即有功功率与控整流电路的导通角成正比；当 $t = T$ 时，$P = 0.5V_mI_m$，所得功率与用有效值表示的常规计算方法 $P = VI$ 的结果相同。

4) 交流纯电阻负载的伪无功功率和伪无功能力

当交流电向纯电阻负载传输能量时，伴随着瞬时伪无功功率和瞬时伪无功能力。

(1) 若在正、负半周期内有大小相等、方向相反的伪无功功率 Q_f^+ 和 Q_f^-，即 $|Q_f^+| = |Q_f^-|$，则伪无功功率对外不彰显为基波无功功率 Q_1。

(2) 若在周期内存在着大小相等、方向相反的伪无功能力 Q_a^+ 和 Q_a^-，即 $|Q_a^+| = |Q_a^-|$，则伪无功能力对外不彰显为无功功率。

(3) 因 Q_f^+ 和 Q_f^-、Q_a^+ 和 Q_a^- 总能正负抵消，故伪无功能力并不彰显为无功功率，但是由于伪无功功率和伪无功能力总是伴随着交流电的能量传输，所以会降低网侧设备最大能力的实际利用率。

直流供电再次兴起，网侧设备最大输出能力的实际利用率较低是交流供电的缺点之一。

2. 三维综合图

定义 4-3 由在互相垂直的方向上的三个同周期的相关波形所综合的规则且稳定的封闭曲线叫三维综合图。

因纯电阻负载的单相半波相控整流的网侧电流、阀侧电压和阀侧电流均为残缺正弦波，且与电路结构、触发角和负载性质等密切相关，故考量控制角 $\alpha \in (0, \pi)$，可将周期 2π 内的电流 $i(t, \alpha)$ 表达为：$i(t) = (V_m/R)\sin\omega t$，$\omega t \in (\alpha, \pi)$；$i(t) = 0$，$\omega t \in (0, \alpha)$ 或 $\omega t \in (\pi, 2\pi)$。

1) 导通角 $\theta = 180°$、$\theta = 135°$ 时的三维综合图

算例电压为工频 220V，电阻为 10Ω，参照前述处理方式得：电压 $u(t) = 311\cos100\pi t$，

电流 $i(t) = 31.1\sin100\pi t$，$\Phi(t) = 0.99\sin100\pi t$，且三者彼此正交。$\theta = 180°$时，$u(t)$、$\Phi(t)$和 $i(t)$的合成轨迹及其在 $\Phi\text{-}i$ 面和 $u\text{-}i$ 面上的投影如图 4-11 所示。图中 t_0 为导通角的起始点，$t_0 \sim t_3$ 和 t_1' 为导通期间的特殊时间节点；图(b)的面积为功，再除以 T 即为平均有功功率；图 4-11(c)的实有"面积"为两"面积"之代数和，再除以无量纲的 2π 即为平均无功功率(下同)；$\theta = 135°$时，$u(t)$、$\Phi(t)$和 $i(t)$的合成轨迹及其投影如图 4-12 所示，可见逻辑上有(图 4-11)⊃(图 4-12)。

图 4-11 提示：

(1) 在式(4-11)中的积分上限为 $T/2$ 时，得 T 内平均有功功率 $P=2.42$kW，与基于图 4-11(b)的面积算法相同。

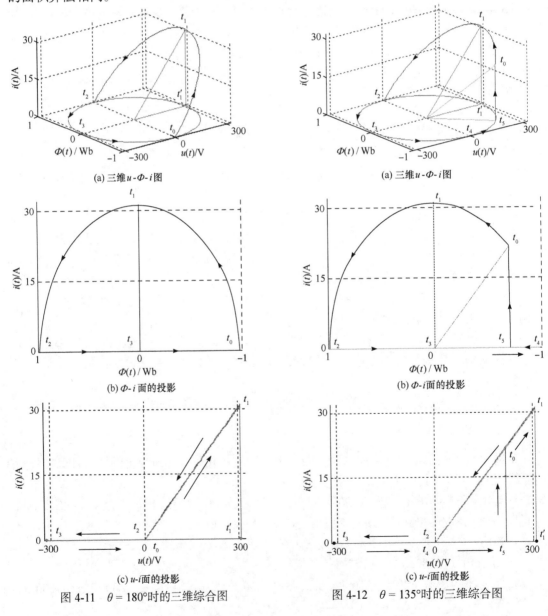

图 4-11　$\theta = 180°$时的三维综合图　　　图 4-12　$\theta = 135°$时的三维综合图

(2) 求 $t_0 \sim t_1$ 的 $\triangle t_0 t_1 t_1'$ 面积，因为 $di/dt > 0$, $di > 0$, $u > 0$, 所以 $dQ_{f01} = udi > 0$, 伪无功功率 Q_f 也可用三角形面积来求，$Q_{f01} = 0.5 U_m I_m = 0.5 \times 311 \times 31.1 = 4.84 (kvar) = Q_f^+$。

(3) 求 $t_1 \sim t_2$ 的 $\triangle t_1 t_2 t_1'$ 面积，因为 $di/dt < 0$, $di < 0$, $u > 0$, 所以 $dQ_{f12} = udi < 0$, 与 Q_f 对应的三角形面积为 $Q_{f12} = -0.5 U_m I_m = -0.5 \times 311 \times 31.1 = -4.84 (kvar) = Q_f^-$。

(4) 基波无功功率 $Q_1 = (Q_f^+ + Q_f^-)/2\pi = 0$。

(5) $Q_a^+ = (Q_f^+ - Q_f^-)/\pi = (4.84 + 4.84)/\pi = 3.08 (kvar)$。

(6) 若展现图 4-11 的 $i < 0$ 的部分，可表达导通角 $\theta = 360°$ 的瞬时 P 和 Q_f, 与 Q_a^+ 对应的负伪无功能力为 $Q_a^- = (Q_f^- - Q_f^+)/\pi = (-4.84 - 4.84)/\pi = -3.08 (kV \cdot A)$。

(7) 因 Q_a^+ 和 Q_a^- 相抵消，故交流纯阻负载的 Q_a 并不彰显成为无功功率；因 Q_f 和 Q_a 参与交流电的能量传输，Q_f^+ 和 Q_f^-、Q_a^+ 和 Q_a^- 总能正负抵消，故伪无功能力并不彰显成为无功功率。

图 4-12 提示：

(1) 在式(4-11)中的积分上限为 $3T/8$, 得周期 T 内平均有功功率 $P = 2.20 kW$, 与基于图 4-12(b)的面积算法所得到的平均有功功率相同。

(2) 求 $t_0 \sim t_1$ 的四边形 $t_0 t_1 t_1' t_5$ 面积，因为 $di/dt > 0$, $di > 0$, $u > 0$, 所以 $dQ_{f01} = udi > 0$; 在 $t_0 \sim t_1$ 的伪无功功率为 $Q_{f01} = \text{Area}(\triangle t_1 t_2 t_1') - \text{Area}(\triangle t_0 t_2 t_5) = 0.5 V_m I_m - 0.5 (V_m \cos 45°)(I_m \cos 45°) = 2.42 kvar = Q_f^+$。

(3) 求 $t_1 \sim t_2$ 的 $\triangle t_1 t_2 t_1'$ 面积，因为 $di/dt < 0$, $di < 0$, $u > 0$, 所以 $dQ_{f12} = udi < 0$; 在 $t_1 \sim t_2$ 的伪无功功率为 $Q_{f12} = -0.5 U_m I_m = -0.5 \times 311 \times 31.1 = -4.84 (kvar) = Q_f^-$。

(4) 彰显的伪无功功率为 $Q_f = Q_f^+ + Q_f^- = -2.42 kvar$, 而基波无功功率为 $Q_1 = (Q_f^+ + Q_f^-)/2\pi = -0.38 (kvar)$。

(5) 伪无功能力为 $Q_a^+ = (Q_f^+ - Q_f^-)/\pi = (2.42 + 4.84)/\pi = 2.31 (kV \cdot A)$。

2) 导通角 $\theta = 90°$、$\theta = 60°$ 时的三维综合图

$\theta = 90°$ 时，$u(t)$、$\Phi(t)$ 和 $i(t)$ 的合成轨迹及其在 Φ-i 面和 u-i 面上的投影如图 4-13 所示。

$\theta = 60°$ 时，$u(t)$、$\Phi(t)$ 和 $i(t)$ 的合成轨迹及其在 Φ-i 面和 u-i 面上的投影如图 4-14 所示。

图 4-13 提示：

(1) 在式(4-11)中的积分上限为 $T/4$, 得周期 T 内平均有功功率 $P = 1.21 kW$, 与基于图 4-13(b)的面积算法所得到的平均有功功率相同。

(2) 求 $t_0 \sim t_1$ 的 $\triangle t_1 t_2 t_3$ 面积，因为 $di/dt < 0$, $di < 0$, $u > 0$, 所以 $dQ_{f01} = udi < 0$; 在 $t_0 \sim t_1$ 的伪无功功率为 $Q_{f01} = -\text{Area}(\triangle t_1 t_2 t_3) = -0.5 U_m I_m = -0.5 \times 311 \times 31.1 = -4.84 (kvar) = Q_f^-$。

(3) 因为图 4-13(c)中没有 $di/dt > 0$、$di > 0$、$u > 0$ 的区域，也就是说在考察周期内没有磁能的存储和释放的双向对冲抵消过程，所以 $Q_f^+ = 0$; 因此，伪无功功率 $Q_f = Q_{f01} = Q_f^-$。

(4) 基波无功功率为 $Q_1 = (Q_f^+ + Q_f^-)/2\pi = Q_f^-/2\pi = -0.77 (kvar)$。

(5) 伪无功能力为 $Q_a^+ = (Q_f^+ - Q_f^-)/\pi = (0 + 4.84)/\pi = 1.54 (kvar)$。

(6) 有(图 4-11)⊃(图 4-12)⊃(图 4-13)。

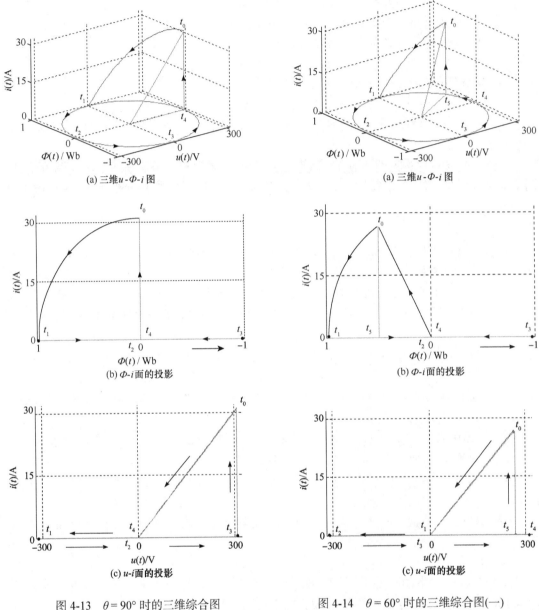

图 4-13　$\theta = 90°$ 时的三维综合图　　　图 4-14　$\theta = 60°$ 时的三维综合图(一)

图 4-14 提示：

(1) 在式(4-11)中的积分上限为 $T/6$，得 T 内平均有功功率 $P = 0.47\text{kW}$，与基于图 4-14(b) 的面积算法所得到的平均有功功率相同。

(2) 求 $t_0 \sim t_1$ 的 $\triangle t_1 t_2 t_3$ 面积，因为 $di/dt < 0$，$di < 0$，$u > 0$，所以 $dQ_{f01} = u di < 0$，$t_0 \sim t_1$ 的伪无功功率为 $Q_{f01} = -\text{Area}(\triangle t_0 t_1 t_5) = -\triangle t_0 t_1 t_5 = 0.5 V_m \cos 60° I_m \cos 60° = -3.63(\text{kvar}) = Q_f^-$。

(3) 因为图 4-14(c)中没有 $di/dt > 0$，$di > 0$，$u > 0$ 的区域，也就是说在考察周期内没有磁能的存储和释放的双向对冲抵消过程，所以 $Q_f^+ = 0$。

(4) 基波无功功率为 $Q_1 = (Q_f^+ + Q_f^-)/2\pi = Q_f^-/(2\pi) = -0.58$(kvar)。

(5) 伪无功能力为 $Q_a^+ = (Q_f^+ - Q_f^-)/\pi = (0+3.63)/\pi = 1.16$(kvar)。

(6) 有(图 4-11)⊃(图 4-12)⊃(图 4-13)⊃(图 4-14)。

　　综上所述：在相控整流时，网侧终端电流、阀侧电压和阀侧电流均为与相控角对应的正弦波的一部分，所得三维数据可视化图形也应为单相纯阻负载电路参数可视化图形的一部分，且与开关器件导通角强相关，并且也能以在 Φ-i 和 u-i 面上的投影面积来分别表达无功分量和有功分量。

　　3) 程序框图和主要程序

　　主要手法：非线性方程很难得到有使用价值且物理意义明确的解析解。数据可视化可绕过非线性方程甚至超越方程的求解，进而以简单的算术运算表达伪无功率、基波无功功率和伪无功能力。

　　(1) 用 MATLAB 中的 plot 指令将孤立的点连成线，Lissajous 图是相互垂直的振动轨迹，故视各单独的振动为点的运动，并将其连接起来成为轨迹；

　　(2) 通过共用物理量，将三个二维的图形综合为一个三维图形，并通过投影和坐标旋转来深入分析；

　　(3) 将周期变化的电压、电流和磁通分别表现在三维空间的 X、Y、Z 轴上，可以采用 plot3(X,Y,Z)指令连线一个周期内空间中的各孤立点来构成三维图形。

　　程序框图如 4-15 所示。

　　程序代码：以图 4-11 为例，所用程序代码如下。

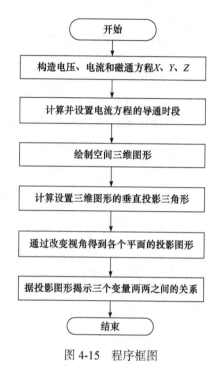

图 4-15　程序框图

```
t = 0:0.0001:0.02;
for a = 0.99:0.01:1;
    x = 311.*a.*cos(100*pi*t);
    y = 0.99.*a.*sin(100*pi*t);
z1 = 31.1.*cos(100*pi*t).*(t> = 0&t< = 0.005)+31.1.*a.*cos(100*pi* t).*(t> = 0.015&t< = 0.02);
z2 = 0.*t;
y1 = [0 0 0 0];
x1 = [0 311.*a 311.*a 0];
z3 = [0 31.1.*a 0 0];
    plot3(x,y,z1,x,y,z2,x1,y1,z3);
    axis([-320 320 -1 1 0 32]);
    set(gca,'XTick',[-300 0 300]);
    set(gca,'YTick',[-1 0 1]);
```

```
        set(gca,'ZTick',[0 15 30]);
        view(0,0);
        grid on;
    hold on;
```

程序较短，不再注释。

3. 现行功率理论

1) 计算结果的比较

(1) IEEE1 459—2010 标准：$S = VI$，$S_1 = V_1I_1$，$D_I = V_1I_H$，$D_V = V_HI_1$，$S_H = V_HI_H$，$Q_1 = V_1I_1\sin\varphi_1$，$S_N = \sqrt{D_I^2 + D_V^2 + S_H^2}$。$S_1$ 为基波视在功率，D_I 为电流失真功率，D_V 为电压失真功率，S_H 为谐波视在功率，V_1、I_1 分别为基波电压、电流，V_H、I_H 分别为谐波电压、电流，Q_1 为基波无功功率，S_N 为总的无功功率。

(2) Budeanu 功率理论：相关表达式为 $S = \sqrt{\sum_{n\in N} U_n^2 \sum_{n\in N} I_n^2}$，$P = \sum_{n=1}^{\infty} U_n I_n \cos\varphi_n$，$Q_B = \sum_{n=1}^{\infty} U_n I_n \sin\varphi_n$，$D = \sqrt{S^2 - (P^2 + Q_B^2)}$。$S$ 为总视在功率，P 为有功功率，Q_B 为无功功率，D 为畸变功率，U_n 为 n 次谐波电压有效值，I_n 为 n 次谐波电流有效值，φ_n 为 n 次谐波电压、电流相位差。

(3) Fryze 功率理论：基于时域，其主要公式有 $S = UI$，$P = UI_p$，$Q = \sqrt{S^2 - P^2}$，I_p 为有功电流有效值，Q 为无功功率。

(4) CPC 功率理论：$P = UI_p$，$Q = UI_r$，$D_s = UI_s$，$D_h = UI_h$，$S = UI$。D_s 为散布功率，D_h 为生成功率，I_r 为无功电流有效值，I_s 为散布电流有效值，I_h 为生成电流有效值。

(5) 其他功率理论：传统的相控整流的功率因数曾表达为负载电压的有效值与电源电压有效值之比。

$$\cos\varphi = \sqrt{\frac{1}{4\pi}\sin 2\alpha + \frac{\pi - \alpha}{2\pi}} \tag{4-12}$$

式中，$\cos\varphi$ 为功率因数；α 为控制角。

赤木泰文的瞬时功率理论在无功补偿领域具有很强的实用性，但主要用于对称的三相系统，瞬时功率尚不能用于测量和阐明物理意义，仍在不断完善之中；Kuster 和 Moore 功率理论得到了 IEC 的支持，但主要用于测量领域，在此不再赘述。

2) 诸无功功率比较

(1) 相同部分：比较计算结果可看出，在诸导通角下本书提供的基波无功功率 Q_1 与基于 Budeanu 功率理论所得到的无功功率 Q_B、基于 IEEE 1459—2010 标准的所得到基波无功功率 Q_1 等均是相同的，然而，在此基于 $Q_1 = Q_f/2\pi$，以三角形面积来表达 Q_f 而求出 Q_1 的方法更为简洁。但是，仅将 Q_1 作为网侧的无功功率有悖于常理和电力电子工程实践的大数据分析结论，仅以 $\theta = 180°$ 为例，所得基波无功功率 $Q_1 = 0$，显然 Q_1 无助于补偿和计量。

频域表达方法虽为现行电磁式无功功率电能计量技术的理论基础，但是由于需要进行耗时较长的 Fourier 变换，难以进行实时无功补偿。

所提出的伪无功功率 Q_f 仅需简单的算术运算即可获得，且可用于相控整流的无功补偿。各方案所得有功功率的结果几乎一致。

(2) 差异部分：伪无功能力 Q_a 与基于 Budeanu 功率理论所得到的畸变功率 D、基于 IEEE 1459-2010 标准所得到的电流失真功率 D_I 和总的无功功率 S_N、基于 Fryze 功率理论所得到的无功功率 Q、基于 CPC 功率理论所得到的生成功率 D_h 以及相控半波整流的无功功率从变化趋势到具体数值均大致相同。

(3) 列表比较：记方案 I 为本方案；方案 II 为 IEEE 1459-2010 标准；方案 III 为 Budeanu 功率理论；方案 IV 为 Fryze 功率理论；方案 V 为 CPC 功率理论；方案 VI 为源自传统定义[5]。

有功功率单位是 W，无功功率的单位是 var，视在功率单位是 V·A。

依据诸无功功率理论计算所得结果如表 4-2 所示。

表 4-2　单相半波相控整流负载的诸功率比较

θ	30°	45°	60°	90°	120°	135°	150°	180°
方案 I	$P=0.07$	$P=0.22$	$P=0.47$	$P=1.21$	$P=1.95$	$P=2.20$	$P=2.37$	$P=2.42$
	$Q_f^+=0$	$Q_f^+=0$	$Q_f^+=0$	$Q_f^+=0$	$Q_f^+=1.19$	$Q_f^+=2.42$	$Q_f^+=3.63$	$Q_f^+=4.84$
	$Q_f^-=-1.26$	$Q_f^-=-2.45$	$Q_f^-=-3.63$	$Q_f^-=-4.84$	$Q_f^-=-4.84$	$Q_f^-=-4.84$	$Q_f^-=-4.84$	$Q_f^-=-4.84$
	$Q_1=-0.20$	$Q_1=-0.39$	$Q_1=-0.58$	$Q_1=-0.77$	$Q_1=-0.58$	$Q_1=-0.38$	$Q_1=-0.19$	$Q_1=0$
	$Q_a^+=0.40$	$Q_a^+=0.78$	$Q_a^+=1.15$	$Q_a^+=1.54$	$Q_a^+=1.92$	$Q_a^+=2.31$	$Q_a^+=2.69$	$Q_a^+=3.07$
方案 II	$S_1=0.21$	$S_1=0.44$	$S_1=0.53$	$S_1=1.44$	$S_1=2.03$	$S_1=2.24$	$S_1=2.38$	$S_1=2.42$
	$P_1=0.07$	$P_1=0.22$	$P_1=0.47$	$P_1=1.21$	$P_1=1.95$	$P_1=2.19$	$P_1=2.35$	$P_1=2.42$
	$Q_1=0.20$	$Q_1=0.39$	$Q_1=0.57$	$Q_1=0.78$	$Q_1=0.57$	$Q_1=0.38$	$Q_1=0.19$	$Q_1=0$
	$D_I=0.54$	$D_I=0.93$	$D_I=1.31$	$D_I=1.95$	$D_I=2.32$	$D_I=2.38$	$D_I=2.41$	$D_I=2.42$
	$D_V=0$	$D_V=0$	$D_V=0$	$D_V=0$	$D_V=0$	$D_V=0$	$D_V=0$	$D_V=0$
	$S_H=0$	$S_H=0$	$S_H=0$	$S_H=0$	$S_H=0$	$S_H=0$	$S_H=0$	$S_H=0$
	$S_N=0.58$	$S_N=1.01$	$S_N=1.43$	$S_N=2.10$	$S_N=2.39$	$S_N=2.41$	$S_N=2.42$	$S_N=2.42$
	$S=0.57$	$S=1.03$	$S=1.51$	$S=2.42$	$S=3.07$	$S=3.26$	$S=3.37$	$S=3.42$
方案 III	$S=0.57$	$S=1.03$	$S=1.51$	$S=2.42$	$S=3.07$	$S=3.26$	$S=3.37$	$S=3.42$
	$P=0.07$	$P=0.22$	$P=0.48$	$P=1.21$	$P=1.95$	$P=2.19$	$P=2.37$	$P=2.42$
	$Q_B=0.19$	$Q_B=0.39$	$Q_B=0.57$	$Q_B=0.78$	$Q_B=0.57$	$Q_B=0.38$	$Q_B=0.19$	$Q_B=0$
	$D=0.54$	$D=0.93$	$D=1.31$	$D=1.95$	$D=2.30$	$D=2.38$	$D=2.41$	$D=2.42$
方案 IV	$S=0.57$	$S=1.03$	$S=1.51$	$S=2.42$	$S=3.07$	$S=3.26$	$S=3.37$	$S=3.42$
	$P=0.07$	$P=0.22$	$P=0.47$	$P=1.21$	$P=1.95$	$P=2.20$	$P=2.35$	$P=2.42$
	$Q=0.57$	$Q=1.01$	$Q=1.43$	$Q=2.10$	$Q=2.37$	$Q=2.40$	$Q=2.41$	$Q=2.42$
方案 V	$P=0.07$	$P=0.22$	$P=0.48$	$P=1.21$	$P=1.95$	$P=2.20$	$P=2.35$	$P=2.42$
	$Q=0$	$Q=0$	$Q=0$	$Q=0$	$Q=0$	$Q=0$	$Q=0$	$Q=0$
	$D_s=0.14$	$D_s=0.23$	$D_s=0.24$	$D_s=0.24$	$D_s=0$	$D_s=0.03$	$D_s=0$	$D_s=0$
	$D_h=0.55$	$D_h=0.98$	$D_h=1.41$	$D_h=2.08$	$D_h=2.39$	$D_h=2.40$	$D_h=2.41$	$D_h=2.42$
	$S=0.57$	$S=1.03$	$S=1.51$	$S=2.42$	$S=3.07$	$S=3.26$	$S=3.37$	$S=3.42$
方案 VI	$S=0.57$	$S=1.03$	$S=1.51$	$S=2.42$	$S=3.07$	$S=3.26$	$S=3.37$	$S=3.42$
	$P=0.07$	$P=0.22$	$P=0.47$	$P=1.21$	$P=1.95$	$P=2.20$	$P=2.35$	$P=2.42$
	$Q=0.57$	$Q=1.01$	$Q=1.43$	$Q=2.10$	$Q=2.37$	$Q=2.40$	$Q=2.41$	$Q=2.42$
	$\cos\phi=0.12$	$\cos\phi=0.21$	$\cos\phi=0.31$	$\cos\phi=0.50$	$\cos\phi=0.63$	$\cos\phi=0.67$	$\cos\phi=0.70$	$\cos\phi=0.71$

4. 无功功率分析

1) 交流系统的结构缺陷

无功问题交流系统的结构缺陷与单相/三相的制式和交流周期有关。然而，相控整流电路又将无功问题从关注完整正弦波周期的时间深入到关注周期内波形的变化，从完整的正弦波深入到残缺的正弦波甚至周期性变化的非正弦波，彰显了交流系统隐含的结构缺陷。

2) 正弦交流纯电阻负载

交流纯电阻电路中，瞬时有功功率为

$$p(t) = V_\mathrm{m}I_\mathrm{m}\sin^2\omega t = 0.5V_\mathrm{m}I_\mathrm{m}(1-\cos2\omega t) \tag{4-13}$$

(1) 网侧设备必备的最大做功能力为 $P_\mathrm{max} = V_\mathrm{m}I_\mathrm{m} = 2P$。

(2) 在正半周期中电流上升的 1/4 周期内，有功功率的有效值为 $P = VI$，故 $P_\mathrm{max}-P = VI$ 构成负载并不消耗但近旁电磁场须吸收的能量流，即正伪无功功率 Q_f^+，如图 4-9 和式(4-1)所示。

(3) 在正半周期中电流下降的 1/4 周期内，网侧提供的瞬时功率从 P_max 下降，期间负载所消耗的有功功率同样为 P，也有 $P_\mathrm{max}-P = VI$，近旁电磁场应释放该能量流，即负伪无功功率 Q_f^-。

(4) 在由上升区间和下降区间共同构成的整 1/2 周期内有 $Q_\mathrm{f}^+ = |Q_\mathrm{f}^-|$，也就是说伪无功功率 Q_f 和伪无功能力 Q_a 在正、负半周期内均会于封闭域中被平衡，不会彰显为对网侧造成负担的无功功率，但会降低网侧设备最大做功能力 P_max 的利用率。

(5) 当正、负半周期对称时，存在着大小相等、方向相反的伪无功能力 Q_a^+ 和 Q_a^-，$|Q_\mathrm{a}^+| = |Q_\mathrm{a}^-|$，其在正、负半周期内均会于封闭域中被平衡，不会彰显为对网侧造成负担的无功功率。

3) 相控整流纯电阻负载

Fryze、Shepherd 和 Zakihani 等认为频域无功功率的定义没有科学根据，是主观上的数学描述。从相控整流电路可知，含正、负半周期的完整谐波电流与半导体的单向导电性是矛盾的。

电阻本身不占有瞬时无功功率是学界的共识，相控整流电路阀侧呈线性，而其网侧呈非线性、功率因数低也是众所周知的事实。

功率积分后为功，关注能量传输的能力，可得：在相控整流负载中，因伪无功功率 Q_f 和伪无功能力 Q_a 在正、负半周期内的平衡被打破，其会彰显为对网侧造成负担的无功功率。

4) 常规的无功功率补偿

功率因数补偿常是通过电容器或同步机的调相功能来完成的，通常是抵消对应的正弦感性分量。但是，相控整流是开关控制周期内的正弦交流电，其电流和阀侧电压都是非正弦的，故不能用工频电流三角形或电压三角形来表达，因此，电容器和同步机等均难以直接对整半周期内的伪无功功率的不平衡进行补偿，也难以对整周期内的无功能力的不平衡进行补偿。

5) 整半周期内的补偿

基于网侧电压、电流的瞬时值，用常规示波器亦能获取 Lissajous 图。用单片机更可以比照图 4-11～图 4-14 中计算三角形面积的办法，测算出整半周期内的正、负伪无功功率 Q_f^+、Q_f^-，并以 $Q_f^+ = |Q_f^-|$ 或 $Q_f^+ + Q_f^- = 0$ 为目标，通过电力电子功率变换器等进行补偿，使得在正、负半周期内均呈现正、负伪无功功率相等的状况，达到功率因数为 1 的零和效果。

6) 整周期内的补偿

当相控整流出现如半波相控整流所示的正、负半周期不对称的状况时，其正、负伪无功能力不相等，即 $Q_a^+ \neq |Q_a^-|$。以 $Q_a^+ = |Q_a^-|$ 为目标，通过电力电子功率变换器来进行补偿，使得在正、负半周期内的正、负伪无功能力相等，达到功率因数为 1。

7) 无功功率的测量

如前所述，基于相控整流负载网侧电流、电压，通过简单的算术运算即可得到伪无功能力 Q_a，从变化趋势到具体数值均与现行测算方法大致相同，但本节测算方法却简单得多。由于无功功率理论尚无定论，期待着为相关研究做一些铺垫。

5. 结论

由在互相垂直的方向上的三个同周期的相关波形所合成的规则且稳定的封闭曲线称为三维综合图，其表达的信息因比平面的 Lissajous 图多一个变量而更丰富。

单相相控整流的瞬时无功功率在三维综合图 $u\text{-}i$ 面的投影是直角三角形，基于网侧电压、电流瞬时值便可简单计算出无功分量，支持相控整流的无功功率辨识和无功补偿。

交流电源作用于纯阻负载时，在整半周期内存在着大小相等、方向相反的正、负无功能量流，其存储和释放抵消后对外虽不彰显为无功功率，但却降低了网侧最大做功能力的利用率。

相控整流的导通角如果打破了整半周期内的正、负无功能量流的平衡，则无功能量流会彰显为网侧的无功功率；相应的无功补偿应该以整半周期内的正、负无功能量流相互对冲抵消为目标。

单相半波整流虽然在工程上已很少应用，但是通过上述分析，却为全波整流、反电势负载和阻感负载等条件下的无功功率研究奠定了基础。

4.3.2　全波整流电阻负载和无功功率图解法

1. 单相交流纯阻性负载的功率分析

1) 单相交流功率的表达

(1) 纯电阻有功功率的图解法。

由电阻电压 $v(t) = V_m \cos\omega t$，可得超前其 90° 的磁通 $\Phi(t)$，再结合原电阻电流 $i(t) = I_m \cos\omega t$，可得式(4-14)和图 4-16。

$$\Phi(t) = \int_0^t v(\tau)\mathrm{d}\tau = \Phi_m \sin\omega t = \frac{V_m}{\omega}\sin\omega t \tag{4-14}$$

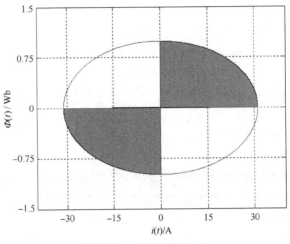

图 4-16　$\Phi\text{-}i$ 平面图(一)

①横纵轴的量纲不同，拟将图 4-16 归类于椭圆(下同)。

②纯阻负载的 $v(t)i(t) > 0$，而 $i(t)\Phi(t)$ 在象限Ⅰ、Ⅲ为正，Ⅱ、Ⅳ为负，因功率/能量为标量，故在以累计面积来计算所耗散的功/能时，应取其绝对值 $|\Phi(t)i(t)|$。

③"面积" $i(t)\Phi(t)$ 的量纲是功率/能量的量纲 $[\mathrm{L}^2\mathrm{MT}^{-2}]$，再将其面积(Area)除周期 T，便为功率：

$$P = \frac{\mathrm{Area}}{T} = \frac{1}{T}\left|\int_{\Phi(0)}^{\Phi(T)} i(t)\mathrm{d}\Phi(t)\right| = \frac{1}{T}\int_{0}^{T} v(\tau)i(\tau)\mathrm{d}\tau \tag{4-15}$$

当 $t = T$ 时，$P = 0.5V_\mathrm{m}I_\mathrm{m} = VI$，所得有功功率与常规计算公式 $P = VI$ 所得的结果相同。

④从图 4-16、$v(t)i(t)$ 的表达式还可得瞬时有功功率：

$$p(t) = v(t)i(t) = 0.5V_\mathrm{m}I_\mathrm{m}\sin^2\omega t = P(1 - \cos 2\omega t) \tag{4-16}$$

(2) 纯电感无功功率图解法Ⅰ。

纯电感中有 $u(t) = V_\mathrm{m}\cos\omega t$，$i(t) = I_\mathrm{m}\sin\omega t$，二者互相垂直，故可得图 4-17。

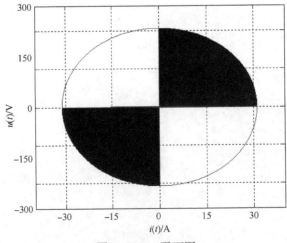

图 4-17　$u\text{-}i$ 平面图

①图 4-17 中 $u(t)i(t)$ 的量纲为功率的量纲 $[L^2MT^{-3}]$，表示纯电感中磁场能量的无损耗存储或释放的速率。

②因无功功率可表示为电感电流与其两端电压之积，面积 $v(t)i(t)$ 即为瞬时无功功率：

$$Q_{ins}(t) = (V_m\cos\omega t)(I_m\sin\omega t) = 0.5V_mI_m\sin 2\omega t \tag{4-17}$$

电压为正弦波时，$Q_{ins}(t)$ 亦为工频正弦，Ⅰ、Ⅲ象限 $Q_{ins}(t) > 0$，Ⅱ、Ⅳ象限 $Q_{ins}(t) < 0$，因其绝对值相等，故在完整周期内 $Q_{ins}(t)$ 的积分结果为零。

③整工频周期内的无功功率若表为平均值，可先求 $v(t)i(t)$ 的累积面积，再除以电角度 ωT。

$$Q = \frac{\text{Area}}{\omega T} = \frac{1}{2\pi}\left|\int_{i(0)}^{i(t)} v(t)\mathrm{d}i(t)\right| \tag{4-18}$$

图 4-17 中Ⅱ、Ⅳ象限的面积表示功率，ωT 无量纲，故当 $t = T$ 时，有

$$Q = \frac{V_mI_m}{\omega t}\left|\int_0^t \cos\omega\tau\mathrm{d}\sin\omega\tau\right| = \frac{V_mI_m}{2} \tag{4-19}$$

而现行无功功率所表达的也是其无功能力(单位为 var)：

$$Q = \max\{v(t)i(t)\} = 0.5V_mI_m\sin(\pi/2) \tag{4-20}$$

在此，式(4-17)、式(4-19)和式(4-20)均以最大值 $0.5V_mI_m$ 表示无功能力，$0.5V_mI_m$ 既是三角形面积，也是正弦函数幅值。

(3) 纯电感无功功率图解法Ⅱ。

$u(t)$ 积分可得 $\Phi(t)$，$\Phi(t)$ 与 $i(t)$ 同频同相，故起点 t_0 的坐标皆为(0,0)，其横纵轴单位和图形均与前面基于 $v(t)$ 与 $i(t)$ 同频正交的无功功率图解法不同，其表达式和对应图形分别如式(4-21)、图 4-18 所示。

$$Q = Q_\phi(t)\Phi + Q_i(t)i \tag{4-21}$$

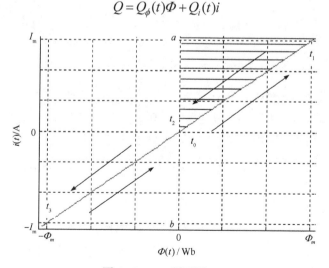

图 4-18　Φ-i 平面图(二)

如前所述，$i(t)\Phi(t)$表达的是功/能，但纯电感不做耗散功且能量变换过程是可逆的，故所需关注的是存储于电感中的非负值能量。例如，在 $t_0 \sim t_1(0 \sim T/4)$，累积于电感中的磁场能量可由式(4-22)积分得到：

$$E = \int_0^{T/4} \frac{1}{2} V_m I_m \sin 2\omega t \, dt = \frac{V_m I_m}{2\omega} \tag{4-22}$$

而图 4-18 中直角三角形所围的"面积"为

$$0.5\Phi_m I_m = 0.5 V_m I_m / \omega \tag{4-23}$$

可见三角形"面积"等于 $0 \sim T/4$ 累积的磁能。

而在 $t_1 \sim t_2(T/4 \sim T/2)$，随着 $i(t)$ 和 $\Phi(t)$ 的减少，电感所累积的磁能将释放至周边电磁场并降至 0，即整半周期内电感并不消耗且最终也不存储能量；$t_2 \sim t_3(T/2 \sim 3T/4)$ 和 $t_3 \sim t_4(3T/4 \sim T)$ 亦同，在此不再赘述。

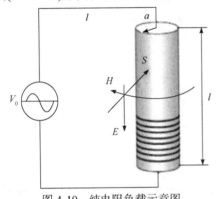

图 4-19　纯电阻负载示意图

2) 单相交流纯阻负载电路的功率图解

(1) 正弦交流纯阻负载的功率分析。

纯电阻负载下的能量传递可等效于图 4-19。

设长度 $l \gg$ 半径 a，电阻效应仅作用在电阻器表面，而在电阻器内场腔中将其视作零；电压 $v(t) = V_m\cos\omega t$，电流 $i(t) = I_m\cos\omega t$，电场强度 $E = (V_m\sin\omega t)/l$，磁场强度 $H = (I_m\sin\omega t)/(2\pi a)$，$E$ 和 H 互相垂直、同相位且两幅值成比例；电流密度 $J = (I_m\sin\omega t)/(\pi a^2)$，$S$ 为电阻器体积 V 的闭合曲面，w_e 是电能密度，w_m 是磁能密度，则传输至电阻器内的电功率和电阻器消耗或电阻器及其周边电磁场存储能量的电磁功率是相等的，可以表示为

$$\oiint_S (E \times H)\mathrm{d}S = -\iiint_V EJ\mathrm{d}V - \frac{\partial}{\partial t}\iiint_V (w_m + w_e)\mathrm{d}V \tag{4-24}$$

式(4-24)左边为进入电阻器内的瞬时功率 $p = EHS$：

$$p = 2\pi al[(V_m\sin\omega t)/l][(I_m\sin\omega t)/(2\pi a)] = V_m I_m\sin^2\omega t \tag{4-25}$$

式(4-24)右边为电阻器内的瞬时功率，因电阻器内部的 E 和 H 均约等于 0，故表达瞬时无功功率的第二项可被忽略，所剩的第一项为瞬时消耗的有功功率：

$$EJV = \pi a^2 l[(V_m\sin\omega t)/l][I_m\sin\omega t/(\pi a^2)] = V_m I_m\sin^2\omega t \tag{4-26}$$

由式(4-25)、式(4-26)可知该瞬时值还可以等同于式(4-27)：

$$p(t) = V_m I_m\sin^2\omega t = 0.5 V_m I_m(1-\cos 2\omega t) \tag{4-27}$$

①输入的瞬时功率等于消耗的瞬时功率，表明电阻器本身没有能量的存储与释放能力。

②输送交流功率的平均值恒定为 $0.5 V_m I_m$。

③伴随着幅度为 $0.5V_mI_m$ 的倍频脉动，周边电磁场须具备对应的存储与释放的能量额度。

据式(4-20)、式(4-27)和交流电的基本概念，可得图 4-20。图中"1"为 $v(t) = V_m\sin\omega t$，"2"为 $i(t) = I_m\sin\omega t$，"3"为瞬时有功功率，"4"为平均有功功率 $P=VI$，V、I 为有效值，"5"为网侧设备的最大做功能力 $P_{max} = V_mI_m=2P$，"6"为参见式(4-24)第 2 项表示的伪无功功率 $Q_f(t)$，其幅值也为"4"。若关注能量传输能力，则从图 4-20 可得：

①p_{max} 减去 P 等于 $Q_f(t)$ 的幅值，亦可理解为网侧设备瞬态最大做功能力中的冗余量；

②$Q_f(t)$ 在正、负半周期内均会被平衡，不会彰显为对网侧造成负担的无功功率。

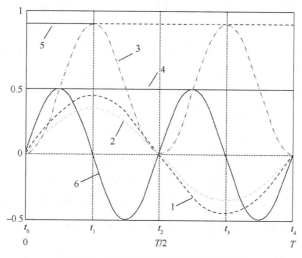

图 4-20　交流纯电阻负载的相关波形

(2) 基于公共耦合点的诸功率分析。

电路功率因数分析常涉及电阻和电感间的连接模式，若强调功率，则不管串联模式还是并联模式，都可将电感与电阻共同构成一个黑匣子(图略)。当阻抗 $|Z| = 10\Omega$，功率因数为 0.8，外接工频电源 220V 时，可分别得到串联、并联模式的视在功率 $S_s(t)$、$S_p(t)$，有功功率 $P_s(t)$、$P_p(t)$ 和无功功率 $Q_s(t)$、$Q_p(t)$ 的仿真波形，如图 4-21 所示。

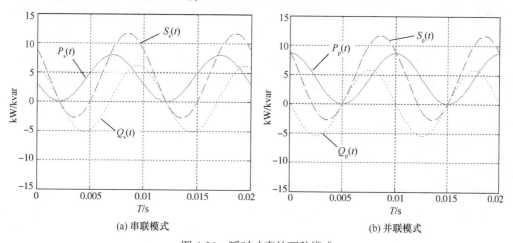

(a) 串联模式　　　　　　　　　　　(b) 并联模式

图 4-21　瞬时功率的两种模式

比较图 4-21(a)、(b)的视在功率 $S(t)$、有功功率 $P(t)$和无功功率 $Q(t)$可知其平均值皆是分别相等的。

下面将所关注对象视作黑箱，并以电源接入点为公共耦合点(Point of Common Coupling，PCC)，即以 PCC 的瞬态电压电流来表达诸功率流，暂不拘泥于电感和电阻相互间串联或并联的具体连接模式。

3) 伪无功功率的定义

考量交流电传输能量时应顾及近旁磁场能量流，为表达伴随着交流瞬间功率变化，纯阻负载电路与近旁电磁场交换的瞬间无功能量流的额度，特借助于前述纯电感无功功率，并有以下定义。

定义 4-4　记纯电阻端电压 $v(t) = V_m \cos\omega t$ 为 $u(t) = U_m \cos\omega t$ 并投影到横轴 u，将电流 $i(t) = I_m \cos\omega t$ 投影到纵轴 i，u-i 平面 i 轴与函数 $f(u,i)$间的"面积"为伪无功功率 Q_f。

借用式(4-16)和图 4-17，并将其 v 对应于 u，可知：

(1) u、i、du、di 的方向决定着 Q_f 的正负；

(2) $dp/dt > 0$ 时 $Q_f > 0$，记 Q_f^+；反之 $Q_f < 0$，记 Q_f^-；

(3) 在整半周期 $T/2$ 内，$Q_f = Q_f^+ + Q_f^-$，为代数和；

(4) Q_f 既非瞬时值，又非平均值，而是区间累积值。

伪无功功率表达的是磁场能量流的积分，如果借助于集中等效电感 L，并且不拘泥于其电感量，而仅仅关注电感中的电流及其超前90°的两端电压，则也能用 Lissajous 图在 u-i 平面的面积来进行表达。

4) 伪无功功率的物理意义

图 4-20、图 4-21(b)提示：

(1) 当 $t \in (0,T/4)$时 $dp/dt > 0$，在 $t = T/4$ 时刻，网侧提供的瞬时功率达到最大值 p_{max}，而期间负载消耗的有功功率仅为 P，故 $p_{max} - P = VI$ 构成负载并不消耗但近旁电磁场必须吸收的能量流，即伪无功功率 Q_f^+；

(2) 当 $t \in (T/4,T/2)$，$dp/dt < 0$，在 $t = T/4$ 时刻，网侧提供的瞬时功率从 p_{max} 下降，期间负载所消耗的有功功率同样仅为 P，有 $p_{max} - P = VI$，构成近旁电磁场应释放的能量流，即伪无功功率 Q_f^-；

(3) 在整半周期 $t \in (0,T/2)$内，$Q_f^+ = |Q_f^-|$，该正、负伪无功功率相互抵消后并不彰显为系统无功功率，也无须网测负担，但却伴随着交流电能的传递。

对纯电阻负载而言，在整周期内的伪无功功率也等于 0，伪无功功率虽然不会成为网测设备的无功负担，却会降低网侧设备最大能力的实际利用率。

5) 三维综合图

由 $v(t)$和 $i(t)$可得 v-i 平面图，将 $v(t)$积分可得 $\Phi(t)$和 Φ-i 平面图，变 $v(t)$、$\Phi(t)$和 $i(t)$以式(4-28)的形式表达在三维坐标上

$$S = S_v(t)v + S_i(t)i + S_\Phi(t)\Phi \tag{4-28}$$

因 $v = [1\ 0\ 0]^T$，$i = [0\ 1\ 0]^T$，$\Phi = [0\ 0\ 1]^T$，故将两平面图正交便能得到三维综合图。

　　反之，将积聚着周期函数 $u(t)$、$\Phi(t)$ 和 $i(t)$ 完整信息的 u-Φ-i 坐标三维综合图投影到 u-i 平面图上可以方便地计算出伪无功功率，投影到 Φ-i 平面图上可以方便地计算出有功功率。

　　三维综合图及其投影如图 4-22 所示。

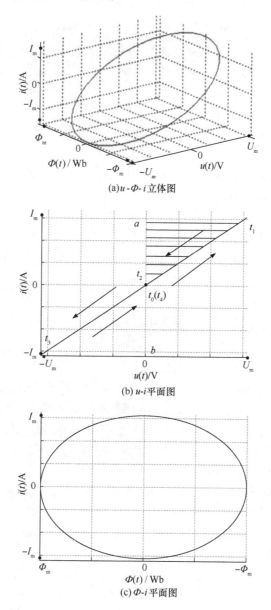

(a) u-Φ-i 立体图

(b) u-i 平面图

(c) Φ-i 平面图

图 4-22　单相交流纯电阻负载的图

　　(1) 图 4-22(b) 中各整半周期内封闭曲线 $f(u,i)$ 重叠，所围面积为零，式 (4-18) 的无功功率为零。

　　(2) 图 4-22(b) 中，在 $t_0 \sim t_1$，$i > 0$，$\mathrm{d}u > 0$，积分所得面积 $\triangle t_0 t_1 a > 0$；在 $t_1 \sim t_2$，$i > 0$，$\mathrm{d}u < 0$，面积 $\triangle t_1 a t_2 < 0$，两面积大小相等、符号相反，相互抵消，存储与释放磁场的伪无

功功率 $Q_f = Q_f^+ + Q_f^- = 0$，对外不彰显为无功功率；同样的道理，在 $t_2 \sim t_3$ 和 $t_3 \sim t_4$，亦有 $Q_f = Q_f^+ + Q_f^- = 0$，整周期内交流纯阻负载的伪无功功率正负抵消，对外也不彰显为无功功率。

(3) 伪无功功率可借助于三角形面积来表达。

$$Q_f(t) = 0.5(V_m\sin\omega t)(I_m\sin\omega t) = 0.5V_mI_m\sin^2\omega t \tag{4-29}$$

该式的系数与式(4-20)相同，提示伪无功功率的幅值对应于图 4-22(b)中的三角形面积。

(4) 交流纯阻负载的网侧无功功率可以从式(4-18)逐步演变为式(4-30)。

$$Q = \frac{\text{Area}}{\omega T} = \frac{1}{2\pi}\int_{v(0)}^{v(t)} i(t)dv(t) = \frac{1}{2\pi}\left(\int_{v(0)}^{v(T/4)} i(t)dv(t) + \int_{v(T/4)}^{v(T/2)} i(t)dv(t)\right)$$
$$+ \frac{1}{2\pi}\left(\int_{v(T/2)}^{v(3T/4)} i(t)dv(t) + \int_{v(3T/4)}^{v(T)} i(t)dv(t)\right) \tag{4-30}$$

右边第一、二项括号内是分别指正、负半周期的伪无功功率。结合单相交流电向纯阻负载提供能量的实际可得其网侧无功功率为

$$Q = (0.5V_mI_m - 0.5V_mI_m + 0.5V_mI_m - 0.5V_mI_m)/2\pi = 0$$

(5) 用式(4-15)和图 4-22(c)的面积可算出有功功率，可得交流纯阻负载的功率因数为 1。

2. 单相桥式全波整流电路诸功率的图解法

1) 纯电阻负载相控整流电路的特点

现行功率理论无论在物理解释还是工程计算上都不适用于相控整流负载。相控整流负载强调负载属性，以及相控整流所导致的滞后功率因数现象，从电力电子技术考量也就是指相控整流电路，其电压电流波形特点如下。

(1) 网侧和阀侧的电流波形相同，都是因相控而导致部分区间幅值缺失的正弦波。

(2) 阀侧电压和电流同相位，为部分区间幅值缺失的正弦波，两瞬时值之比为电阻值。

(3) 网侧电压和阀侧电压波形不同，网侧为正弦波，阀侧为部分区间幅值缺失的正弦波。

(4) 从网侧看为感性的非线性负载，功率因数与导通角强相关；而从阀侧看却为线性负载。

2) 单相桥式全控整流典型相控角的功率分析

以 $v(t) = 311\cos100\pi t$(故 v 和 i 的起始值均应按 $\cos(30° - \theta)$ 计算)，$R = 10\Omega$ 的纯阻负载的单相全波相控整流电路为例进行分析。

导通角 $\theta = 60°$、$\theta = 135°$ 时的三维综合图：由式(4-14)得 $\Phi(t) = 0.99\sin100\pi t$，可有图 4-23 为 $\theta = 60°$ 时的三维综合图。提示：

(1) $t_0 \sim t_1$、$t_3 \sim t_4$ 分别为正、负半周期导通区间，Q_f 分别为 Q_{f+}、Q_{f-}；$t_1 \sim t_2$、$t_4 \sim t_5$ 分别为正、负半周期的截止区间，而 $t_2 \sim t_3$、$t_5 \sim t_0$ 为由开关器件特性所决定的导通时间。

(2) 由图 4-23(b)和式(4-15)可知，有功功率等于正、负半周期的两块阴影面积之和再除以周期 T，可得 $P = 0.95$kW。

(3) 从图 4-23(c)可知，在 $t_5 \sim t_0$ 存于等效电感 L 中的能量在 $t_0 \sim t_1$ 被释放，又因为 $dp/dt < 0$，故 $\triangle t_0t_1t_5$ 面积构成的正半周期伪无功功率 $Q_{f+} = Q_{f+}^- < 0$。

$$Q_{f+}^- = -S_{\triangle t_0t_1t_5} = -0.5V_m\cos30°I_m\cos30° = -3.63(\text{kvar}) \tag{4-31}$$

在 $t_3 \sim t_4$ 会释放在 $t_2 \sim t_3$ 所存储的能量，$\triangle t_2 t_3 t_4$ 面积构成的负半周期伪无功功率 $Q_{f-} = Q_{f-}^{-} = -3.63 \text{kvar}$。

(4) 网侧无功功率应为正、负半周期伪无功功率之和再除以完整工频电角度的平均值，据式(4-30)可得 $Q = (-3.63 - 3.63)/2\pi = -1.16 \text{ kvar}$。

(5) 进而可得功率因数 $\cos\phi = 0.63$。

图 4-24 为 $\theta = 135°$ 时的三维综合图，提示：

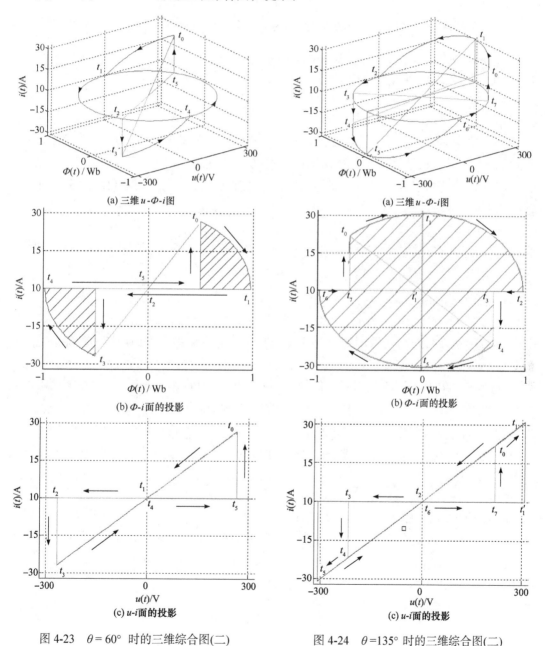

图 4-23　$\theta = 60°$ 时的三维综合图(二)　　　　图 4-24　$\theta = 135°$ 时的三维综合图(二)

(1) $t_0 \sim t_2$、$t_4 \sim t_6$ 分别为正、负半周期的导通区间，$t_6 \sim t_7$、$t_2 \sim t_3$ 为正、负半周期的截止区间，$t_7 \sim t_0$、$t_3 \sim t_4$ 为由开关器件特性所决定的导通时间，t_1 和 t_5 分别为峰值时刻。

(2) 由图 4-24(b)和式(4-15)可知，有功功率等于正、负半周期的两块阴影面积之和再除以周期 T，可得 $P = 4.40\text{kW}$。

(3) 从图 4-24(c)可知，在正半周期的 $t_0 \sim t_1$，$i > 0$，而 $\mathrm{d}v/\mathrm{d}t > 0$，瞬时功率 $\mathrm{d}q = i\mathrm{d}v > 0$，故由梯形 $t_0 t_1 t_1' t_7$ 所围成的面积算出的伪无功功率 $Q_{\text{f}+} = Q_{\text{f}+}^{+} > 0$。

$$Q_{\text{f}+}^{+} = S_{\triangle t_1 t_1' t_6} - S_{\triangle t_0 t_7 t_6} = 0.5 V_{\text{m}} I_{\text{m}} - 0.5(V_{\text{m}} \cos 45° I_{\text{m}} \cos 45°) = 2.42(\text{kvar}) \tag{4-32}$$

在正半周期的 $t_1 \sim t_2$，由 $\triangle t_1 t_1' t_6$ 所围成的面积内，因 $i > 0$，$\mathrm{d}v/\mathrm{d}t < 0$，瞬时功率 $\mathrm{d}q = i\mathrm{d}v < 0$，所以计算出的功率即负伪无功功率 $Q_{\text{f}+}^{-} < 0$。

$$Q_{\text{f}+}^{-} = -0.5 V_{\text{m}} I_{\text{m}} = -4.84(\text{kvar}) \tag{4-33}$$

(4) 在负半周期内，开关器件会重复正半周期的导通和关断过程，可以得到负半周期的正伪无功功率 $Q_{\text{f}-}^{+} = 2.42\text{kvar}$、负伪无功功率 $Q_{\text{f}-}^{-} = -4.84\text{kvar}$。

(5) 网侧无功功率应为周期内诸伪无功功率之和再除以完整工频电角度的平均值，据式(4-30)可得

$$Q = \frac{Q_{\text{f}+}^{-} + Q_{\text{f}+}^{+} + Q_{\text{f}-}^{-} + Q_{\text{f}-}^{+}}{2\pi} = \frac{-4.84 + 2.42 - 4.84 + 2.42}{2\pi} = -0.77(\text{kvar}) \tag{4-34}$$

(6) 进而可得功率因数 $\cos\phi = 0.98$。

3) 单相桥式全控整流一般相控角的功率分析

当 $0 < \theta \leqslant 90°$ 时：有功功率、伪无功功率和功率因数的图解法可比照。

(1) 有功功率的计算见图 4-23(b)和式(4-15)，在 Φ-i 面上的面积为周期内的耗散功，再除以工频周期 T 即可得到有功功率。

(2) Q_{f} 的计算见图 4-23(c)，因在整工频周期内，都有 $\mathrm{d}p/\mathrm{d}t < 0$，故正、负半周期内都有 $Q_{\text{f}} < 0$，即 $Q_{\text{f}+} = Q_{\text{f}+}^{-} < 0$、$Q_{\text{f}-} = Q_{\text{f}-}^{-} < 0$，求网侧功率因数时，可以从式(4-30)的积分表达式简化得到的 $Q = (Q_{\text{f}+}^{-} + Q_{\text{f}-}^{-})/2\pi$ 来计算，而 $Q_{\text{f}+}$、$Q_{\text{f}-}$ 均可由直角三角形面积表达。

(3) 相应的功率因数可在测算出上述网侧有功功率和无功功率的基础上，依其概念算出。

当 $90° < \theta \leqslant 180°$ 时：有功功率、伪无功功率和功率因数的图解法可比照。

应该强调的是，无功功率的计算需加上对冲抵消的步骤，如图 4-24(c)所示，以导通角 $90°$ 为界可将正、负半周期分为两个区域，在 $\mathrm{d}q/\mathrm{d}t > 0$ 的区域中伪无功功率为正的，即 $Q_{\text{f}} = Q_{\text{f}}^{+} > 0$；而在 $\mathrm{d}q/\mathrm{d}t < 0$ 的区域中伪无功功率为负的，即 $Q_{\text{f}} = Q_{\text{f}}^{-} < 0$，$Q_{\text{f}}^{+}$ 和 Q_{f}^{-} 符号相反，在计算网侧无功功率时，式(4-30)可简化为

$$Q = (Q_{\text{f}+}^{-} + Q_{\text{f}+}^{+} + Q_{\text{f}-}^{+} + Q_{\text{f}-}^{-})/2\pi \tag{4-35}$$

$Q_{\text{f}+}^{-}$、$Q_{\text{f}+}^{+}$、$Q_{\text{f}-}^{+}$ 和 $Q_{\text{f}-}^{-}$ 均可由直角三角形面积求得。有功功率和功率因数的求解从略。

3. 单相整流负载的无功功率

1) 物理概念

电阻耗散发热具有不可逆性，纯电阻不含储能元件，其本身并不产生无功功率。但是，在交流电向纯阻负载传输功率 $P = VI$ 时，电源需具备的最大的功率传输能力为 $P_m = V_m I_m = 2P$，而依据式(4-16)、式(4-27)可有

$$p(t) = VI(1-\cos2\omega t) = P - P\cos2\omega t \tag{4-36}$$

即为向纯阻负载传输耗散功率 P，交流电源还须提供可逆的伪无功功率 $Q_f(t) = P\cos2\omega t$，因 $\cos2\omega t$ 在整周期内的积分值为 0，故正、负伪无功功率相互抵消，不彰显为给电源造成无功负担的网侧无功功率。然而，相控整流改变了正、负半周期内导通角，使得正、负伪无功功率不能在整半周期内相互抵消，从而彰显为给电源造成无功负担的网侧无功功率。

2) 补偿

在纯阻负载相控整流电路中，若整半周期内的正、负伪无功功率不能相互抵消，则会产生网侧无功功率。而现行电容补偿方法从基本概念到计算公式都仅仅基于频率/角频率，而与控制角/导通角无关，故进行补偿时并未涉及整半周期的内部，不能平衡整半周期内的正、负伪无功功率，不能补偿纯阻相控整流负载的功率因数。依网侧电压、电流信号，算出整半周期内的导通角和正、负伪无功功率，将其中不能相互抵消的部分转换成对应的信息，并以 $Q_f^+ = |Q_f^-|$ 为目标函数，让电力电子有源滤波器产生可逆的负伪无功功率，使之在整半周期内相互抵消，从而实现 $Q_f = Q_f^+ + Q_f^- = 0$，达到对纯阻相控整流负载进行无功功率补偿的目的。

3) 计量

(1) 采集纯阻负载单相整流电路的电压、电流瞬时值，再通过式(4-18)和式(4-32)，测算出其网侧无功功率。相较于既有方法，直角三角形面积的测算方法要简单得多。

(2) 整流负载的功率因数测算方法至今众说纷纭，所得结果也有较大的差异；然而有功功率的概念、测算方法及其测算结果却较为统一。

(3) 伪无功功率、无功功率和功率因数均与控制角/导通角强相关，功率因数可在测算出上述网侧无功功率和有功功率的基础上，便捷地推算出来。

4. 无功功率分析

1) 现行功率理论的表达式

(1) Budeanu 理论：记 Q_B 为无功功率，D 为畸变功率，S 为总视在功率，P 为有功功率，U_n 为 n 次谐波电压有效值，I_n 为 n 次谐波电流有效值，φ_n 为 n 次谐波电压、电流相位差。

$$S = \sqrt{\sum_{n \in N} U_n^2 \sum_{n \in N} I_n^2}, \quad P = \sum_{n=1}^{\infty} U_n I_n \cos\varphi_n, \quad Q_B = \sum_{n=1}^{\infty} U_n I_n \sin\varphi_n, \quad D = \sqrt{S^2 - (P^2 + Q_B^2)}$$

(2) IEEE 1459—2010 标准：记 S_1 为基波视在功率，D_I 为电流失真功率，D_V 为电压失

真功率，S_H 为谐波视在功率，V_1、I_1 分别为基波电压、电流，V_H、I_H 分别为谐波电压、电流，Q_1、S_N 分别为基波无功功率、非基波视在功率。

$$S = VI, \quad S_1 = V_1 I_1, \quad D_I = V_1 I_H, \quad D_V = V_H I_1, \quad S_H = V_H I_H,$$
$$Q_1 = V_1 I_1 \sin\varphi_1, \quad S_N = (D_I^2 + D_V^2 + S_H^2)^{0.5}$$

(3) Fryze 功率理论：记 I_p 为有功电流有效值，Q 为无功功率。

$$S = UI, \quad P = UI_p, \quad Q = (S^2 - P^2)^{0.5}$$

(4) CPC 功率理论：记 D_s 为散布功率，D_h 为生成功率，I_r 为无功电流有效值，I_s 为散布电流有效值，I_h 为生成电流有效值。

$$P = UI_p, \quad Q = UI_r, \quad D_s = UI_s, \quad D_h = UI_h, \quad S = UI$$

(5) 传统功率理论：记 α 为控制角，导通角 $\theta = \pi - \alpha$。

$$\cos\phi = \sqrt{\frac{1}{4\pi}\sin 2\alpha + \frac{\pi - \alpha}{2\pi}} \tag{4-37}$$

(6) 其他功率理论：除已论及的瞬时功率理论外，用于计量的 Kuster 和 Moore 理论虽得到了 IEC 支持，但均难以直接用于纯阻单相整流负载。

2) 不同方案的计算结果

以工频 220V、10Ω 单相桥式相控整流电路为例，所得结果见表 4-3。

表 4-3　单相全波控整流负载的诸功率比较

θ	30°	45°	60°	90°	120°	135°	150°	180°
方案 I	$P = 0.14$ $Q_f^+ = 0$ $Q_f^- = -2.45$ $Q_1 = -0.39$ $\cos\varphi_1 = 0.34$	$P = 0.44$ $Q_f^+ = 0$ $Q_f^- = -4.84$ $Q_1 = -0.77$ $\cos\varphi_1 = 0.49$	$P = 0.95$ $Q_f^+ = 0$ $Q_f^- = -7.26$ $Q_1 = -1.16$ $\cos\varphi_1 = 0.63$	$P = 2.42$ $Q_f^+ = 0$ $Q_f^- = -9.68$ $Q_1 = -1.54$ $\cos\varphi_1 = 0.84$	$P = 3.89$ $Q_f^+ = 2.45$ $Q_f^- = -9.68$ $Q_1 = -1.16$ $\cos\varphi_1 = 0.95$	$P = 4.40$ $Q_f^+ = 4.84$ $Q_f^- = -9.68$ $Q_1 = -0.77$ $\cos\varphi_1 = 0.98$	$P = 4.70$ $Q_f^+ = 7.26$ $Q_f^- = -9.68$ $Q_1 = -0.39$ $\cos\varphi_1 = 0.99$	$P = 4.84$ $Q_f^+ = 9.68$ $Q_f^- = -9.68$ $Q_1 = 0$ $\cos\varphi_1 = 1$
方案 II	$S_1 = 0.41$ $P_1 = 0.14$ $Q_1 = 0.39$ $P_H = 0$ $D_I = 0.71$ $D_V = 0$ $S_H = 0$ $D_H = 0$ $S = 0.82$ $\cos\varphi_1 = 0.34$	$S_1 = 0.89$ $P_1 = 0.44$ $Q_1 = 0.77$ $P_H = 0$ $D_I = 1.16$ $D_V = 0$ $S_H = 0$ $D_H = 0$ $S = 1.46$ $\cos\varphi_1 = 0.49$	$S_1 = 1.49$ $P_1 = 0.95$ $Q_1 = 1.16$ $P_H = 0$ $D_I = 1.53$ $D_V = 0$ $S_H = 0$ $D_H = 0$ $S = 2.14$ $\cos\varphi_1 = 0.64$	$S_1 = 2.87$ $P_1 = 2.42$ $Q_1 = 1.54$ $P_H = 0$ $D_I = 1.86$ $D_V = 0$ $S_H = 0$ $D_H = 0$ $S = 3.42$ $\cos\varphi_1 = 0.84$	$S_1 = 4.06$ $P_1 = 3.89$ $Q_1 = 1.16$ $P_H = 0$ $D_I = 1.53$ $D_V = 0$ $S_H = 0$ $D_H = 0$ $S = 4.34$ $\cos\varphi_1 = 0.95$	$S_1 = 4.47$ $P_1 = 4.40$ $Q_1 = 0.77$ $P_H = 0$ $D_I = 1.15$ $D_V = 0$ $S_H = 0$ $D_H = 0$ $S = 4.61$ $\cos\varphi_1 = 0.98$	$S_1 = 4.72$ $P_1 = 4.70$ $Q_1 = 0.39$ $P_H = 0$ $D_I = 0.71$ $D_V = 0$ $S_H = 0$ $D_H = 0$ $S = 4.77$ $\cos\varphi_1 = 0.99$	$S_1 = 4.84$ $P_1 = 4.84$ $Q_1 = 0$ $P_H = 0$ $D_I = 0$ $D_V = 0$ $S_H = 0$ $D_H = 0$ $S = 4.84$ $\cos\varphi_1 = 1$
方案 III	$S = 0.82$ $P = 0.14$ $Q_B = 0.39$ $D = 0.71$	$S = 1.46$ $P = 0.44$ $Q_B = 0.77$ $D = 1.16$	$S = 2.14$ $P = 0.95$ $Q_B = 1.16$ $D = 1.53$	$S = 3.42$ $P = 2.42$ $Q_B = 1.54$ $D = 1.86$	$S = 4.34$ $P = 3.89$ $Q_B = 1.16$ $D = 1.53$	$S = 4.61$ $P = 4.40$ $Q_B = 0.77$ $D = 1.16$	$S = 4.77$ $P = 4.70$ $Q_B = 0.39$ $D = 0.71$	$S = 4.84$ $P = 4.84$ $Q_B = 0$ $D = 0$
方案 IV	$S = 0.82$ $P = 0.14$ $Q = 0.81$	$S = 1.46$ $P = 0.44$ $Q = 1.39$	$S = 2.14$ $P = 0.95$ $Q = 1.92$	$S = 3.42$ $P = 2.42$ $Q = 2.42$	$S = 4.34$ $P = 3.89$ $Q = 1.92$	$S = 4.61$ $P = 4.40$ $Q = 1.39$	$S = 4.77$ $P = 4.70$ $Q = 0.81$	$S = 4.84$ $P = 4.84$ $Q = 0$

续表

θ	30°	45°	60°	90°	120°	135°	150°	180°
方案 V	$P=0.14$ $Q=0$ $D_s=0.27$ $D_h=0.76$ $S=0.82$	$P=0.44$ $Q=0$ $D_s=0.45$ $D_h=1.32$ $S=1.46$	$P=0.95$ $Q=0$ $D_s=0.55$ $D_h=1.84$ $S=2.14$	$P=2.42$ $Q=0$ $D_s=0.45$ $D_h=2.38$ $S=3.42$	$P=3.89$ $Q=0$ $D_s=0.17$ $D_h=1.91$ $S=4.34$	$P=4.40$ $Q=0$ $D_s=0.07$ $D_h=1.39$ $S=4.61$	$P=4.70$ $Q=0$ $D_s=0.02$ $D_h=0.81$ $S=4.77$	$P=4.84$ $Q=0$ $D_s=0$ $D_h=0$ $S=4.84$
方案 VI	$S=0.82$ $P=0.14$ $Q=0.81$ $\cos\varphi=0.17$	$S=1.46$ $P=0.44$ $Q=1.39$ $\cos\varphi=0.30$	$S=2.14$ $P=0.95$ $Q=1.92$ $\cos\varphi=0.44$	$S=3.42$ $P=2.42$ $Q=2.42$ $\cos\varphi=0.71$	$S=4.34$ $P=3.89$ $Q=1.92$ $\cos\varphi=0.90$	$S=4.61$ $P=4.40$ $Q=1.39$ $\cos\varphi=0.95$	$S=4.77$ $P=4.70$ $Q=0.81$ $\cos\varphi=0.98$	$S=4.84$ $P=4.84$ $Q=0$ $\cos\varphi=1$

方案 I 为本方案；方案 II 为 IEEE 1459—2010 标准；方案 III 为 Budeanu 功率理论；方案 IV 为 Fryze 功率理论；方案 V 为 CPC 功率理论；方案 VI 为传统定义[10]。

在单相全波整流电路中，单个晶闸管的导通区间为 $0°\sim180°$，然而全波回路正、负半周期是对称的，导通角都在 $0°\sim180°$，因此实际对应的整个回路区间应为 $0°\sim360°$。

3) 无功功率计算结果比较

本方案所得的平均无功功率 Q 与 Budeanu 功率理论的无功功率 Q_B、IEEE 1459—2010 标准的基波无功功率 Q_1 等均在数值上均仅有小数点后三位的误差；所得功率因数与基于 IEEE 1459—2010 标准的功率因数也均有小数点后三位的误差，误差是可以接受的。可见本方案所得结果不但可以得到当前主流学术观点的验证，而且物理概念更加清晰，测算时既不需要 Fourier 变换，也不需要对电流进行向量分解，对网侧末端电压电流简信号进行简单算术运算即可，实时性更强。

当导通角较小时，无论无功功率还是功率因数，本方案与方案 VI 所得结果都有很大的偏差，但与此同时表 4-3 提示，方案 VI 与其他方案也均有较大的偏差。

4) 内容说明

本方案不涉及材料器件、拓扑结构和控制策略的创新，所以是采用与现行无功功率不同计算方案所得结果进行比较的形式来进行效果评估的。

5. 结论

在交流电向纯电阻负载提供有功功率时，伴随着倍频正弦的功率流脉动，可将该脉动部分定义为伪无功功率。因在整周期内倍频正弦波的积分为零，故伪无功功率不会彰显为对网侧设备造成负担的无功功率，但是却在客观上降低了网侧设备最大做功能力的实际利用率。

若不拘泥于具体电感量而强调纯电感电路电压的相位关系，不拘泥于电感、电阻间串或并联的具体连接模式而强调有功、无功和视在功率的相位和数值，则能在 u-i 平面图上以 $f(u,i)$ 与纵轴 i 所围面积来表示正、负伪无功功率。

虽然纯阻负载没有储能元件，但相控整流电路破坏了整周期内的伪无功功率平衡，不能正负相互抵消的伪无功功率会彰显为网侧无功功率。然而现行基于电容器的补偿方法中，计算公式不涉及周期内的控制角/导通角，不能补偿整周期内失衡的伪无功功率，因此不能对纯阻负载的相控整流电路所造成的网侧滞后无功功率进行补偿。

根据纯阻负载相控整流电路网侧电压、电流波形可构筑电流、电压和磁通的三维 Lissajous 图，通过计算其投影面积即可计算出有功功率和伪无功功率，进而计算出易被现行功率理论接受的无功功率；无功因数补偿时应以正、负伪无功功率相互抵消为目标，让有源滤波器产生可逆的负伪无功功率，减小或消除整半周期内的伪无功功率，进而提高网侧功率因数。

4.3.3　全波整流反电势负载和无功功率图解法

在"双碳"目标的推动下，以电动汽车和储能装置等为代表的再电气化正如火如荼地在各地兴起。储能元件以锂电池作为运行能源，而电池充电则运用的是整流电路的原理，故其充电时将产生网侧电流，从而产生无功功率，给电网造成负担。当整流电路带电池这类负荷时，可将其看作一直流电压源，即为反电势负载，工作时会产生特有的停止导电角，这有别于纯阻负载，因此反电势负载整流电路的无功功率和功率因数计量方法也有所不同，但目前，对反电势负载整流电路模型的功率分析仍鲜有报道。

1. 反电势负载整流电路工作原理

原理：假设有单相相控整流电路，如图 4-25 所示，负载侧由电阻 R 和反电势 E 组成。已知电源侧电压 $u(t) = U_m \sin\omega t$，对电压表达式积分可得对应磁通，其表达式为

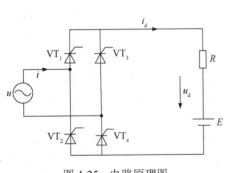

$$\Phi(t) = \int_0^t u(\tau)\mathrm{d}\tau = -\frac{U_m}{\omega}\cos\omega t = \Phi_m\cos\omega t \quad (4\text{-}38)$$

由电压及磁通表达式可知，磁通的相位超前电压 $\pi/2$。

在电源侧电压正半周期内，当电压瞬时值 $u(t)$ 大于反电势 E 时，晶闸管 VT_1、VT_4 承受正向电压，有导通的可能，若此时控制晶闸管的门极使其导通，则流过晶闸管的电流 i_d 为

$$i_d(t) = \frac{u(t) - E}{R} \quad (4\text{-}39)$$

图 4-25　电路原理图

直到电压瞬时值 $u(t)$ 逐渐减小到反电势 E 时，流过晶闸管的电流降为零，则 VT_1、VT_4 关断；负半周期的电路工作原理与正半周期相似，不再赘述。

与纯阻负载相比，由于整流电路带反电势 E，导致晶闸管提前了电角度 δ 关断，故将 δ 称为停止导电角，其表达式为

$$\delta = \arcsin\frac{E}{U_m} \quad (4\text{-}40)$$

整周期内的电源侧电流表达式为

$$i(t) = \begin{cases} \dfrac{U_m\sin\omega t - E}{R}, & \alpha < \omega t \leqslant 0.5\omega T - \delta \\[2mm] \dfrac{U_m\sin\omega t + E}{R}, & 0.5\omega T + \alpha < \omega t \leqslant \omega T - \delta \end{cases} \quad (4\text{-}41)$$

若晶闸管的触发角 α 小于停止导电角 δ，此时晶闸管仍承受反向电压而处于关断状态，为确保晶闸管导通的可靠性，需使 $\omega t = \delta$ 时刻触发脉冲仍然存在，此时 $|u| = E$，晶闸管开始承受正向电压。在整流电路电源侧电流 $i(t)$、电压 $u(t)$ 波形如图 4-26 所示。

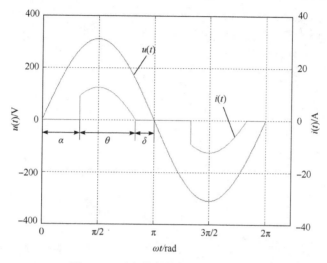

图 4-26　反电势负载电流、电压波形

2. 反电势负载特点

在正常导通情况下，纯阻负载相控整流电路的网侧电压和电流都是完整正弦波。而对于反电势负载，其网侧电压是正弦波，假设在 $U_\mathrm{m} > E$ 的条件下，当 $|u(t)| > E$ 时晶闸管导通，期间电流为正弦波，但 $|u(t)| < E$ 时，流过晶闸管的电流降为零，导致晶闸管关断，因此在整周期内，电流应为残缺的正弦波，而从晶闸管停止导通到 $\omega T/2$ 的电角度称为停止导电角，此为反电势负载所特有。

传统的功率计量是电压有效值乘电流有效值，而反电势负载的电流非正弦波，导致了传统功率计量方法的不适用。

反电势负载整流电路的电压、电流、瞬时功率波形如图 4-27 所示。

由电源侧电压和式(4-41)所示的电流表达式可得瞬时功率为

$$p(t) = u(t)i(t) = \begin{cases} \dfrac{U_\mathrm{m}^2 \sin^2 \omega t - U_\mathrm{m} E \sin \omega t}{R}, & \delta < \omega t \leqslant 0.5\omega T - \delta \\[4mm] \dfrac{U_\mathrm{m}^2 \sin^2 \omega t + U_\mathrm{m} E \sin \omega t}{R}, & 0.5\omega T + \delta < \omega t \leqslant \omega T \end{cases} \tag{4-42}$$

式(4-42)与图 4-26 提示，停止导电角与相控触发角打破了正、负伪无功功率的平衡，导致整周期内正、负伪无功功率的积分值不等于零，近旁电磁场内能量的存储与释放无法抵消。$p(t)$ 不是完整正弦波，其缺失部分表达伪无功功率，彰显为对网侧设备造成负担的滞后无功功率。特将近旁电磁场存储、释放能量效应等效为集中参数的电感 L。

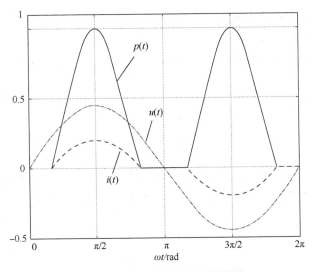

图 4-27　反电势负载相关参数波形

3. 构造反电势负载三维综合图

1) 反电势负载三维综合图

基于上述反电势负载的电压、磁通、电流表达式，可构建三维函数 $S(t)=f(u,\Phi,i)$ 的轨迹，将电压 $u(t)$ 作为 $S(t)$ 的横轴位移函数，将磁通 $\Phi(t)$ 作为 $S(t)$ 的纵轴位移函数，将电流 $i(t)$ 作为 $S(t)$ 的竖轴位移函数，则函数 $S(t)$ 可以表示为

$$S(t)=S_u(t)u(t)+S_\phi(t)\Phi+S_i(t)i \tag{4-43}$$

根据式(4-43)合成反电势负载的三维综合图，如图 4-28 所示。

图 4-28 中，$t_1\sim t_3$、$t_5\sim t_7$ 分别为晶闸管在正、负半周期内的导通时刻；在 $t_0\sim t_1$、$t_4\sim t_5$，电源侧电压绝对值小于反电势，晶闸管承受反向电压而不能导通；在 $t_3\sim t_4$、$t_7\sim t_0$，流过晶闸管的电流会减小至接近零，从而导致晶闸管关断，晶闸管在各个时刻的通断状态均可以与图 4-27 相对应。

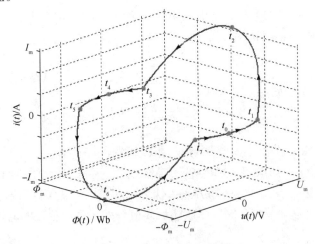

图 4-28　反电势负载三维综合图

2) 反电势负载有功功率图

把三维综合图 4-28 投影于 $\Phi\text{-}i$ 平面上,则可以得到反电势负载的有功功率图,如图 4-29 所示。

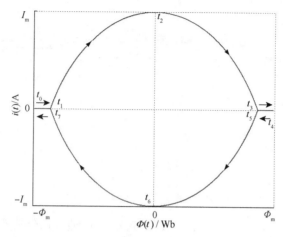

图 4-29　反电势负载 $\Phi\text{-}i$ 平面投影

纯阻负载单相全波整流电路中,若将其导通角设置为 π,则整周期的 $\Phi\text{-}i$ 投影图为一个完整的椭圆。然而当相控整流电路带反电势负载时,由于停止导电角 δ 的存在,晶闸管在整周期内无法完全导通,其允许的最大导通角仅为 $\pi-2\delta$,故反电势负载 $\Phi\text{-}i$ 投影图可以视作由两个椭圆拼合而成,这两个椭圆的数学表达式为

$$\frac{\Phi^2}{\Phi_m^2}+\frac{(u(t)+E)^2}{U_m^2}=1 , \quad u(t)\geqslant 0 \tag{4-44}$$

$$\frac{\Phi^2}{\Phi_m^2}+\frac{(u(t)-E)^2}{U_m^2}=1 , \quad u(t)< 0 \tag{4-45}$$

图 4-29 由式(4-44)所绘椭圆的 $u(t)\geqslant 0$ 部分以及式(4-45)所绘椭圆的 $u(t)\leqslant 0$ 部分组成,图 4-29 中曲线所围面积 A_p 即为负载所做的耗散功,表达式如下:

$$\begin{aligned}W&=\int_{\delta}^{\pi-\delta}i(t)u(t)\mathrm{d}\omega t+\int_{\pi+\delta}^{2\pi-\delta}i(t)u(t)\mathrm{d}\omega t\\&=\left|\int_{\phi(\delta)}^{\phi(\pi-\delta)}i(t)\mathrm{d}\Phi(t)\right|+\left|\int_{\phi(\pi+\delta)}^{\phi(2\pi-\delta)}i(t)\mathrm{d}\Phi(t)\right|=A_p\end{aligned}\tag{4-46}$$

将其除以工频周期 T,则可以得到有功功率:

$$P=\frac{A_p}{T}=\frac{1}{T}\left(\left|\int_{\phi(\delta)}^{\phi(\pi-\delta)}i(t)\mathrm{d}\Phi(t)\right|+\left|\int_{\phi(\pi+\delta)}^{\phi(2\pi-\delta)}i(t)\mathrm{d}\Phi(t)\right|\right)\tag{4-47}$$

3) 反电势负载无功功率图

把三维综合图 4-28 投影于 $u\text{-}i$ 平面内,则可以得到反电势负载的无功功率图,如图 4-30 所示。

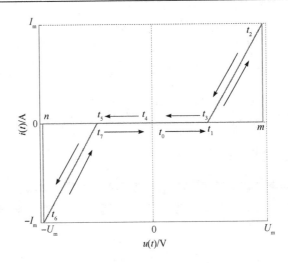

图 4-30　反电势负载 u-i 平面投影

在正半周期内，$t_1 \sim t_2$，$u > 0$，$\mathrm{d}i/\mathrm{d}t > 0$，故 $\mathrm{d}p/\mathrm{d}t > 0$，通过积分运算可知曲线所围 $\triangle t_1 t_2 m$ 的面积大于零，即近旁电磁场吸收能量；$t_2 \sim t_3$，$u > 0$，$\mathrm{d}i/\mathrm{d}t < 0$，故 $\mathrm{d}p/\mathrm{d}t < 0$，通过积分运算可知曲线所围 $\triangle t_2 t_3 m$ 的面积小于零，即在 $t_1 \sim t_2$ 被近旁电磁场吸收的能量得到释放，由于两者大小相等、符号相反，因此对外不彰显无功功率；负半周期同理。整周期内，近旁电磁场吸收与释放的能量相互抵消，结合 IEEE 1459—2010 标准可知，基波无功功率为

$$Q_1 = \frac{1}{\omega T}\left(\int_{u(\delta)}^{u(\pi-\delta)} i(t)\mathrm{d}u(t) + \int_{u(\pi+\delta)}^{u(2\pi-\delta)} i(t)\mathrm{d}u(t)\right) = \frac{1}{\omega T}\left(\int_{u(\delta)}^{u(\pi/2)} i(t)\mathrm{d}u(t) + \int_{u(\pi/2)}^{u(\pi-\delta)} i(t)\mathrm{d}u(t)\right)$$
$$+ \frac{1}{\omega T}\left(\int_{u(\pi+\delta)}^{u(3\pi/4)} i(t)\mathrm{d}u(t) + \int_{u(3\pi/4)}^{u(2\pi-\delta)} i(t)\mathrm{d}u(t)\right) \tag{4-48}$$

定义 u-i 图中的曲线轨迹所围面积为伪无功功率，用符号 Q_f 表示，则图 4-30 中三角形面积 $A_{\triangle t_1 t_2 m}$ 可表示为正半周期内的正伪无功功率 Q_{f+}^+，$A_{\triangle t_2 t_3 m}$ 可表示为正半周期内的负伪无功功率 Q_{f+}^-，则正半周期内伪无功功率可表示为 $Q_{f+} = Q_{f+}^+ + Q_{f+}^-$；负半周期中同理可以表示为 $Q_{f-} = Q_{f-}^+ + Q_{f-}^-$。因此，在整周期内，基波无功功率也可以表示为

$$Q_1 = \frac{A_q}{\omega T} = \frac{Q_f}{\omega T} = \frac{Q_{f+} + Q_{f-}}{2\pi} = \frac{Q_{f+}^+ + Q_{f+}^- + Q_{f-}^+ + Q_{f-}^-}{2\pi} \tag{4-49}$$

4）不同触发角的功率分析

在采用整流电路给蓄电池充电的过程中，反电势的值会随着充电时间逐渐增加，晶闸管的停止导电角也将变得越来越大，为了便于接下来分析和测算无功功率，本部分以某一固定时刻下的反电势模型进行讨论，此时反电势的值可看作一常数，即一个直流电压。

以单相桥式整流电路为例，电源侧电压为工频市电，反电势 E 为 155.5V，电阻 R 为 5Ω，则电源侧电压如下：

$$u(t) = 311\sin 100\pi t \tag{4-50}$$

对电压积分可得磁通为

$$\Phi(t) = 0.99\cos 100\pi t \tag{4-51}$$

电源侧电流为

$$
i(t)=\begin{cases}\dfrac{311\sin\omega t-155.5}{5}, & \delta<\omega t\leqslant\pi-\delta \\[3mm] \dfrac{311\sin\omega t+155.5}{5}, & \pi+\delta<\omega t\leqslant2\pi-\delta\end{cases} \tag{4-52}
$$

此时晶闸管的停止导电角为

$$
\delta=\arcsin(155.5/311)=\pi/6 \tag{4-53}
$$

为了保证相控整流电路可以稳定导通，其触发角 α 的取值范围应设置为 $\pi/6\sim5\pi/6$。

(1) 触发角 $\pi/3$：三维曲线及其二维投影如图 4-31 所示。

图 4-31(a)中，$t_2\sim t_4$、$t_7\sim t_9$ 时刻晶闸管处于导通状态，$t_9\sim t_1$、$t_4\sim t_6$ 时刻晶闸管处于关断状态，晶闸管的开通和关断由其工作特性决定。

由图 4-31(b)和式(4-47)可知，将 $\varPhi$-i 平面中曲线所围面积 A_{p} 除以周期 T 可得有功功率：

$$
P=\frac{A_{\mathrm{p}}}{T}=\frac{65.93}{0.02}=3.3(\mathrm{kW}) \tag{4-54}
$$

图 4-31(c)中，在 $t_2\sim t_3$ 时刻有 $\mathrm{d}p/\mathrm{d}t>0$，近旁磁场存储能量，曲线所围梯形 $t_1t_2t_3mt_1$ 的面积可表达为正伪无功功率 $Q_{\mathrm{f+}}^{+}$；在 $t_3\sim t_4$ 时刻有 $\mathrm{d}p/\mathrm{d}t<0$，近旁磁场中的能量得到释放，曲线所围 $\triangle t_3t_4m$ 的面积可表达为负伪无功功率 $Q_{\mathrm{f+}}^{-}$，结果如下：

$$
\begin{aligned}
Q_{\mathrm{f+}}^{+}&=A_{\text{梯形}t_1t_2t_3mt_1}=A_{\triangle t_3t_4m}-A_{\triangle t_1t_2t_4}\\
&=0.5\times(U_{\mathrm{m}}-E)\times\frac{U_{\mathrm{m}}-E}{R}-0.5\times(U_{\mathrm{m}}\sin60°-E)\times\frac{U_{\mathrm{m}}\sin60°-E}{R}\\
&=0.5\times(311-155.5)\times31.1-0.5\times(269-155.5)\times22.8=1.12(\mathrm{kvar})
\end{aligned} \tag{4-55}
$$

$$
Q_{\mathrm{f+}}^{-}=-A_{\triangle t_3t_4m}=-0.5\times(U_{\mathrm{m}}-E)\times\frac{U_{\mathrm{m}}-E}{R}=-0.5\times(311-155.5)\times31.1=-2.42(\mathrm{kvar}) \tag{4-56}
$$

因此，正半周期的伪无功功率为

$$
Q_{\mathrm{f+}}=Q_{\mathrm{f+}}^{+}+Q_{\mathrm{f+}}^{-}=1.12-2.42=-1.3(\mathrm{kvar}) \tag{4-57}
$$

同理可得，在 $t_7\sim t_8$ 时刻存储的能量于 $t_8\sim t_9$ 时刻被释放，则负半周期的伪无功功率为

$$
Q_{\mathrm{f-}}=Q_{\mathrm{f-}}^{+}+Q_{\mathrm{f-}}^{-}=A_{\text{梯形}t_6t_7t_8nt_6}-A_{\triangle t_8t_9n}=1.12-2.42=-1.3(\mathrm{kvar}) \tag{4-58}
$$

将整周期的伪无功功率除以电角度 2π，可得基波无功功率为

$$
Q_1=\frac{Q_{\mathrm{f}}}{\omega T}=\frac{Q_{\mathrm{f+}}+Q_{\mathrm{f-}}}{2\pi}=\frac{-1.3-1.3}{2\pi}=-0.41(\mathrm{kvar}) \tag{4-59}
$$

则基波功率因数为

$$
\lambda_1=\cos\varphi_1=\frac{P}{\sqrt{P^2+Q_1^2}}=0.99 \tag{4-60}
$$

(2) 触发角 $\pi/2$：三维曲线及其二维投影如图 4-32 所示。

图 4-32(a)中，$t_2\sim t_3$、$t_6\sim t_7$ 时刻晶闸管处于导通状态，$t_3\sim t_5$、$t_7\sim t_1$ 时刻晶闸管处于关断状态。

由图 4-32(b)可知，$\varPhi$-i 平面中曲线所围面积 A_{p} 可表征为电阻所做的耗散功 37.81J，所以功率为

$$P = A_\text{p} / T = 37.81/0.02 = 1.89(\text{kW}) \tag{4-61}$$

由图 4-32(c)可知，正半周期内，$t_1 \sim t_2$ 时刻存储在整流电路近旁电磁场中的能量于 $t_2 \sim t_3$ 时刻得到释放，$t_2 \sim t_3$ 时刻，有 $\text{d}p/\text{d}t < 0$，则曲线所围 $\triangle t_1 t_2 t_3$ 的面积可表达为负伪无功功率：

$$Q_{\text{f}+}^- = -A_{\triangle t_1 t_2 t_3} = -0.5 \times (U_\text{m} - E)^2 / R = -0.5 \times (311 - 155.5) \times 31.1 = -2.42(\text{kvar}) \tag{4-62}$$

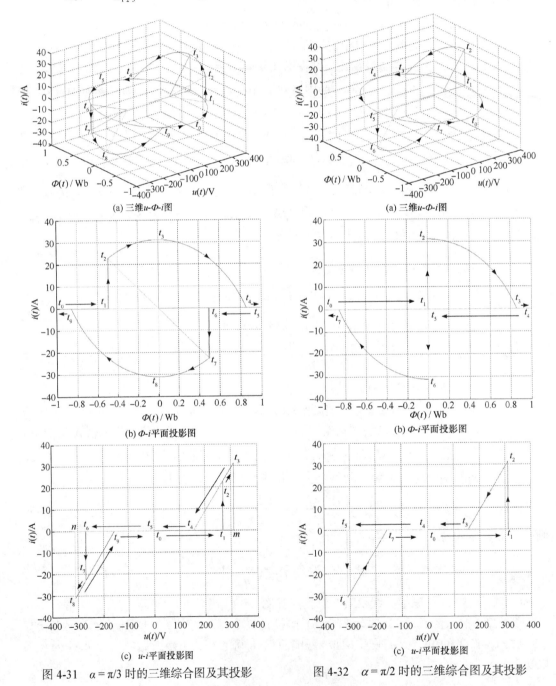

(a) 三维 u-Φ-i 图　　　　　　　　　(a) 三维 u-Φ-i 图

(b) Φ-i 平面投影图　　　　　　　　　(b) Φ-i 平面投影图

(c) u-i 平面投影图　　　　　　　　　(c) u-i 平面投影图

图 4-31　$\alpha = \pi/3$ 时的三维综合图及其投影　　　图 4-32　$\alpha = \pi/2$ 时的三维综合图及其投影

整负半周期内，在 $t_5 \sim t_6$ 时刻存储的能量于 $t_6 \sim t_7$ 时刻被释放，则其伪无功功率 Q_{f-}为

$$Q_{f-} = Q_{f-}^- = A_{\triangle t_5 t_6 t_7} = -\frac{0.5 \times (U_m - E)^2}{R} = -2.42(\text{kvar}) \tag{4-63}$$

将整周期的伪无功功率除以电角度 2π，则可得基波无功功率，进而有基波功率因数

$$Q_1 = \frac{A_q}{\omega T} = \frac{Q_f}{\omega T} = \frac{Q_{f+} + Q_{f-}}{2\pi} = \frac{-2.42 - 2.42}{2\pi} = -0.77(\text{kvar}) \tag{4-64}$$

$$\lambda_1 = \cos\varphi_1 = \frac{P}{\sqrt{P^2 + Q_1^2}} = 0.93 \tag{4-65}$$

(3) 触发角 $2\pi/3$：三维曲线及其二维投影如图 4-33 所示。

图 4-33(a)中，$t_3 \sim t_4$、$t_8 \sim t_9$ 时刻晶闸管处于导通状态，$t_9 \sim t_2$、$t_4 \sim t_7$ 时刻晶闸管处于关断状态。

由图 4-33(b)可知，将 $\Phi\text{-}i$ 平面中曲线所围面积 A_p 除以周期 T 可得有功功率：

$$P = \frac{A_p}{T} = \frac{9.70}{0.02} = 0.49(\text{kW}) \tag{4-66}$$

图 4-33(c)中，正半周期内 $t_2 \sim t_3$ 时刻存储在整流电路近旁电磁场内的能量于 $t_3 \sim t_4$ 时刻得到释放，在 $t_3 \sim t_4$ 时刻，有 $\mathrm{d}p/\mathrm{d}t < 0$，曲线所围 $\triangle t_2 t_3 t_4$ 的面积可表征为负伪无功功率：

$$\begin{aligned} Q_{f+}^- &= -A_{\triangle t_2 t_3 t_4} = -0.5 \times (U_m \sin 120° - E) \times \frac{U_m \sin 120° - E}{R} \\ &= -0.5 \times (269 - 155.5) \times 22.8 = -1.30(\text{kvar}) \end{aligned} \tag{4-67}$$

与 $\pi/2$ 的情况类似，由于图 4-33(c)中正半周期内只存在负伪无功功率，故其伪无功功率即为 $Q_{f+} = Q_{f+}^- = -1.30\text{kvar}$。

负半周期同理，在 $t_7 \sim t_8$ 时刻存储的能量于 $t_8 \sim t_9$ 时刻被释放，则这部分伪无功功率为 $Q_{f-} = Q_{f-}^- = -1.30\text{kvar}$。

将整周期内的伪无功功率除以无量纲的角频率 2π，可得基波无功功率：

$$Q_1 = \frac{A_q}{\omega T} = \frac{Q_f}{\omega T} = \frac{Q_{f+} + Q_{f-}}{2\pi} = \frac{-1.30 - 1.30}{2\pi} = -0.41(\text{kvar}) \tag{4-68}$$

则基波功率因数为

$$\lambda_1 = \cos\varphi_1 = \frac{P}{\sqrt{P^2 + Q_1^2}} = 0.76 \tag{4-69}$$

(4) 其他触发角。

前面谨选取了 3 个具有代表性的特殊角度进行详细的有功功率、无功功率分析计算，对于其他触发角的情况均可参照上述 3 个特殊角进行功率求解。

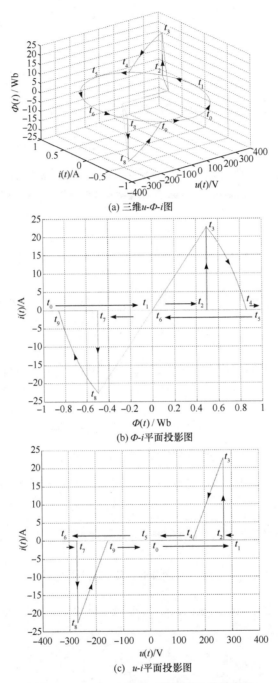

(a) 三维 u-Φ-i 图

(b) Φ-i 平面投影图

(c) u-i 平面投影图

图 4-33　$\alpha = 2\pi/3$ 时的三维曲线及其投影图

①当触发角 $60° \leqslant \alpha < 90°$ 时，在整周期内，$\mathrm{d}p/\mathrm{d}t > 0$ 的部分，电磁场存储能量，产生正伪无功功率 Q_f^+；$\mathrm{d}p/\mathrm{d}t < 0$ 的部分，电磁场释放能量，产生负伪无功功率 Q_f^-，且正、负伪无功功率会出现部分或全部抵消的情况，电源侧的基波无功功率可表示为

$$Q_1 = \frac{A_q}{\omega T} = \frac{Q_f}{\omega T} = \frac{Q_{f+} + Q_{f-}}{\omega T} = \frac{Q_{f+}^+ + Q_{f+}^- + Q_{f-}^+ + Q_{f-}^-}{2\pi} \qquad (4\text{-}70)$$

②当触发角 $90° \leqslant \alpha < 120°$ 时，正半周期中和负半周期中都只有 $\mathrm{d}p/\mathrm{d}t < 0$ 的部分，即电路中不存在正伪无功功率 Q_f^+，只需考虑正、负半周期内负伪无功功率 Q_f^- 的大小，故电源侧基波无功功率可表示为

$$Q_1 = \frac{A_q}{\omega T} = \frac{Q_f}{\omega T} = \frac{Q_{f+} + Q_{f-}}{\omega T} = \frac{Q_{f+}^- + Q_{f-}^-}{2\pi} \qquad (4\text{-}71)$$

4. 结论

反电势负载模型存在特有的停止导电角，导致整周期内电流无法完全导通，这种特征会在三维综合图中得到彰显，与其他类型的负载模型形成鲜明差异。

三维综合图的轨迹揭示了电磁场中能量的存储和释放过程，通过累积其二维投影面积可以得到有功功率和基波无功功率，计算简单，仅需进行简单的算术运算。

4.3.4 全波整流阻感负载和无功功率图解法

1. 非线性电路的无功功率

1) 无功功率的几种现行概念

(1) 国际标准：IEEE 1459—2010 中，无论线性电路还是非线性电路，其无功功率都可表示为

$$Q_{1459} = \frac{\omega_1}{kT} \int_{t_0}^{t_0+kT} i(t) \left[\int_{t_0}^{t} v_1(\tau)\mathrm{d}\tau \right] \mathrm{d}t \qquad (4\text{-}72)$$

式中，ω_1、$v_1(t)$ 和 $i(t)$ 分别为基波角频率、电压和电流；k 为周波个数，$Q>0$，为感性；$Q<0$，为容性。

(2) 现行无功功率：纯电感电路或纯电容电路的无功功率可以表达为

$$Q = \max\{v(t)i(t)\} = 0.5V_m I_m \sin(\pi/2) \qquad (4\text{-}73)$$

即电压有效值和电流有效值之积，表达的是电感器或电容器存储、释放电磁能量的最大能力。

(3) 物理无功功率：物理无功功率 Q_{phf} 为瞬时无功功率 $r(t)$ 积分的平均值。

$$Q_{phy} = \frac{\pi}{2T} \int_0^T |r(t)|\,\mathrm{d}t \qquad (4\text{-}74)$$

式(4-74)中积分上限中的 T 表示求周期内的累积值；分母中的 T 表示求整周期的平均值，$\pi/2$ 是为了关联现行表达式，即使 Q_{phf} 与现行最大传输能力 Q 对应起来；$r(t)$ 表示电感器、电容器等所存储的能量对时间的变换率，即瞬时无功功率；被积函数 $|r(t)|$ 表示不分无功能量变化率的正负，积分表示能量变化率的累积值；不考虑电感器、电容器等储能元件的损耗。

2) 面积计算和公共连接点

(1) 封闭曲线的表达及其面积计算：用图解法分析纯阻负载的单相半/全波整流电路和反电势负载单相全波整流电路的无功功率时，因其边界规则易于用解析式表达，故其面积计算较为简单。然而，本书关注的则是在 LC 低通滤波器和相控整流的共同作用下，依据其网侧电压、电流的表达式，可知所构成的封闭曲面的边界往往是很不规则的，因此很难用解析式来表达曲线面积。

(2) 边界不规则图形的面积计算：对封闭曲面 $f[v(t),i(t)]$ 边界采样，得到 $v(t_i)$、$i(t_i)$，再利用 t 的单调性 $t_n < t_{n+1}$，用三次采样插值函数对 t 和 v 的坐标 V、t 和 i 的坐标 I 分别插值，以求既能具有良好的收敛、稳定性，又有二阶光滑度。上述基于坐标法求解面积的策略不论在研究阶段的 MATLAB 环境下，还是在工程应用的单片机上，都是能实现的，且所得面积的精度取决于坐标 $v(t_i)$、$i(t_i)$ 及其采样的精度。

(3) 公共连接点：L、C 和 R 的串/并联模式不同，功率因数表达亦不同。本书采用既不关注电源的特性，也不区分储能和耗能元件间的串/并联等负载类型，将电源、负载分别视为黑匣子，仅强调两者间的公共耦合点，依网侧电压电流的瞬时值来辨识负载端的诸功率状态。

2. 带 LC 滤波的单相桥式整流电路分析

1) 两种电流断续模式

带 LC 滤波的单相桥式整流电路的数学表达见式(4-55)，其网侧电压、电流波形如图 4-34 所示。

$$\frac{d^2 u_c}{dt^2} + \frac{1}{RC}\frac{du_c}{dt} + \frac{u_c}{LC} = \frac{E_m}{LC}\sin(\omega t + \varphi) \tag{4-75}$$

(1) 在实际整流器中为减小电压脉动，电容器 C 通常取值较大，电感器 L 主要用来抑制电流冲击，其取值较小，故常处在电流断续状态，在此也着重分析电流断续状态下的无功功率。电感器置于交流侧具有可防止偏磁等优点，其稳态表达式仍与置于直流侧时的一样。

(2) 在图 4-34(b)和(c)中，θ 是以网侧电压过零点为参照的开始导通角，δ 是导通角；由式(4-75)可知，考虑 L、C、R、E_m 和 ω 的取值范围以及图示两种断续方式，很难求得有价值的解析解，θ、δ 的数值解可由 ωRC 和 $\omega(RL)^{0.5}$ 查表求得。

(3) 在图 4-34(b)中，$\theta+\delta<\pi$，表示交流侧基波电流回归零的时刻在电网电压整半周期 $(0,\pi)$ 之内，即在电压过零之前，电感中电流已归零，能量已释放完毕。

(4) 在图 4-34(c)中，$\theta+\delta\geq\pi$，表示网侧电压过零之后，电感中电流仍未归零，能量未释放完；在电源电压、$|Ldi/dt|$ 和电容器电压的共同作用下，尽管电源电压为负，仍能够维持晶闸管的正向电压，使之继续导通，直至将电感中存储的磁场能量释放完毕，电流才能够回归于零，等待着下个周期开始。

(5) 纯阻负载相控整流电路中功率脉动 dp/dt 应该扩展为视在功率的脉动 dS/dt。

2) 不同负载下不控整流电路的功率分析

令图 4-34 的半控器件 $VT_1 \sim VT_4$ 在正半周期导通,$v(t) = 311\sin314t$,$L = 8\text{mH}$,$C = 5600\mu\text{F}$。

(1) 电阻值 $R = 24\Omega$ 时:开始导通角和导通角之和小于 π(即 $\theta + \delta < \pi$)的状态,从网侧 $v(t)$、$i(t)$ 和由式(4-14)求得的 $\Phi(t)$ 可以得到三维综合图封闭曲线及其在有功($\Phi\text{-}i$)平面、无功 ($u\text{-}i$)平面上的投影,如图 4-35 所示。

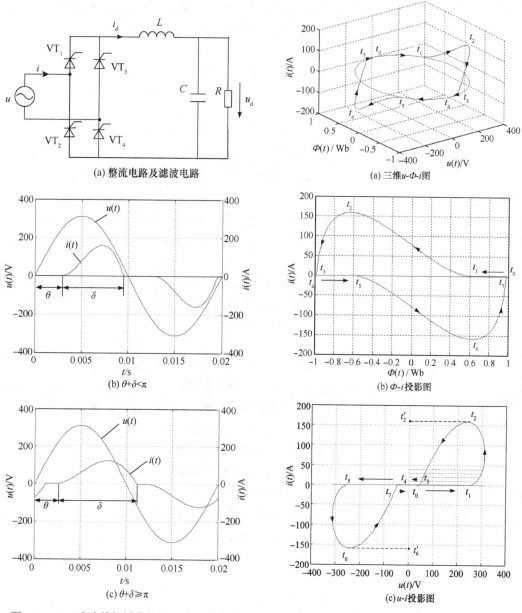

图 4-34 LC 滤波单相桥式整流电路工作波形

图 4-35 电阻值 24Ω 时的三维综合图

① $t_1 \sim t_3$、$t_4 \sim t_0$ 为可控导通区间,其余均为截止区间,图 4-35(b)表示有功功率做耗散功的面积为 286.2J,再除以做功时间 $T = 0.02\text{s}$ 得有功功率 $P = 14.31\text{kW}$,与目前诸观点所

得结果相同。

② 图 4-35(c)中在 t_1 时刻电流从零上升，存储能量如图中虚线簇所示，能量传输速率即正向视在功率的脉动 $dS/dt > 0$，伪无功功率逐渐增大至 t_2 点，封闭曲线 $t_0t_1t_2t_2't_0$ 所围的面积达最大值，记 $\text{Area}\,t_1t_2t_2't_0t_1$ 为正，表示正伪无功功率 Q_{f+}。

③ 图 4-34(a)中电感电流 i_d 是单向的，故自 t_2 起电流开始减小，向负载 RC 释放 $t_1 \sim t_2$ 所存储的能量，正视在功率的脉动 $dS/dt<0$，伪无功功率逐渐减小，$\text{Area}\,t_2t_3t_0t_2't_2$ 为负，表示负伪无功 Q_{f-}，即释放所存储能量的速率，面积增大意味着释放能量的速率逐渐增大。

④ 正 $\text{Area}\,t_1t_2t_2't_0t_1$ 与负 $\text{Area}\,t_2t_3t_0t_2't_2$ 的代数和为 $\text{Area}\,t_1t_2t_3t_1$，即封闭曲线内的无功功率累积值为 $Q_{f+} + Q_{f-} = Q_f = 20.03\text{kvar}$，再除以无量纲的 π，$Q = Q_f/\pi = 6.38\text{kvar}$，便为对外彰显且能对网侧造成负担的无功功率，对比纯阻负载的分析可知，该面积所表示的无功功率为 L、C 储能元件所致。

(2) 电阻值 $R = 12\Omega$ 时：LC 滤波器条件不变，开始导通角和导通角之和大于 π，为 $\theta + \delta \geq \pi$ 状态，其三维综合图封闭曲线及其在有功平面、无功平面上的投影如图 4-36 所示。

① $t_1 \sim t_3$、$t_4 \sim t_0$ 仍为可控导通区间，其余为截止区间。图 4-36(b)中的两个面积都是周期内逐渐累积而成的，表示电阻上的耗散功 466.4J，再除以周期 T 即成为有功功率 $P = 23.32\text{kW}$，同于现行功率理论所得结果。

② 能量是标量，但表达能量变化速度的功率却有方向；由图 4-36(c)可知在 t_1 时刻电流自零增加，开始存储能量，$dS/dt > 0$，正伪无功功率逐渐地增大至电流最大点 t_2，若封闭曲线自原点(0,0)开始，则 $\text{Area}(0,0)t_1t_2t_2'(0,0)$ 达最大值，记 $\text{Area}\,t_1t_2t_2't_0t_1$ 为正，即 Q_{f+}，表示正伪无功功率。

③ 自 t_2 起电流减小，释放 $t_1 \sim t_2$ 存储的能量，记封闭曲线外 $\text{Area}\,t_2t_3t_2'$ 为负，表示能量释放的速率 Q_{f-}；在 t_3 网侧电压过零，电感中存储的能量仍未释放完，电流也未降至零，而是在 $|Ldi/dt|$ 与电容电压 u_d 共同作用下，仍保持下降直至将电感中存储的能量释放完毕，在 t_4 电流归零，以至于封闭曲线的内部 $\text{Area}\,t_3t_4(0,0)t_3$ 仍然是负的。

④ 上述正 $\text{Area}\,t_1t_2t_2't_0t_1$ 与负 $\text{Area}\,t_2t_3t_2't_2$ 之差的封闭曲线(0,0)$t_0t_1t_2t_3$(0,0)内的面积为正。

⑤ 因式(4-74)被积函数是绝对值，故用封闭曲线内的面积来累积无功功率时，应不分子区间所得积分值的正负而将区均作为正值来处理，故 $\text{Area}\,t_3t_4(0,0)t_3$ 应由负变为正。

⑥ 总的面积由曲线(0,0)$t_0t_1t_2t_3t_4$(0,0)所界定，再除以无量纲的角频率 π，即为对外彰显且能对网侧造成负担的无功功率，对比纯阻负载的分析可知，该面积所表示的无功功率为 L、C 储能元件所致。

3) 负载不变不同触发角下的无功功率分析

在此仍然以 $v(t) = 311\sin 100\pi t$、$R = 12\Omega$、$L = 8\text{mH}$、$C = 5600\mu\text{F}$ 的带 LC 无源滤波器的相控整流电路为例，即直流负载 R 和 LC 低通滤波器参数不变，仅仅通过不同的触发角来考察无功功率，进行功率分析。

(1) 触发角 90°。

负载和 LC 低通滤波器不变，触发角为 90°时，三维综合图封闭曲线及其在有功、无功平面上的投影如图 4-37 所示。

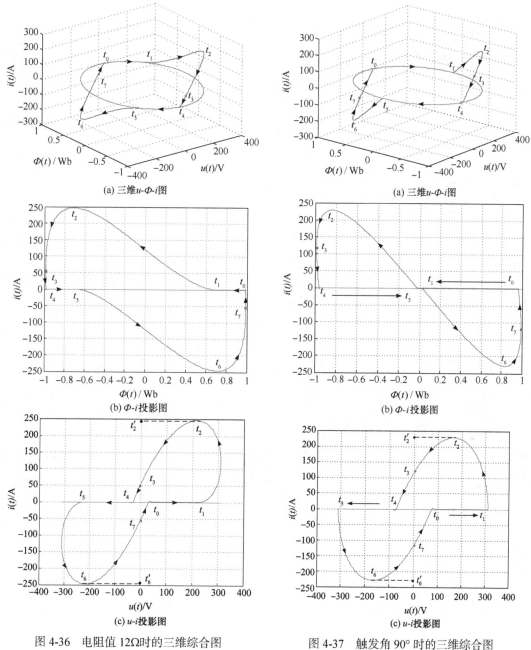

图 4-36　电阻值 12Ω时的三维综合图　　　　　　图 4-37　触发角 90° 时的三维综合图

① 图 4-36、图 4-37 是相似且对应的，若令它们的时间序号一致，则分析过程相同，故不再赘述。

② 由 $\Phi\text{-}i$ 平面面积计算可得耗散功为 218.62J，再除以累积的做功时间 $T = 0.02\text{s}$，可得有功功率为 $P = 14.08\text{kW}$。

③ 由 u-i 平面面积计算可得整周期的伪无功功率 Q_f = 120.43kvar，再除以无量纲的角频率 2π，则无功功率为 Q = 19.17kvar。

(2) 触发角 120°。

负载和 LC 低通滤波器不变，触发角为 120°时，其三维 Lissajous 封闭曲线及其在有功、无功平面上的投影如图 4-38 所示。

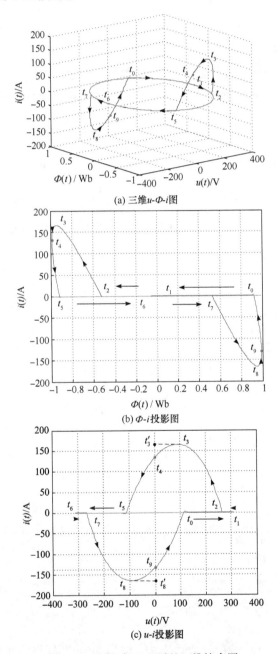

(a) 三维 u-Φ-i 图

(b) Φ-i 投影图

(c) u-i 投影图

图 4-38　触发角 120°时的三维综合图

① $t_2 \sim t_5$、$t_7 \sim t_0$ 分别为正、负半周期的导通区间，$t_0 \sim t_2$ 为正半周期的截止区间，$t_5 \sim t_7$ 为负半周期的截止区间；由图 4-38(b)可知，有功功率等于正、负半周期的面积之和除以周期 T，即可得到 $P = 4.36 \text{kW}$。

② 由图 4-38(c)可知，t_2 开始导通存储能量，其传输速率即正伪无功功率逐渐地增大直至电流最大点 t_3 时，封闭曲线 $(0,0)t_0 t_1 t_2 t_3 t_3'(0,0)$ 所围的面积达最大值，特记该"面积"为正，即 Q_{f+}，表示能量增加的速度，即正伪无功功率。

③ 自 t_3 起电流开始减小，释放所存储的能量，封闭曲线外的"面积" $t_3 t_4 t_3' t_3$ 为负，表示负伪无功率 Q_{f-}，为能量释放的速率；在 t_4 点即网侧电压过零时，电感中存储的能量仍有剩余，电流也未降至零，而是在 $|L di/dt|$ 与电容电压 u_d 共同作用下，仍保持下降直至将电感中存储的能量释放完毕，在 t_5 点电流归零，封闭曲线内的 $\text{Area}\, t_4 t_5 (0,0)t_4$ 仍然是负的。

④ 上述正 $\text{Area}(0,0)t_0 t_1 t_2 t_3 t_3'(0,0)$ 与负 $\text{Area}\, t_3 t_4 t_3' t_3$ 之差构成封闭线内的 $\text{Area}(0,0)t_0 t_1 t_2 t_3 t_4 (0,0)$，该面积为正。

⑤ 封闭 $\text{Area}\, t_4 t_5 (0,0)t_4$ 仍处于电感电流下降的能量释放状态，故为负。

⑥ 因式(4-74)被积函数是绝对值，故用封闭曲线内的面积来计算无功功率时，应不分能量的存储或释放和面积正负，故总的面积由曲线 $(0,0)t_0 t_1 t_2 t_4 t_5 (0,0)$ 所界定，再除以无量纲的角频率 π，即为对外彰显且能对网侧造成负担的无功功率，对比纯阻负载的分析可知，该面积为 L、C 储能元件所致。

3. 基于不同功率理论所得的计算结果

1) 不控整流电路不同负载电阻的比较

以工频 220V 单相不控整流带 $L = 8 \text{mH}$、$C = 5600 \mu\text{F}$ 的滤波器负载电路模型为例，在不同的负载电阻下，对基于几种现行功率理论所得的结果与图解法面积计算所得结果进行比较，具体如表 4-4 所示。

表 4-4　单相不控整流带 LC 滤波器时不同负载电阻下的结果比较

电阻值		48Ω	24Ω	16Ω	12Ω	9.6Ω
图解法		$P = 8.32$	$P = 14.31$	$P = 19.19$	$P = 23.32$	$P = 26.88$
		$Q = 4.42$	$Q = 9.24$	$Q = 13.98$	$Q = 18.57$	$Q = 22.96$
		$\cos\varphi = 0.88$	$\cos\varphi = 0.84$	$\cos\varphi = 0.80$	$\cos\varphi = 0.78$	$\cos\varphi = 0.76$
IEEE 1459—2010 标准		$S_1 = 9.43$	$S_1 = 17.04$	$S_1 = 23.76$	$S_1 = 29.82$	$S_1 = 35.37$
		$P_1 = 8.32$	$P_1 = 14.32$	$P_1 = 19.20$	$P_1 = 23.33$	$P_1 = 26.90$
		$Q_1 = 4.42$	$Q_1 = 9.25$	$Q_1 = 13.99$	$Q_1 = 18.58$	$Q_1 = 22.97$
		$D_I = 5.64$	$D_I = 7.99$	$D_I = 9.40$	$D_I = 10.23$	$D_I = 10.68$
		$D_V = 0$	$D_V = 0$	$D_V = 0$	$D_V = 0$	$D_V = 0$
		$S_H = 0$	$S_H = 0$	$S_H = 0$	$S_H = 0$	$S_H = 0$

电阻值	48Ω	24Ω	16Ω	12Ω	9.6Ω
IEEE 1459—2010 标准	$P_H = 0$	$P_H = 0$	$P_H = 0$	$P_H = 0$	$P_H = 0$
	$S = 10.99$	$S = 18.82$	$S = 25.55$	$S = 31.53$	$S = 36.95$
	$\cos\varphi_1 = 0.88$	$\cos\varphi_1 = 0.84$	$\cos\varphi_1 = 0.80$	$\cos\varphi_1 = 0.78$	$\cos\varphi_1 = 0.76$
	$\cos\varphi = 0.76$	$\cos\varphi = 0.76$	$\cos\varphi = 0.75$	$\cos\varphi = 0.74$	$\cos\varphi = 0.73$
Budeanu 功率理论	$S = 10.99$	$S = 18.82$	$S = 25.55$	$S = 31.53$	$S = 36.95$
	$P = 8.32$	$P = 14.32$	$P = 19.20$	$P = 23.33$	$P = 26.90$
	$Q_B = 4.42$	$Q_B = 9.25$	$Q_B = 13.99$	$Q_B = 18.58$	$Q_B = 22.97$
	$D = 5.64$	$D = 7.99$	$D = 9.40$	$D = 10.23$	$D = 10.68$
Fryze 功率理论	$S = 10.99$	$S = 18.82$	$S = 25.55$	$S = 31.53$	$S = 36.95$
	$P = 8.32$	$P = 14.32$	$P = 19.20$	$P = 23.33$	$P = 26.90$
	$Q = 7.17$	$Q = 18.44$	$Q = 16.85$	$Q = 21.21$	$Q = 25.34$
CPC 功率理论	$P = 8.32$	$P = 14.32$	$P = 19.20$	$P = 23.33$	$P = 26.90$
	$Q = 0$	$Q = 0$	$Q = 0$	$Q = 0$	$Q = 0$
	$D_s = 1.11$	$D_s = 2.71$	$D_s = 4.55$	$D_s = 6.49$	$D_s = 8.47$
	$D_h = 7.08$	$D_h = 11.91$	$D_h = 16.21$	$D_h = 20.19$	$D_h = 23.87$
	$S = 10.99$	$S = 18.82$	$S = 25.55$	$S = 31.53$	$S = 36.95$

注: (1) 各种功率理论对有功功率的概念和定义并无争议, 所以尽管计算途径不同, 所得到的有功功率却均是一致的;

(2) 各种功率理论对无功功率的概念和定义均有很大的不同, 基于各种无功功率理论对无功功率的计算途径不同, 所得结果也有很大的不同;

(3) 本方案与基于 IEEE 1459—2010 标准所得结果基本一致, 可见所提伪无功功率以及用它以求面积的简单方式来求解无功功率的办法得到了验证。

2) 相控整流电路不同相控角的比较

以工频 220V 单相相控整流电路中 $R = 12\Omega$、$L = 8\text{mH}$、$C = 5600\mu\text{F}$ 为例, 在不同触发角的条件下, 图解法面积计算所得结果与基于几种现行功率理论所得结果的比较如表 4-5 所示。

表 4-5　单相相控整流带 LC 滤波器时不同触发角下的结果比较

触发角	30°	60°	75°	90°	120°	150°
图解法	$P = 23.32$	$P = 21.83$	$P = 18.41$	$P = 14.08$	$P = 4.36$	$P = 0.23$
	$Q = 18.57$	$Q = 19.35$	$Q = 20.14$	$Q = 19.17$	$Q = 13.61$	$Q = 3.81$
	$\cos\varphi_1 = 0.782$	$\cos\varphi_1 = 0.750$	$\cos\varphi_1 = 0.675$	$\cos\varphi_1 = 0.592$	$\cos\varphi_1 = 0.305$	$\cos\varphi_1 = 0.061$
IEEE 1459—2010 标准	$S_1 = 29.82$	$S_1 = 29.26$	$S_1 = 27.30$	$S_1 = 23.79$	$S_1 = 14.29$	$S_1 = 3.82$
	$P_1 = 23.33$	$P_1 = 21.94$	$P_1 = 18.42$	$P_1 = 14.09$	$P_1 = 4.36$	$P_1 = 0.23$
	$Q_1 = 18.58$	$Q_1 = 19.36$	$Q_1 = 20.15$	$Q_1 = 19.18$	$Q_1 = 13.61$	$Q_1 = 3.81$
	$D_1 = 10.23$	$D_1 = 10.86$	$D_1 = 11.74$	$D_1 = 12.08$	$D_1 = 10.09$	$D_1 = 4.12$
	$D_V = 0$	$D_V = 0$	$D_V = 0$	$D_V = 0$	$D_V = 0$	$D_V = 0$
	$S_H = 0$	$S_H = 0$	$S_H = 0$	$S_H = 0$	$S_H = 0$	$S_H = 0$

续表

触发角	30°	60°	75°	90°	120°	150°
IEEE 1459—2010 标准	$P_H = 0$	$P_H = 0$	$P_H = 0$	$P_H = 0$	$P_H = 0$	$P_H = 0$
	$S = 31.53$	$S = 31.21$	$S = 29.72$	$S = 26.69$	$S = 17.50$	$S = 5.61$
	$\cos\varphi_1 = 0.782$	$\cos\varphi_1 = 0.750$	$\cos\varphi_1 = 0.675$	$\cos\varphi_1 = 0.592$	$\cos\varphi_1 = 0.305$	$\cos\varphi_1 = 0.061$
	$\cos\varphi = 0.740$	$\cos\varphi = 0.703$	$\cos\varphi = 0.620$	$\cos\varphi = 0.528$	$\cos\varphi = 0.249$	$\cos\varphi = 0.042$
Budeanu 功率理论	$S = 31.53$	$S = 31.21$	$S = 29.72$	$S = 26.69$	$S = 17.50$	$S = 5.61$
	$P = 23.33$	$P = 21.94$	$P = 18.42$	$P = 14.09$	$P = 4.36$	$P = 0.23$
	$Q_B = 18.58$	$Q_B = 19.36$	$Q_B = 20.15$	$Q_B = 19.18$	$Q_B = 13.61$	$Q_B = 3.81$
	$D = 10.23$	$D = 10.86$	$D = 11.74$	$D = 12.08$	$D = 10.09$	$D = 4.12$
Fryze 功率理论	$S = 31.53$	$S = 31.21$	$S = 29.72$	$S = 26.69$	$S = 17.50$	$S = 5.61$
	$P = 23.33$	$P = 21.94$	$P = 18.42$	$P = 14.09$	$P = 4.36$	$P = 0.23$
	$Q = 21.21$	$Q = 22.20$	$Q = 23.32$	$Q = 22.66$	$Q = 16.95$	$Q = 5.61$
CPC 功率理论	$P = 23.33$	$P = 21.93$	$P = 18.44$	$P = 14.08$	$P = 4.36$	$P = 0.23$
	$Q = 0$	$Q = 0$	$Q = 0$	$Q = 0$	$Q = 0$	$Q = 0$
	$D_s = 6.49$	$D_s = 7.36$	$D_s = 8.86$	$D_s = 9.73$	$D_s = 9.92$	$D_s = 3.59$
	$D_h = 20.19$	$D_h = 20.96$	$D_h = 21.56$	$D_h = 20.47$	$D_h = 13.94$	$D_h = 4.31$
	$S = 31.53$	$S = 31.21$	$S = 29.72$	$S = 26.69$	$S = 17.50$	$S = 5.61$

表 4-5 中的提示与表 4-4 相仿，说明不论改变负载电阻，还是改变触发角，本方案均能适应。

4. 数学表达和物理意义

1) 几种主流观点的表达式及其计算结果比较

(1) 在 IEEE 1459—2010 标准中，$S_1 = V_1 I_1$ 为基波视在功率，P_1 为基波有功功率，$Q_1 = V_1 I_1 \sin\varphi_1$ 为基波无功功率，$D_1 = V_1 I_H$ 为电流失真功率，$D_V = V_H I_1$ 为电压失真功率，$S_H = V_H I_H$ 为谐波视在功率，P_H 为谐波有功功率，$\cos\varphi_1$ 为基波功率因数，$\cos\varphi$ 为功率因数；$v(t) = v_1(t) + v_h(t)$，因网侧电压 $u(t)$ 可视为标准正弦波，故谐波分量 $u_H(t)$ 不计，$u_H(t)$ 的有效值 $V_H = 0$；有 $D_V = 0$，$S_H = 0$，$P_H = 0$，其补充依据为 $P_H = \sum V_H I_H \cos\varphi_H$，$P_H > 1$。

(2) Budeanu 功率理论中，$P = \sum V_n I_n \cos\varphi_n$ 为有功功率，$Q_B = \sum V_n I_n \sin\varphi_n$ 为无功功率，$S = (\sum V_n^2 \sum I_n^2)^{0.5}$ 为视在功率，$D = (S^2 - P^2 - Q_B^2)^{0.5}$ 为畸变功率。

(3) Fryze 功率理论是基于时域分析的 $S = UI$，I_p 为有功电流，$P = UI_p$，$Q = (S^2 - P^2)^{0.5}$ 为无功功率。

(4) CPC 功率理论中，$S = UI$ 为视在功率，$P = UI_p$ 为有功功率，$Q = UI_r$ 为无功功率，

$D_s = UI_s$ 为散布功率，$D_h = UI_h$ 为生成功率，计算过程从略。因为无功电流为

$$i_r(t) = \sqrt{2} \, \text{Re} \sum_{n \in N} j B_n U_n \text{e}^{jn\omega t} \tag{4-76}$$

纯虚数的实部(Re)为 0，则无功电流有效值 I_r 也为 0，所以与 I_r 相乘所得的无功功率 Q 为 0。

(5) 基于上述表格所陈列的数据，可做如下归纳，见表 4-6。

表 4-6　图解法与现行功率理论所得结果的比较

类别	负载变化的不控整流	负载不变的相控整流
图解法对比 IEEE 1459—2010 标准	基本一致	基本一致
图解法对比 Budeanu 功率理论	基本一致	基本一致
图解法对比 Fryze 功率理论	较大偏差	较大偏差
图解法对比 CPC 功率理论	稍有偏差	稍有偏差

可见图解法与 IEEE 1459—2010 标准和 Budeanu 功率理论是基本一致的，可以互相验证。

2) 基于比较结果的图解法解读

图解法所得的无功功率 Q、Budeanu 理论的无功功率 Q_B、IEEE 1459—2010 标准的基波无功功率 Q_1 等均有小数点后的误差，所得功率因数的误差也均在小数点之后。但是，图解法只需根据网侧瞬态电压、电流即可通过面积算出有功功率、无功功率和功率因数，不需要经过 Fourier 变换和求解电流分量等繁杂的数学运算，有较好的实时性。

该方法并不涉及材料器件、物理结构、电路拓扑和控制策略等的创新，在此不提供实验波形来验证电磁干扰、各类损耗、动静态响应和动静态过程，只对既有电力电子功率变换器网侧电压、电流和测算功率因数的方法进行探讨。

3) 交流电源向纯阻负载供电时的伪无功功率

(1) 在交流电源向纯阻负载供电时，其瞬时功率为

$$p(t) = V_m I_m \sin 2\omega t = 0.5 V_m I_m (1 - \cos 2\omega t) \tag{4-77}$$

输送的交流功率恒定为 $0.5 V_m I_m$，但却伴随着幅度为 $0.5 V_m I_m$ 的倍频功率脉动，周边电磁场不仅需要随时存储或释放对应的能量，而且要能保证传输能量的速率。存储能量的速率为正伪无功功率，释放能量的速率为负伪无功功率，且因周期内正、负伪无功功率的积分值为零，故伪无功功率不彰显为给网侧设备造成负担的无功功率。

(2) 在纯阻负载相控整流中，虽然电路无储能元件，但因正、负伪无功功率在周期内不能抵消，故伪无功功率也能彰显为会给网侧设备造成负担的无功功率；因纯阻负载相控整流电路呈滞后无功功率，故将周边电磁场的存储释放能量效应等效为集中参数的电感。

4) LC 滤波的整流电路定性分析

带 LC 滤波的不控整流电路和相控整流电路的网侧功率如图 4-39 所示。

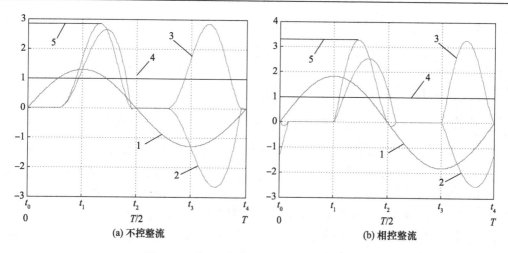

图 4-39　带 LC 滤波整流电路时的相关波形

图 4-39 中"1"为电压表达式 $v(t)$，"2"为电流表达式 $i(t)$，"3"为瞬时有功功率 $p(t) = v(t)i(t)$，"4"为以直流电压、电流和功率为准的基线(用来确定诸交流量的幅值)，"5"为网侧设备必备的最大做功能力 P_{max}。图中提示：

(1) 为向电阻输送直流功率，在电感、电容、电阻和相控整流的共同作用下，交流电源输出功率会呈现倍频脉动，导致网侧设备必备的最大做功能力要大于交流纯电阻电路，降低了功率因数，也降低了网侧设备最大能力的实际利用率。

(2) 因为网侧电流不与网侧电压同相位且为非正弦波，所以该功率脉动不能表达成式 (4-7)，其周期内的正、负伪无功功率不能抵消，图 4-34～图 4-37 中的(c)所示面积积分后相加的结果不为零，从而彰显为能造成网侧设备负担的无功功率。

(3) LC 滤波不控整流电路的开始导通角 θ 和导通角 δ 均会使功率曲线非线性化，导致描述功率脉动的伪无功功率不能正负抵消，进而产生无功功率。

(4) LC 滤波相控整流电路的相控角、电容量、电感量和电阻值均会使功率曲线非线性化，导致伪无功功率不能正负抵消，进而产生无功功率。

5) 无功功率的物理解释

交流电源输送能量会产生功率脉动，将这种功率脉动表达成正、负伪无功功率，伪无功功率的传输能力可由交流系统近旁的等效电感来表达：

(1) 在纯阻负载交流电路中，正、负伪无功功率会互相抵消，不会彰显为无功功率。

(2) 在带 LC 滤波的不控整流电路中，网侧电流和网侧功率都是非线性的，导致正、负伪无功功率的非对称性，伪无功功率因不能正负抵消而彰显为无功功率。

(3) 在带 LC 滤波的相控整流电路中，相控角会加剧正、负伪无功功率的非对称性，伪无功功率因不能正负抵消而彰显为无功功率。

6) 伪无功功率不能正负抵消便会彰显为无功功率

无功因数补偿时应以正、负伪无功功率相互抵消为目标，让有源滤波器产生可逆的负伪无功功率，减小或消除整半周期内的伪无功功率，进而提高网侧功率因数。

纯阻负载的三相相控整流电路的无功功率、带 LC 滤波的三相桥式整流电路网侧无功功率、无功功率的计量和补偿等关联内容拟在后面讨论。从讨论计量、补偿设计到硬件结构和控制策略，实验波形亦将一并给出。此外，无功功率的物理意义等亦在研讨之中，拟即时学习国内外文献的最新研究成果，以多维数据可视化来表达晦涩的公式、展现海量实验数据，从而悟出其客观规律。

5. 结论

(1) 交流电传输能量时会产生基波为电源倍频的功率脉动，将这种功率脉动表达成正、负伪无功功率，伪无功功率的传输能力可由交流系统近旁的集中等效电感来表达。若不拘泥于电感量和等效元件的串或并联模式，仅强调有功、无功和视在功率的相位和数值，则能用电压-电流(u-i)平面图上封闭曲线的面积来表达正、负伪无功功率。

(2) 视网侧电压为电感电压，视网侧电流为电感电流，视网侧电压积分得到的磁通为电感磁通，可构筑三维综合封闭图形，通过计算其在磁通-电流(Φ-i)平面上的投影面积可计算出有功功率，通过计算其在电压-电流平面上的投影面积可计算出伪无功功率，进而可以测算出无功功率和功率因数，其结果能被基于现行几种主流功率理论所得的计算结果验证。

(3) 纯阻负载相控整流电路伪无功功率的表达式是线性的，其可用三角形面积来表达，相控作用会破坏正、负伪无功功率的对称性，导致其彰显为无功功率；带低通无源滤波的相控整流电路伪无功功率的表达式是非线性的，其边界不规则图形的面积可用坐标法来计算，非线性特性和相控作用会破坏正、负伪无功功率的对称性，导致其彰显为无功功率。

(4) 带低通无源滤波的相(或不)控整流电路输送能量时会产生视在功率脉动，电感、电容、电阻、电源电压幅值和角频率，相控角的取值范围均决定着开始导通角和导通角，并决定着网侧电流、功率的非线性度和非对称性，还决定着正、负伪无功功率的非对称性，因伪无功功率不能正负抵消而在电压-电流平面上投影出封闭曲线面积，该面积再除以无量纲的角频率即会对网侧设备造成负担的无功功率。

(5) 无功功率的物理解释：交流供电伴随着功率脉动，若描述这种功率脉动的伪无功功率的正负对称性被破坏，则其会彰显为能对网侧设备造成负担的无功功率。半波整流、带低通无源滤波和相控整流等都会破坏伪无功功率的正负对称性，其伪无功功率均会彰显为无功功率。

参 考 文 献

[1] 麦克斯韦. 电磁通论[M]. 戈革, 译. 北京: 北京大学出版社, 2019.

[2] ULABY F T, MICHIELSSEN E, RAVAIOLI U. 应用电磁学基础[M]. 邵小桃, 等译. 北京: 清华大学出版社, 2016.

[3] 张占松, 蔡宣三. 开关电源的原理与设计(修订版)[M]. 北京: 电子工业出版社, 2004.

[4] HURLAY W G, WÖLFLE W H. Transformers and inductors for power electronics: theory, design and applications[M]. Chichester: John Wiley & Sons, Ltd. , 2013.

[5] 電気学会. 電気工学ハンドブック[M]. 6 版. 東京: 電気学会, 2001.

[6] 伍家驹, 王祖安, 刘斌, 等. 单相不控整流器直流侧 LC 滤波器的四维可视化设计[J]. 中国电机工程学报, 2011, 31(36): 53-61, 241.

[7] 伍家驹, 铁瑞芳, 刘斌, 等. 电感器位于交流侧的单相不控整流滤波器的可视化设计分析[J]. 中国电机工程学报, 2013, 33(S1): 176-183.

[8] 伍家驹, 冯上贤, 徐杰, 等. 电阻负载单相全波整流电路无功分量的一种图解方法[J]. 中国电机工程学报, 2019, 39(5): 1505-1516.

[9] 伍家驹, 纪海燕, 杉本英彦. 三维状态变量可视化及其在逆变器设计中的应用[J]. 中国电机工程学报, 2009, 29(24): 13-19.

[10]電気学会, 電力用磁気デバイスの最新動向[R]. 電気学会技術報告, 第 1274 号, 2012.

第5章 LC滤波器的优化设计

LC低通无源滤波器的用途十分广泛,利用电感器L中的电流不能突变的特性来抑制电流波动,磁性器件的参数设计与其实际工作状况强相关[1]。本章讨论:①电感器位于交流侧的LC直流滤波器的优化设计的四维可视化算法;②逆变器用LC滤波器的图解法;③逆变器用非对称T型滤波器(又称为LCL滤波器)的优化设计的四维可视化算法;④变频器用非对称T型滤波器的优化设计的五维可视化算法。

5.1 整流器用LC滤波器的优化设计

磁性器件设计强调实际工作状况:整流器用低通滤波器更应关注直流偏磁,电路中半导体器件单相导电性造成的直流偏磁会大大降低其所属电感器的电感量,从而大大降低滤波效果。为防止负载电流增大时直流偏磁现象的发生,可将电感器放置在整流器的交流输入端,双向流动的电流杜绝了饱和现象[1-3]。本节主要讨论使用交流电感的LC滤波器,涉及谐波分析和设计条件,优化设计的五维可视化算法、仿真和实验,展现了瞬态电压、电流的变化过程。

5.1.1 电感器位于交流侧的LC直流滤波器

许多独立电源系统中的不可控整流器单元都并联着电解电容器,而大电容器的引入又会使电流产生较大畸变。实践证明采用LC滤波器仍为既简单又能较好地抑制谐波和浪涌电流的有效方法,但其电容量C、电感量L的取值差异和负载R的扰动都会对滤波器的动静态特性带来很大影响,其多目标约束条件下的优化设计往往既无解析解又难觅得有价值的数值解,不得已的办法是查找既有的设计手册。而设计手册的参数有不少来自试凑和经验,有待于改进。

单相不控整流器工作模式可分为电流断续型(Discontinuous Current Mode,DCM)和电流连续型(Continuous Current Mode,CCM)两大类;按电感器位于直流侧或交流侧又可分为直流电感器型和交流电感器型两大类。

单相桥式整流结构简单,但交流分量大,对低通滤波器有较高的要求。

电感器位于直流侧的单相LC滤波器中虽然器件依次按整流、电感器电流滤波、电容器电压滤波和负载排列,符合人们的认知习惯,但是也存在一些缺点:首先是电感器位于直流侧,其中的电流含有很大的直流分量,使电感器运行于B-H曲线的第Ⅰ象限部分,很容易造成电感器的铁心饱和,在铁心中增加气隙虽然可以在一定程度上减缓饱和现象的发生,但同时也降低了交流电感量,从而增大了电感器的体积;其次是虽然电感器串联在电容器的输入端对其有限流作用,但二极管却直接与交流电源相接,一旦4个二极管出现不测，其短路电流很大，将损坏设备并殃及交流供电系统。

　　将电感器移到整流器的交流输入侧可以弥补上述缺点：首先是由于电感器中的电流即为全桥整流的输入电流，该电流是交流，没有直流分量，电感器运行于 B-H 曲线的第Ⅰ～Ⅲ象限部分，不会造成铁心饱和，也不用人为地添加铁心气隙，从而可以减小电感器的体积，达到事半功倍的效果；其次是将整流器纳入电感器的限流范围之内，纵使某个半导体二极管出现异常，其短路电流亦不超过某预设值。

　　不管电感器处于交流侧还是直流侧，LC 滤波器稳态过程的外特征均是一样的。然而瞬态过程往往既是理论分析的难点，又是故障发生的高概率区间，在整流器刚上电的瞬间，电感器处于交流侧或是直流侧，LC 滤波器瞬稳态过程的外特征又各是怎样的呢？

5.1.2　输出电压谐波分析及其设计条件

　　采用交流电感器的直流滤波器的示意图及其稳态时的电压、电流波形分别如图 5-1 和图 5-2 所示。

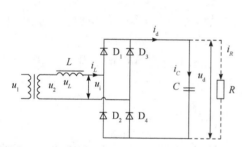

图 5-1　电感器位于交流侧的单相 LC 滤波器

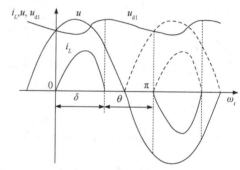

图 5-2　单相 LC 直流滤波器的稳态波形
δ-导通角；θ-截止角

　　显然，稳态时图 5-2 不含直流分量，$i_L \neq i_{d1}$；为了分析比较方便，特设定除了电感器位置不同外，该电路其他参数均与电感器位于交流侧的单相 LC 滤波器电路相同。

　　1. 基于交流电感器的相关电压、电流

　　不控整流电路的整个动态过程可以分解为若干个小阶段，这些小阶段又可以归纳为 3 类状态：①二极管 D_1、D_4 处于导通状态；②二极管 D_2、D_3 处于导通状态；③所有二极管都处于关断状态。

　　设 $\delta_1, \delta_3, \delta_5, \cdots$ 为 D_1、D_4 导通时的导通角；$\delta_2, \delta_4, \delta_6, \cdots$ 为 D_2、D_3 导通时的导通角。

　　又设所有二极管都关断的关断角依次为 θ_i，且 $\delta_i \geqslant 0$，$\theta_i \geqslant 0$，则电路的整个动态阶段的若干小阶段的排序应为 $\delta_1, \theta_1, \delta_2, \theta_2, \cdots, \delta_n, \theta_n$；初始时电容电压 u_d 和电感电流 i_L 均为零，在 u 的作用下上电，而后 δ_i 及 θ_i 都是 L、C、R 和 t 的函数，并受 D 导通条件的约束逐渐变化。当 $\delta_n = \delta_{n+1}$、$\theta_n = \theta_{n+1}$ 时，电路处于稳态，也不受电感器位置 $\dfrac{d^2 u_{d1}}{dt^2} + \dfrac{1}{RC} \dfrac{du_{d1}}{dt} + \dfrac{1}{LC} u_{d1} = \dfrac{U_m}{LC} \cos\varphi \sin\omega t + \dfrac{U_m}{LC} \sin\varphi \cos\omega t$ 的影响。

对于图 5-2 采用交流电感器的不控整流电路，若不计二极管压降的影响，瞬态方程如下：

$$\begin{cases} u_{d1} + L\dfrac{\mathrm{d}i_{d1}}{\mathrm{d}t} = u, & \text{导通角为}\,\delta_1, \delta_3, \cdots \\[2mm] u_{d1} + L\dfrac{\mathrm{d}i_{d1}}{\mathrm{d}t} = -u, & \text{导通角为}\,\delta_2, \delta_4, \cdots \\[2mm] i_{d1} = 0, & \text{关断角为}\,\theta_1, \theta_2, \cdots \end{cases} \tag{5-1}$$

$$i_{d1} = i_{C1} + i_{R1} = C\frac{\mathrm{d}u_{d1}}{\mathrm{d}t} + \frac{u_{d1}}{R} \tag{5-2}$$

$$u = U_{\mathrm{m}}\sin(\omega t + \varphi) \tag{5-3}$$

令交流电源电压式(5-3)的 $\varphi = 0$，可得瞬态过程的最大值，将其代入式(5-3)整理后可得

$$\frac{\mathrm{d}^2 u_{d1}}{\mathrm{d}t^2} + \frac{1}{RC}\frac{\mathrm{d}u_{d1}}{\mathrm{d}t} + \frac{1}{LC}u_{d1} = \frac{U_{\mathrm{m}}}{LC}\cos\varphi\sin\omega t + \frac{U_{\mathrm{m}}}{LC}\sin\varphi\cos\omega t \tag{5-4}$$

在电流断续模式下不存在二极管换流过程，故在上电初始瞬态阶段，u_{di}、i_{di} 是不呈周期性变化的，当 $R = 12\Omega$、$L = 8\mathrm{mH}$、$C = 5600\mu\mathrm{F}$ 附近，u 为 220V 市电时，最大电压、电流都出现在 δ_1 阶段。初始上电时有 $u_{d1}(0) = 0$，$i_{d1}(0) = 0$，若从 δ_1 开始分析，由于电感器串接在整流电路中，故 i_{d1} 等于电感器中的电流 i_L，解出上述方程可得到电路上电初始瞬态阶段的表达式：

$$u_{d1}(t) = C_1 \mathrm{e}^{\alpha t}\cos\beta t + C_2 \mathrm{e}^{\alpha t}\sin\beta t + A_1\sin(\omega t + \phi_1) \tag{5-5}$$

$$i_{d1}(t) = \mathrm{e}^{\alpha t}\left[\cos(\beta t)\left(CC_2\beta + CC_1\alpha + \frac{C_1}{R}\right) + \sin\beta t\left(CC_2\alpha - CC_1\beta + \frac{C_2}{R}\right)\right] + A_2\sin(\omega t + \phi_2) \tag{5-6}$$

求解过程

$$\alpha = -1/(2RC), \quad \beta = \sqrt{4/(LC) - 1/(C^2 R^2)}$$

$$M = R - LCR\omega^2, \quad N = L\omega, \quad A = U_{\mathrm{m}}R(M\sin\varphi - N\cos\varphi)/(M^2 + N^2)$$

$$C_1 = -A, \quad C_2 = \alpha A/\beta - \omega B/\beta, \quad A_1 = U_{\mathrm{m}}R/\sqrt{M^2 + N^2}$$

$$\phi_1 = \arctan A/B, \quad \phi_2 = \arctan(A - B\omega CR)/(B - A\omega CR)$$

$$A_2 = \sqrt{(A^2 + B^2)(\omega^2 C^2 + 1/R^2)}$$

另外，δ_1 的约束条件为

$$i_{d1}(\delta_1) = \mathrm{e}^{\alpha\delta_1}\left[\cos\beta\delta_1\left(CC_2\beta + CC_1\alpha + \frac{C_1}{R}\right) + \sin\beta\delta_1\left(CC_2\alpha - CC_1\beta + \frac{C_2}{R}\right)\right]$$
$$+ A_2\sin(\omega\delta_1 + \phi_2) = 0 \tag{5-7}$$

2. 基于直流电感器的相关电压、电流

采用直流电感器时上电初始瞬态阶段的 u_{d2}、i_{d2} 的表达式如式(5-8)和式(5-9)所示。

$$i_{d2}(t) = \frac{0.9U}{R} + A'\cos\omega t + B'\sin\omega t + C_1'e^{P_1 t} + C_2'e^{P_2 t} \tag{5-8}$$

$$u_{d2}(t) = 0.9U - 0.6U\cos\omega t - LB'\omega\cos\omega t + LA'\omega\sin\omega t - C_1'P_1 Le^{P_1 t} - C_2'P_2 Le^{P_2 t} \tag{5-9}$$

$$P_1 = -\frac{1}{2RC} + \frac{1}{2}\sqrt{\frac{1}{R^2C^2} - \frac{4}{CL}}, \quad P_2 = -\frac{1}{2RC} - \frac{1}{2}\sqrt{\frac{1}{R^2C^2} - \frac{4}{CL}}$$

$$A' = -\frac{0.6UR}{R^2(1-CL\omega^2)^2 + \omega^2 L^2}, \quad B' = 0.6U\omega\frac{R^2C(1-CL\omega^2) - L}{R^2(1-CL\omega^2)^2 + \omega^2 L^2}$$

$$C_1' = \frac{\left(B'\omega - \dfrac{0.3U}{L}\right) - P_2\left(A' + \dfrac{0.9U}{R}\right)}{P_2 - P_1}, \quad C_2' = \frac{\left(\dfrac{0.3U}{L} - B'\omega\right) + P_1\left(A' + \dfrac{0.9U}{R}\right)}{P_2 - P_1}$$

3. 瞬态电压、电流表达式的可视化

基于式(5-5)和式(5-9)，可将上电瞬间两种滤波器的电容器电压 $u_{di}(L,C,R,t)$ 的变化趋势分别在 L、C、R 和 t 空间展现，如图 5-3 所示。

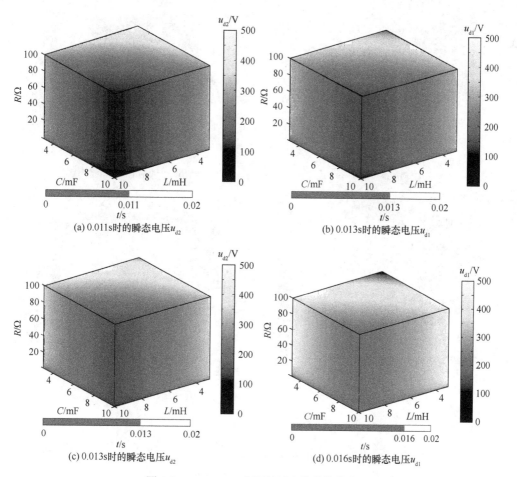

(a) 0.011s时的瞬态电压u_{d2}　　　　　　　　(b) 0.013s时的瞬态电压u_{d1}

(c) 0.013s时的瞬态电压u_{d2}　　　　　　　　(d) 0.016s时的瞬态电压u_{d1}

图 5-3　$u_{di}(L,C,R,t)$在可行域内的数值分布

图 5-3 中提示分别截取在计算机上连续展现的五维数据可视化的各时刻，即通过在计算机上进行五维可视化分析并在必要时刻降至四维进行研判，可看出：

(1) 在 0.011s 之前，u_{d1} 和 u_{d2} 的空间分布图形的色彩在趋淡，即所有区域的瞬态电压都处在上升阶段，且两者的变化速度大致相同；

(2) 在 0.011s 之后，u_{d1} 的色彩已基本不再变化，而 u_{d2} 的色彩却仍在继续趋淡，即 u_{d1} 的最大值小于 u_{d2} 的最大值，且 u_{d2} 的持续时间更长；

(3) L 和 C 对 u_{d1} 和 u_{d2} 的影响均呈对角线变化，且存在直流输出电压瞬间高于对应于 500V 的团解范围的情况，设计时应加以规避。

4. 电感器位于交流侧或直流侧时的瞬态电流

基于式(5-7)和式(5-8)，可将上电瞬间两种滤波器的输入电流 $i_{d1}(L,C,R,t)$ 和 $i_{d2}(L,C,R,t)$ 的变化趋势分别在 L、C、R 和 t 空间展现出，如图 5-4 所示。

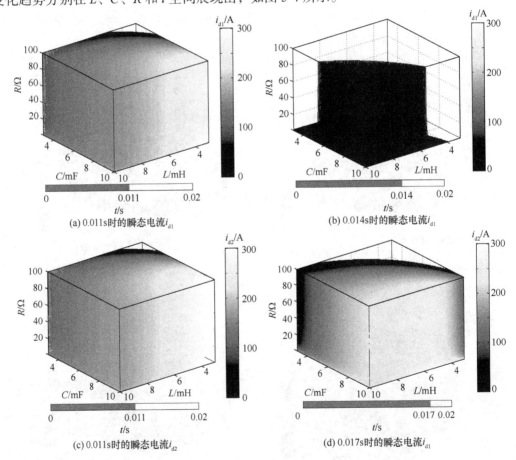

图 5-4　$i_{di}(L,C,R,t)$ 在可行域内的数值分布

通过在计算机上进行五维可视化分析并在必要时降至四维(图 5-4 仅是部分截图)进行研判，强调从所设计的 $R=12\Omega$、$L=8\text{mH}$、$C=5600\mu\text{F}$ 附近可看出：

(1) 在 0.008s 之前，i_{d1} 和 i_{d2} 的色彩逐渐趋淡，即所有区域的瞬态电流都处在上升阶段，两者的变化速度和最大值均大致相同，此后同速率下降；

(2) 在 0.011s 之后，i_{d1} 迅速下降，但 i_{d2} 却仍然维持在 150A 的高位直至 0.17s，可见 i_{d1} 的浪涌持续时间较短；

(3) 式(5-7)表达的是约束条件 $i_{d1}(L,C,R,t)$，当 $t(0,\delta_1)$ 且逐渐增加时，可行域内的团解范围却在不断缩小，由 $i_{d1}(L,C,R,t)=0$ 可从时间进程条上判断出 δ_1 的具体数值与 L、C 和 R 的函数关系 $\delta_1(L,C,R)$，采用交流电感器时 δ_1 明显比采用直流电感器时小，即采用交流电感器时的浪涌电流持续时间短；

(4) 增大 L 可降低瞬间最大电流，结合图 5-4 还可看出通过 L 的选择亦能起到保护整流桥的作用。

5. 电感器稳态电流表达式

1) 电感器位于直流侧的电感器电流

因较高次谐波分量的幅值较低，若将高次谐波忽略不计，则可得电流瞬时值和峰值为

$$i_{d2} \approx \frac{U_d}{R} + \frac{U_2}{2\omega L - 1/(2\omega C)}\cos 2\omega t \approx U\left(\frac{0.9}{R} - \frac{0.6\cos 2\omega t}{X_2}\right) \qquad (5\text{-}10)$$

$$I_{pk1} = U\left(\frac{0.9}{R} + \frac{0.6}{X_2}\right) = \frac{198}{R} + \frac{132}{2\omega L - 1/(2\omega C)} \qquad (5\text{-}11)$$

2) 电感器位于交流侧的电感器电流

交流电源正半周期内，$i_L = i_{d1}$，交流电源负半周期内，$i_L = -i_{d1}$；若与图 5-2 电路参数相同，则在稳态时，有 $i_{d1} = i_{d2}$，$i_{C1} = i_{C1}$，$i_{R1} = i_{R2}$，$u_{d1} = u_{d2}$，两滤波器的低通滤波特性是相同的。但是，两电感器中的电流却是不同的。稳态时交流侧电感器电流 i_L 有以下表达式成立：

$$i_L \approx \begin{cases} U\left(\dfrac{0.9}{R} - \dfrac{0.6\cos 2\omega t}{X_2}\right), & 0 < \omega t \leqslant \pi \\[3mm] -U\left(\dfrac{0.9}{R} - \dfrac{0.6\cos 2\omega t}{X_2}\right), & \pi < \omega t \leqslant 2\pi \end{cases} \qquad (5\text{-}12)$$

对式(5-12)进行傅里叶分解，忽略高次项可得稳态电流 i_L 及其峰值 I_{pk2} 分别为

$$i_L = \frac{U}{\pi}\left(\frac{3.6}{R} + \frac{0.8}{X_2}\right)\sin\omega t \qquad (5\text{-}13)$$

$$I_{pk2} = I_{pk1} = \frac{198}{R} + \frac{132}{2\omega L - 1/(2\omega C)} \qquad (5\text{-}14)$$

5.1.3 滤波器的设计、仿真和实验

1. 基于上电瞬态过程的优化设计考量

电感器位于直流侧的单相不控整流滤波器的优化设计所追求的目标包括输出电压平均值、稳态电流负担、滤波器体积和谐波电压衰减比等，其优化设计的可视化算法亦可供电感器位于交流侧的单相不控整流滤波器的优化设计参考。如前所述使用直流电感器的滤波器和图 5-1 所示使用交流电感器的滤波器的瞬态电压、电流表达式是不同的，故计算公式也不同。

以直流输出额定电压 220V 为基准，以标幺值大于 2 为约束条件，式(5-5)最大瞬态电压 u_{d1inrush} 标幺值的可行域空间分布如图 5-5 所示；以直流输出额定电流 18 A 为基准，以标幺值大于 15 为约束条件，式(5-7)

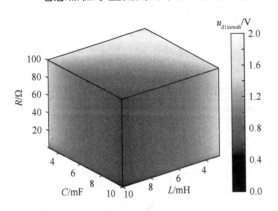

图 5-5 最大瞬态电压标幺值的可行域空间分布

最大浪涌电流 i_{d1inrush} 标幺值的可行域空间分布见图 5-6，谐波衰减比 k 数值分布如图 5-7 所示。

LC 低通滤波器的谐波衰减比为

$$k = \left| \frac{u_{\text{ho}}}{u_{\text{h}}} \right| = \frac{R}{\sqrt{(R - \omega^2 LCR)^2 + (\omega L)^2}} \tag{5-15}$$

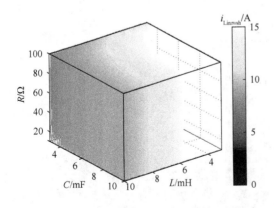

图 5-6 最大浪涌电流标幺值的可行域空间分布

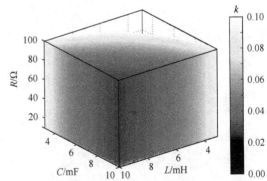

图 5-7 谐波电压衰减比 k 数值分布

谐波电压衰减比 k 在 $[0,0.1]$。

对 u_{d1inrush}、i_{L1inrush} 和 k 取并集，再求交集，其可视化结果见图 5-8。结合工程实际，从图 5-8(b) 的解集范围很容易得到有使用价值的全局最优解。

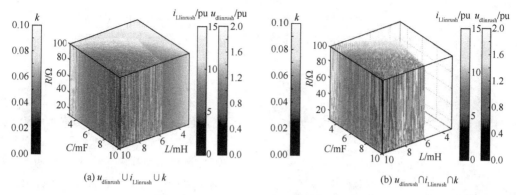

(a) $u_{\text{d1inrush}} \cup i_{\text{L1inrush}} \cup k$　　　　　　　　　　　　　　　　(b) $u_{\text{d1inrush}} \cap i_{\text{L1inrush}} \cap k$

图 5-8　u_{d1inrush}、i_{L1inrush} 和 k 的并集和交集

图 5-8(b)为决策变量的选择提供了集状解。本例为了比较采用交流电感器或直流电感器的两种滤波器，仍选 $R = 12\Omega$，$L = 8\text{mH}$，$C = 5600\mu\text{F}$。

2. 基于电感器体积的设计考量

根据电感器储能和铁心能量的关系可得

$$0.5LI_{\text{pk}}^2 = 0.5H_{\text{m}}B_{\text{m}}V_{\text{L}} \tag{5-16}$$

铁心电感器体积的表达式为

$$V_{\text{L}} \approx \frac{\mu LI_{\text{pk}}^2}{B_{\text{m}}^2} \tag{5-17}$$

式(5-17)提示，在电感器电流断续的状态下，电感器位于交流侧时的电感器电流峰值 I_{pk} 与位于直流侧时相差并不大，电磁器件设计时最大工作磁密 B_{m} 往往都选在 B-H 曲线的膝点附近，这样对于电流相同的电感器来说，其体积主要由铁心磁导率 μ 来确定。

3. 电感器铁心的磁导率

对于位于直流侧的电感器来说，其稳态电流含有直流分量，铁心工作在 B-H 曲线的第 I 象限部分，其增量磁导率可以近似地表述为

$$\mu_2 = \frac{\Delta B}{\Delta H} = \frac{B_{\text{m}} - B_{\text{r}}}{H_{\text{m}} - 0} = \frac{B_{\text{m}} - B_{\text{r}}}{H_{\text{m}}} \tag{5-18}$$

常用电感量测量仪的基本原理为交流电桥，作用在被测线圈上的电流、电压和线圈磁件工作位于 B-H 曲线零点附近的第 I～III 象限，与直流电感器实际工作状况有很大的不同，因此，直流电感器的铁心磁导率及其电感器电感量均难以直接获取。交流电感器的电流不含直流分量，铁心工作在第 I～III 象限，其增量磁导率可表述为

$$\mu_1 = \frac{\Delta B}{\Delta H} = \frac{B_{\text{m}} - (-B_{\text{m}})}{H_{\text{m}} - (-H_{\text{m}})} = \frac{B_{\text{m}}}{H_{\text{m}}} \tag{5-19}$$

显然，$\mu_1 > \mu_2$，此外，为了防止直流偏磁造成的单向磁饱和，在主磁路上往往要增加气隙，从而使得直流电感器铁心的交流等效磁导率进一步显著下降。

4. 电感器的体积比较

本例硅钢片材质亦与文献[7]相同，舌芯截面积 $S = 22.4\text{cm}^2$，磁路长度 $l_c = 19.22\text{cm}$，气隙厚度 $l_g = 2\text{mm}$(仅用来降低 B-H 曲线剩磁，以提高交流电感量的线性度)，匝数 $N = 80$，用

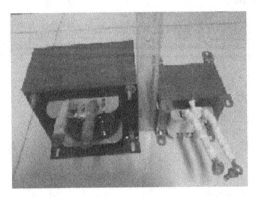

YD2816 型 LCR 电桥在工频状态下测量得到的电感量为 7.9mH，因在电桥内工频小功率测量电源的作用下，铁心也工作于第 Ⅰ ～Ⅲ 象限，而交流电感器通常未超过膝点，所跨象限与交流电感器的实际工况相近，所以所得测量结果可信。

两电感器的实物如图 5-9 所示。右边为交流电感器(VAC)，左边为同样滤波效果的直流电感器(VDC)，体积比为 $V_{AC} : V_{DC} \approx 1:2$，即在稳态特性不变的条件下将单相不控整流 LC 低通滤波器的电感器从直流侧移至交流侧，交流电感器的尺度相对于直流电感器可缩小一半。

图 5-9   直流电感器和交流电感器

5.1.4   仿真和实验互相验证

1. 仿真

按直流电感器和交流电感器构建 LC 滤波器的模型，所得仿真波形如图 5-10 所示。

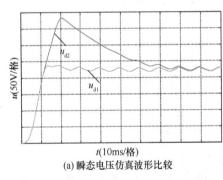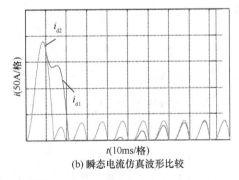

(a) 瞬态电压仿真波形比较   (b) 瞬态电流仿真波形比较

图 5-10   仿真波形

2. 实验

将图 5-10 与图 5-4～图 5-7 所示的瞬态电压、电流相比较可知，其数值基本一致。

示波器为 TDS-3032B，电流探头为 Tektronix A622，10mV/A，差分电压探头为 Sapphire Instruments SI-9110，所得稳态实验及其对应的仿真波形如图 5-11 所示。

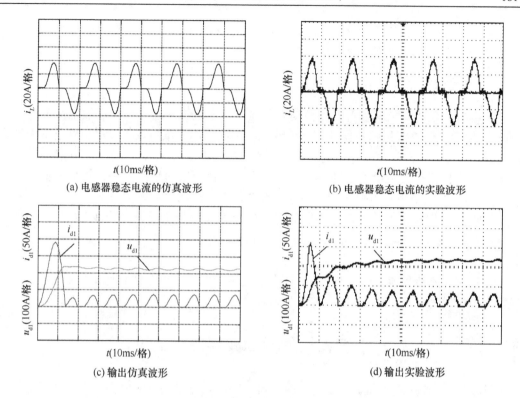

(a) 电感器稳态电流的仿真波形　　　　　　(b) 电感器稳态电流的实验波形

(c) 输出仿真波形　　　　　　(d) 输出实验波形

图 5-11　仿真与实验波形

图 5-11 为电感器位于交流侧的单相不控整流滤波器的实验和仿真波形，图 5-11(a)、(b) 分别为稳态的仿真和实验波形；图 5-11(c)、(d)为整流桥输出电流 i_{d1} 的仿真和实验波形，虽然有直流分量，但是电感器中的电流 i_L 为整流桥的输入电流，不存在直流分量；图 5-11(d)所示的直流输出电压实验波形瞬时值在起始的 10ms 低于图 5-11(c)所示的仿真值，可能是仿真时对二极管整流桥、电感器内电阻和电解电容分布电感的影响估计不足所致。

3. 设计效果

综上所述，从计算、仿真和实验三个方面，将设计效果陈列于表 5-1。

表 5-1　计算、仿真和实验结果

条件	方法	对比参数			
		U_{d1}/V	$I_{Linrush}$/A	$U_{d1inrush}$/V	I_{pk2}/A
$L = 8$mH $C = 5.6$mF $R = 14.4\Omega$	计算	212	186	239	42
	仿真	222	189	238	37
	实验	220	165	$< U_{do}$	38

从表 5-1 中可见，优化设计的实际效果均优于可行设计。

可视化算法的深入讨论请参阅第 1 章。

5.1.5　直流无源滤波器设计要点

(1) 电感器位于交流输入侧的不控单相整流滤波器上电瞬态电压、浪涌电流表达式均与常用电感器位于直流侧的不控单相整流滤波器不同，用五维可视化可在全局范围内展现其动态数值分布。

(2) 将常用不控整流低通滤波的电感器从直流侧挪至交流输入侧后，可降低上电瞬态超调电压，缩短浪涌电流维持时间，消除电感器稳态电流的直流分量。

(3) 消除不控整流低通滤波电感器的稳态电流的直流分量后，在不降低电感量的条件下，可大幅度缩短气隙，减小铁心截面积，成倍地减小电感器体积，且简化电感量的测算过程。

(4) 在常用不控整流低通滤波器中，用交流电感器取代直流电感器是完全可行的，其方法简单，效果显著。

5.2　逆变器用低通滤波器的优化设计

磁性器件设计强调实际工作状况：逆变器的基本功能是将直流电变换为频率固定的交流电，主回路拓扑及其调制方式不同，要滤波的谐波分量也不相同[4]，所设计的滤波器不仅要滤掉 SPWM 波，还要强滤波器系统的功率因数、电流负担和电压应力，达到多目标约束优化设计的效果[4-8]。LCL 滤波器有三个状态变量，在设计中难以利用既有的状态平面图来表达三个自变量间的关系，需在图解法上有所改进[5]。

本节通过对全桥功率变换器输出端 SPWM 波的谐波分析，基于所得频谱讨论了逆变器用无源滤波器的设计原理，通过三维状态变量的可视化对滤波器进行设计，讨论了 LC 滤波器的设计过程，推导出 LCL 滤波器的设计条件，给出了实现三维状态立体图的程序框图。

5.2.1　逆变器用低通无源滤波器的原理

1. 低通无源滤波器的重要作用

逆变器常采用 SPWM(Sinusoidal Pulse Width Modulation，正弦脉宽调制)的调制方式，以改善输出电压波形，减小低通无源滤波器的体积，提高逆变器的性能价格比。其基本原理是由 IGBT 等电力电子开关器件将直流电加工成为 SPWM 波，再由 LC 低通无源滤波器将 SPWM 波还原成负载所需要的正弦波，因此，滤波器对逆变器的整机功率密度、动静态特性和性能价格比等指标都有很大的影响，其设计目标和约束条件包括滤波效果、功率密度、电力电子器件的电压应力电流裕量、系统功率因数、电压降和外特性内阻抗调整范围等。

LC 低通无源滤波器的电感量和电容量的具体数值还作为控制对象，对控制系统调节器设计和系统稳定性有着决定性的影响。

LC 低通无源滤波器按其拓扑来分 Γ 型和 T 型，后者又称为非对称 T 型或 LCL 型。

2. 逆变器的主回路及其调制方式

1) 主回路

逆变器有电压型、电流型，单极性、双极性，双电平、三电平和多电平等多种形式，其主回路结构不同，调制方式不同，对无源滤波器的功能要求也不尽相同。电压型单极性倍频 SPWM 方式可提高逆变桥输出电压 u_{AB} 的频率，也就是低通无源滤波器的输入电压 u_i，具有开关损耗较低、功率密度较大的特点，应用较为广泛，现以其为例讨论，主回路如图 5-12 所示。

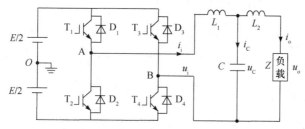

图 5-12　单相全桥电压型逆变器主回路

E、i_i 分别为直流电源电压、输入电流，u_o、i_o 分别为逆变器输出电压、电流；低通无源滤波器输入电压为 u_i 或 u_{AB}，而 A、B 两点电压 u_A、u_B 为倍频三电平；u_C、i_C 分别为电容电压、电流。逆变器主回路由直流电源、逆变桥(T_1、T_2、T_3、T_4、D_1、D_2、D_3、D_4)构成，同桥臂的上下两个全控器件处于互非的状态；低通无源滤波器由 C、L_1 和 L_2 构成，当按照 SPWM 规律控制逆变桥的开关器件导通/截止时，便可在其输出端(也就是低通无源滤波器的输入端)得到幅值为 E_0 的 SPWM 波，再经低通滤波器滤去高频分量，最后在负载上得到正弦电压。

2) 电压、电流示意图

输出电压 u_{AB} 为左桥臂(T_1/T_2)电压 u_{AO} 和右桥臂(T_3/T_4)电压 u_{BO} 之差，令电流方向由 A 到 B 为正。SPWM 波的产生和分配给全控电力电子之比开关器件的控制信号示意如图 5-13 和 5-14 所示，调制比用正弦电压与三角波电压最大值表达为 $M = U_s / U_c$，载波比用三角波角频率与正弦波角频率之比表达为 $N = \omega_c / \omega_s$，令 $X = \omega_c t$，$Y = \omega_s t + \varphi$，其调制波的瞬时值 u_s 和载波瞬时值 u_c 的数学表达分别见式(5-20)和式(5-21)。

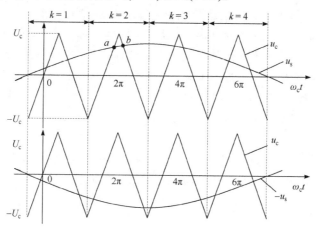

图 5-13　单相 SPWM 逆变桥

$$u_s = U_s \sin(\omega_s t + \phi) \tag{5-20}$$

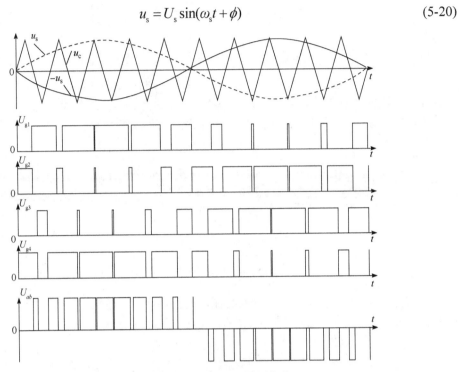

图 5-14　单极性倍频 SPWM 调压方式

$$u_C = \begin{cases} \left(\omega_c t - 2\pi k + \dfrac{\pi}{2} \right) \dfrac{2U_C}{\pi} - U_C, & 2\pi k - \dfrac{\pi}{2} \leqslant \omega_c t \leqslant 2\pi k + \dfrac{\pi}{2} \\ -\left(\omega_c t - 2\pi k - \dfrac{\pi}{2} \right) \dfrac{2U_C}{\pi} + U_C, & 2\pi k + \dfrac{\pi}{2} \leqslant \omega_c t \leqslant 2\pi k + \dfrac{3\pi}{2} \end{cases} \tag{5-21}$$

　　然而，由于 IGBT 等开关器件的导通时间约 100ns，而截止时间却约为 200ns，同桥臂的上下两个开关器件存在着同时导通的危险，需要加上上下都不导通的死区时间。

3) 有死区无补偿时的工作原理

　　如图 5-12 所示，在同一桥臂的两开关管均处于死区时间，当 A、B 端空载或接有纯阻负载，二极管无续流时，A 点电压为 u_{AO1}，B 点电压为 u_{BO1}，A、B 间的电压为 u_{AB1}；当负载为感性或容性负载时，由于死区和续流二极管的存在，桥臂间依然存在脉冲输出，即续流脉冲。对于本节的逆变系统，当 $i < 0$ 时，左桥臂续正向脉冲，右桥臂续负向脉冲；当 $i > 0$ 时，左桥臂续负向脉冲，右桥臂续正向脉冲。因而，死区效应即为一系列的畸变脉冲 u_{D1}，可等价为一矩形波的偏差电压，若记 $u_{D1,2}$ 为左桥臂续流脉冲，$u_{D3,4}$ 为右桥臂续流脉冲，则可得图 5-15 和式(5-22)。

　　图 5-15 中提示：死区时间的设置使得经过 SPWM 后输出电压的波形已经发生了畸变，也就是说其并不完全等同于原来的正弦波调制信号。据此还可得

$$\begin{aligned} u_{AO2} &= u_{AO1} + u_{D1,2}, \quad u_{BO2} = u_{BO1} + u_{D3,4} \\ u_{AB2} &= u_{AO2} - u_{B2} = (u_{AO1} - u_{BO1}) + (u_{D1,2} - u_{D3,4}) = u_{AB2} + u_{D1} \end{aligned} \tag{5-22}$$

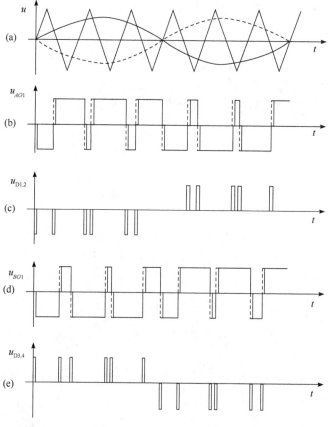

图 5-15　设置死区后的波形

4) 谐波分量的数学表达

当考量条件与前面相同时，可以推导并分别得到 u_{AO1}、u_{BO1} 和 u_{AB1} 的数学表达式如下：

$$u_{AO1} = \begin{cases} \dfrac{E}{2}, & X \begin{cases} \geqslant (2k+1)\pi - \dfrac{\pi M}{2}\sin Y + \Delta t\omega_{\mathrm{c}} \\[3mm] < 2\pi(k+1) + \dfrac{\pi M}{2}\sin Y \end{cases} \\[10mm] -\dfrac{E}{2}, & X \begin{cases} \geqslant 2\pi k + \dfrac{\pi M}{2}\sin Y + \Delta t\omega_{\mathrm{c}} \\[3mm] < (2k+1)\pi - \dfrac{\pi M}{2}\sin Y \end{cases} \end{cases} \tag{5-23}$$

$$u_{AB1} = ME\sin\omega_{\mathrm{s}}t$$
$$+ \frac{4E}{\pi}\sum_{m=2,4,\cdots}^{\infty}\sum_{n=\pm 1,\pm 3,\cdots}^{\pm\infty}\frac{1}{m}J_n\left(\frac{mM\pi}{2}\right)\cos\left(\frac{m\Delta t\omega_{\mathrm{c}}}{2}\right)\sin\left[(mN+n)\omega_{\mathrm{s}}t - \frac{m\Delta t\omega_{\mathrm{c}}}{2}\right] \tag{5-24}$$

续流脉冲与电流的方向有关，当 $i > 0$ 时，有

$$u_{D1,2} = \begin{cases} \dfrac{E}{2}, & X \begin{cases} \geqslant (2k+1)\pi - \dfrac{\pi M}{2}\sin Y \\[2mm] < 2\pi(k+1) + \dfrac{\pi M}{2}\sin Y + \Delta t\omega_c \end{cases} \\[8mm] -\dfrac{E}{2}, & X \begin{cases} \geqslant 2\pi k + \dfrac{\pi M}{2}\sin Y \\[2mm] < (2k+1)\pi - \dfrac{\pi M}{2}\sin Y + \Delta t\omega_c \end{cases} \end{cases} \tag{5-25}$$

亦有

$$u_{D1,2} = -\frac{2E}{\pi^2}\Delta t\omega_c \sin\omega_s t - \frac{2E}{\pi^2}\Delta t\omega_c \sum_{n=3,5,\cdots}^{\infty}\frac{1}{n}\sin n\omega_s t$$
$$-\frac{E}{\pi}\sum_{m=1}^{\infty}\sum_{n=0,\pm1,\cdots}^{\pm\infty}\left\{\frac{1}{m}J_n\left(\frac{mM\pi}{2}\right)\left[(-1)^m+(-1)^n\right]\sin\left(\frac{m\Delta t\omega_c}{2}\right)\cos\left[(mN+n)\omega_s t-\frac{m\Delta t\omega_c}{2}\right]\right\} \tag{5-26}$$

$$u_{D3,4} = \frac{2E}{\pi^2}\Delta t\omega_c \sin\omega_s t + \frac{2E}{\pi^2}\Delta t\omega_c \sum_{n=3,5,\cdots}^{\infty}\frac{1}{n}\sin n\omega_s t$$
$$+\frac{E}{\pi}\sum_{m=1}^{\infty}\sum_{n=0,\pm1,\cdots}^{\pm\infty}\left\{\frac{1}{m}J_n\frac{mM\pi}{2}\left[(-1)^{m+n}+1\right]\sin\frac{m\Delta t\omega_c}{2}\cos\left[(mN+n)\omega_s t-\frac{m\Delta t\omega_c}{2}\right]\right\} \tag{5-27}$$

$$\begin{aligned} u_{D1} &= u_{D1,2} - u_{D3,4} \\ &= -\frac{4E}{\pi^2}\Delta t\omega_c \sin\omega_s t - \frac{4E}{\pi^2}\Delta t\omega_c \sum_{n=3,5,\cdots}^{\infty}\frac{1}{n}\sin n\omega_s t \\ &\quad -\frac{4E}{\pi}\sum_{m=2,4,\cdots}^{\infty}\sum_{n=0,\pm2,\cdots}^{\pm\infty}\frac{1}{m}J_n\left(\frac{mM\pi}{2}\right)\sin\frac{m\Delta t\omega_c}{2}\cos\left[(mN+n)\omega_s t-\frac{m\Delta t\omega_c}{2}\right] \end{aligned} \tag{5-28}$$

负载功率因数 $\cos\varphi < 1$ 时，可得式(3-31)；当 $\cos\varphi = 1$ 时，可得

$$\begin{aligned} u_{AB2} &= u_{AB1} + u_{D1}\angle(-\phi) \\ &= \sqrt{\left(ME-\frac{4E}{\pi^2}\Delta t\omega_c\cos\phi\right)^2+\left(\frac{4E}{\pi^2}\Delta t\omega_c\sin\phi\right)^2}\,\sin(\omega_s t+\theta) \\ &\quad -\frac{4E}{\pi^2}\Delta t\omega_c \sum_{n=3,5,\cdots}^{\infty}\frac{1}{n}\sin(n\omega_s t-n\phi) \\ &\quad -\frac{4E}{\pi}\sum_{m=2,4,\cdots}^{\infty}\sum_{n=0,\pm2,\cdots}^{\pm\infty}\frac{1}{m}J_n\left(\frac{mM\pi}{2}\right)\sin\frac{m\Delta t\omega_c}{2}\cos\left[(mN+n)(\omega_s t-\phi)-\frac{m\Delta t\omega_c}{2}\right] \\ &\quad -\frac{4E}{\pi}\sum_{m=2,4,\cdots}^{\infty}\sum_{n=\pm1,\pm3,\cdots}^{\pm\infty}\frac{1}{m}J_n\left(\frac{mM\pi}{2}\right)\cos\frac{m\Delta t\omega_c}{2}\sin\left[(mN+n)\omega_s t-\frac{m\Delta t\omega_c}{2}\right] \end{aligned} \tag{5-29}$$

$$\theta = \arctan\left[\left(\frac{4E}{\pi^2}\Delta t\omega_c\sin\phi\right)\Big/\left(ME-\frac{4E}{\pi^2}\Delta t\omega_c\sin\phi\right)\right]$$

$$u_{AB2} = ME\sin\omega_s t - \frac{4E}{\pi^2}\Delta t\omega_c \sin\omega_s t - \frac{4E}{\pi^2}\Delta t\omega_c \sum_{n=3,5,\cdots}^{\infty}\frac{1}{n}\sin n\omega_s t$$

$$-\frac{4E}{\pi}\sum_{m=2,4,\cdots}^{\infty}\sum_{n=0,\pm2,\cdots}^{\pm\infty}\frac{1}{m}J_n\left(\frac{mM\pi}{2}\right)\sin\frac{m\Delta t\omega_c}{2}\cos\left[(mN+n)\omega_s t - \frac{m\Delta t\omega_c}{2}\right] \qquad (5\text{-}30)$$

$$+\frac{4E}{\pi}\sum_{m=2,4,\cdots}^{\infty}\sum_{n=\pm1,\pm3,\cdots}^{\pm\infty}\frac{1}{m}J_n\left(\frac{mM\pi}{2}\right)\cos\frac{m\Delta t\omega_c}{2}\sin\left[(mN+n)\omega_s t - \frac{m\Delta t\omega_c}{2}\right]$$

基波幅值为 $U_{f2} = ME - \frac{4E}{\pi^2}\Delta t\omega_c$，谐波频率为 $(mN\pm n)\omega_s$。

$m=0, n=1,3,\cdots$，谐波幅值为 $U_{h21} = \frac{4E}{n\pi^2}\Delta t\omega_c$。

$m=2,4,\cdots$，$n=1,3,\cdots$，谐波幅值为 $U_{h22} = \frac{4E}{m\pi}J_n\left(\frac{mM\pi}{2}\right)\cos\frac{m\Delta t\omega_c}{2}$，$J_n$ 是第一类 Bessel 函数。

$m=2,4,\cdots$，$n=0,2,\cdots$，谐波幅值为 $U_{h23} = \frac{4E}{m\pi}J_n\left(\frac{mM\pi}{2}\right)\sin\frac{m\Delta t\omega_c}{2}$。

5) 谐波分量的数据可视化

u_{AB2} 频谱分布见图 5-16，仿真频谱见图 5-17，实验样机上测得的频谱见图 5-18。

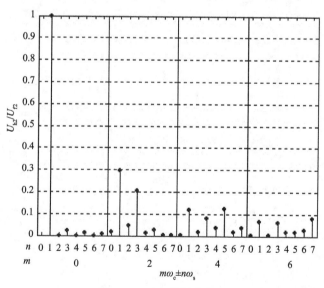

图 5-16　u_{AB2} 的频谱分布

图 5-16～图 5-18 提示：数学分析、仿真和实验所得结果在高频段均基本吻合。

调整仿真频谱的坐标，可观察到输出所含谐波的低频成分，见图 5-19。

与图 5-16 对比，当 $M=0.92$、$E_0=100\text{V}$、$\Delta t=2\mu s$、$\omega_c=10000\times2\pi$ 时，基波幅值为

$$ME - \frac{4E}{\pi^2}\Delta t\omega_c = 86.9$$

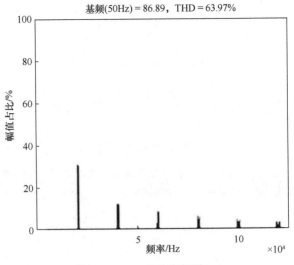

图 5-17　u_{AB2} 的仿真频谱(一)

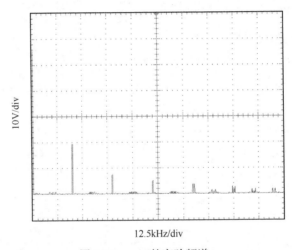

图 5-18　u_{AB2} 的实验频谱

　　仿真值为 86.89，两值接近。图 5-19 显示，当无死区补偿或死区补偿不充分时，输出将含有频率为 150Hz、250Hz、350Hz 等的低频谐波。

　　图 5-20 和图 5-21 分别为频谱随死区时间和调制比的变化关系图。

　　比较两者可知，调制比对频谱的影响更大。

　　6) 有死区补偿时 SPWM 波的谐波分析

　　采用电流反馈补偿法，调制波 u_{sp} 为

$$
u_{sp} = \begin{cases} U_s \sin \omega_s t + \Delta U, & i > 0 \\ -\left[U_s \sin \omega_s t + \Delta U \right], & i < 0 \end{cases}
$$

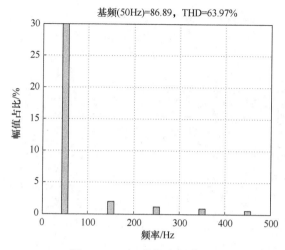

图 5-19　u_{AB2} 的仿真频谱(二)

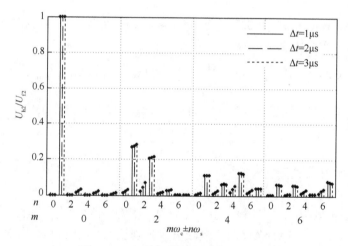

图 5-20　Δt 对频谱的影响($M=0.92$)

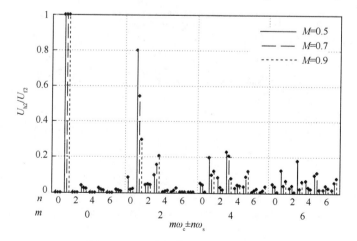

图 5-21　M 对频谱的影响($\Delta t=2\mu s$)

补偿后谐波分析同前面的死区效应分析步骤相似。

以滤波器输出电压与电流同相位为例，逆变桥的输出电压的瞬时值 u_{AB3} 可以进一步地表达为

$$u_{AB3} = ME\sin\omega_s t + \frac{4E}{\pi}\sum_{n=1,3,\cdots}^{\infty}\frac{1}{n}\left(\frac{\Delta U}{U_C} - \frac{\Delta t\omega_c}{\pi}\right)\sin n\omega_s t$$

$$-\frac{4E}{\pi}\sum_{m=2,4,\cdots}^{\infty}\sum_{n=\pm1,\pm3,\cdots,}^{\pm\infty}\left\{\frac{1}{m}J_n\left(\frac{mM\pi}{2}\right)\cos\left(\frac{m\pi}{2}\frac{\Delta U}{U_C} - \frac{m\Delta t\omega_c}{2}\right)\sin\left[(mN+n)\omega_s t - \frac{m\Delta t\omega_c}{2}\right]\right\}$$

$$+\frac{4E}{\pi}\sum_{m=2,4,\cdots}^{\infty}\sum_{n=0,\pm2,\cdots,}^{\pm\infty}\left\{\frac{1}{m}J_n\left(\frac{mM\pi}{2}\right)\sin\left(\frac{m\pi}{2}\frac{\Delta U}{U_C} - \frac{m\Delta t\omega_c}{2}\right)\cos\left[(mN+n)\omega_s t - \frac{m\Delta t\omega_c}{2}\right]\right\}$$

$$(5\text{-}31)$$

由式(5-31)可以看出，当 $\dfrac{\Delta U}{U_C} - \dfrac{\omega_c\Delta t}{\pi} = 0$ 即 $\Delta U = \dfrac{N\omega_s\Delta t}{\pi}U_C$ 时，输出电压中所含频率为 $(mN\pm n)\omega_s$（其中，$m=0$，$n=1,3,5,\cdots$ 或 $m=2,4,\cdots$，$n=0,2,4,\cdots$）的谐波将被消除，从而实现补偿。补偿后，逆变桥的输出为

$$u_{AB4} = ME\sin\omega_s t + \frac{4E}{\pi}\sum_{m=2,4,\cdots}^{\infty}\sum_{n=\pm1,3\cdots}^{\pm\infty}\frac{1}{m}J_n\left(\frac{mM\pi}{2}\right)\cdot\sin\left[(mN+n)\omega_s t - \frac{m\omega_c\Delta t}{2}\right] \qquad (5\text{-}32)$$

基波幅值 $U_{f4} = ME$；输出含有频率为 $(mN\pm n)\omega_s$（$m=2,4,\cdots$，$n=1,3,\cdots$）的谐波，其幅值为

$$U_{h4} = \frac{4E}{m\pi}J_n\left(\frac{mM\pi}{2}\right)$$

式中，J_n 是第一类 Bessel 函数。

7) 有死区补偿时谐波分量的数据可视化

对于在死区补偿到位时的理想状态，其 H 逆变桥输出的谐波分量的可视化结果与无死区时的几乎相同。基于 MATLAB 的全频段仿真频谱如图 5-22 所示；若关注低频段，则可得如图 5-23 所示的仿真频谱。

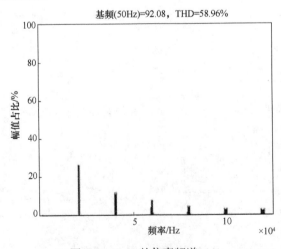

图 5-22　u_{AB4} 的仿真频谱(一)

　　比较图 5-22 和图 5-23 可知：死区影响充分补偿后，H 逆变桥输出电压中含有的低频谐波可被消除，在设计逆变器时用低通滤波器可以提高截止频率 ω_c，达到减小体积以提高整机功率密度的目的。此研究结果已被投入了工程实践。

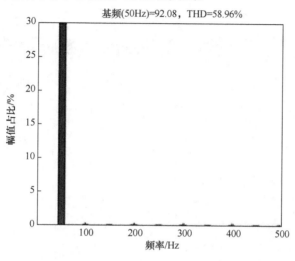

图 5-23　u_{AB4} 的仿真频谱(二)

　　补偿不充分时，由式(5-31)可见由于 $\dfrac{\Delta U}{U_C}-\dfrac{\omega_c\Delta t}{\pi}\neq 0$，H 逆变桥输出电压中仍然存在着对输出波形有重要影响的低频三次谐波。

　　三相逆变器可以看作由三个彼此相差 120° 的单相逆变器构成，其谐波分量亦可照此推出，不再赘述。

3. 三维状态空间可视化

　　在图 5-12 中，取 i_i、u_c 和 u_o 作为状态变量 $\boldsymbol{x}$ 的各分量，$\boldsymbol{A}$ 为系统矩阵；$\boldsymbol{B}$ 为输入矩阵，$\boldsymbol{m}$ 为输入向量，$\boldsymbol{E}$ 为干扰矩阵，$\omega(t)$ 为干扰输入变量，可得式(5-33)~式(5-40)：

$$\dot{\boldsymbol{x}}=\boldsymbol{Ax}+\boldsymbol{Bm} \tag{5-33}$$

$$\begin{bmatrix}\dfrac{\mathrm{d}i_i}{\mathrm{d}t}\\[2mm]\dfrac{\mathrm{d}u_c}{\mathrm{d}t}\\[2mm]\dfrac{\mathrm{d}u_o}{\mathrm{d}t}\end{bmatrix}=\begin{bmatrix}0 & -\dfrac{1}{L_1} & 0\\[2mm]\dfrac{1}{C} & 0 & -\dfrac{1}{CZ}\\[2mm]0 & \dfrac{Z}{L_2} & -\dfrac{Z}{L_2}\end{bmatrix}\begin{bmatrix}i_i\\u_c\\u_o\end{bmatrix}+\begin{bmatrix}\dfrac{1}{L_1}\\[2mm]0\\0\end{bmatrix}u_i \tag{5-34}$$

$$\boldsymbol{u}_o=\begin{bmatrix}0 & 0 & 1\end{bmatrix}\begin{bmatrix}i_i & u_c & u_o\end{bmatrix}^{\mathrm{T}} \tag{5-35}$$

$$\frac{\mathrm{d}\boldsymbol{x}(t)}{\mathrm{d}t}=\boldsymbol{Ax}(t)+\boldsymbol{Bu}(t)+\boldsymbol{E}\omega(t) \tag{5-36}$$

$$\boldsymbol{x}(t)=\begin{bmatrix} i_{\mathrm{i}}(t) & u_{\mathrm{c}}(t) & u_{\mathrm{o}}(t) \end{bmatrix}^{\mathrm{T}} \tag{5-37}$$

从前面的谐波分量的数据可视化中，可知有死区补偿时 u_{AB} 为

$$
\begin{aligned}
u_{AB} &= ME_0\sin(\omega_{\mathrm{s}}t) \\
&+ \frac{4E_0}{\pi}\sum_{m=2,4\cdots}^{\infty}\sum_{n=\pm 1,\pm 3\cdots}^{\pm\infty}\frac{1}{m}\cdot J_n\left(\frac{mM\pi}{2}\right)\sin\left[(mN+n)\omega_{\mathrm{s}}t-\frac{m\Delta t\omega_{\mathrm{c}}}{2}\right]
\end{aligned}
\tag{5-38}
$$

式中，M、N 分别为调制比、载波比；ω_{s}、ω_{c} 分别为调制波、载波的角频率；m、n 为与调制波、载波有关的谐波次数；J_n 为第一类 Bessel 函数。程序框图如图 5-24 和图 5-25 所示。

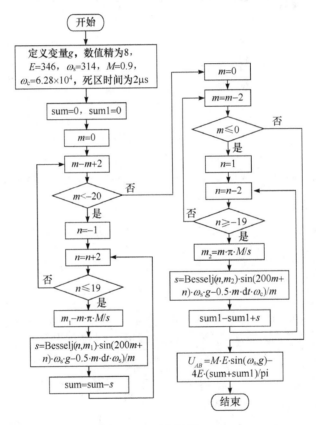

图 5-24　程序框图(一)

记 $\boldsymbol{I}$ 为单位矩阵，式(5-36)的状态转移方程可表示为

$$
\begin{aligned}
\boldsymbol{x}(t) &= L^{-1}[(s\boldsymbol{I}-\boldsymbol{A})^{-1}]x(0)+L^{-1}\{(s\boldsymbol{I}-\boldsymbol{A})^{-1}[\boldsymbol{B}U(s) \\
&+ \boldsymbol{E}W(s)]\} = \phi(t)x(0)+\int_0^t\phi(t-\tau)[\boldsymbol{B}u(\tau)+\boldsymbol{E}\omega(\tau)]\mathrm{d}\tau
\end{aligned}
\tag{5-39}
$$

当 $t\geqslant 0$ 时，因 $\boldsymbol{x}(0)=0$，$\boldsymbol{E}=0$，故可将式(5-39)简化为

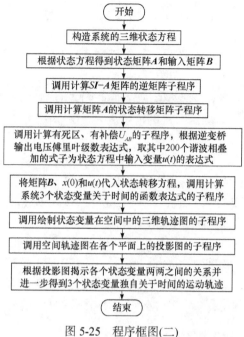

图 5-25　程序框图(二)

$$x(t) = \int_0^t \phi(t-\tau) Bu(\tau)\mathrm{d}\tau \tag{5-40}$$

当 $t \geqslant 0$ 时，$u(\tau) = u_\mathrm{i}$。

按式(5-38)取 200 次谐波并求解出式(5-40)后，可得到基于表达式直接计算出的 i_i、u_o 和 u_C 的状态变量三维轨迹，如图 5-26 所示。

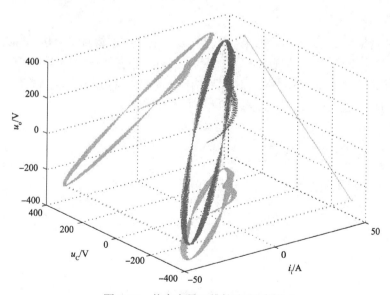

图 5-26　状态变量三维轨迹(见彩图 6)

在计算机上拖动图进行旋转，可以清楚地看出：

(1) 初始状态的电压、电流都是零，然后逐步增加，直至有超调量，过渡过程结束后就周而复始地做正弦变化；

(2) 正弦变化的周边叠加有锯齿波，每个周期内锯齿的个数等于三角波频率与正弦波频率之比；

(3) 所取的谐波次数越多，轨迹越清晰，同时所占计算机时空资源也越多，应该根据实际应用状况来综合考量，以确定轨迹的清晰度。

4. 频谱和滤波器

逆变器是用 IGBT 等开关器件将直流电变成 PWM 波，再经过低通无源滤波器将该 PWM 波的中高频电压、电流过滤掉，从而在负载上得到正弦波电源的装置。因此，在设计低通无源滤波器时首先必须搞清楚其输入端的中高频分量。

(1) IGBT 等开关器件的拓扑结构影响着 SPWM 波的中高频谐波分量。

(2) 调制比 $M = U_s / U_c$ 和载波比 $n = \omega_c / \omega_s$ 影响着 SPWM 波的中高频谐波分量。

(3) 死区宽度的设置影响着 SPWM 波的中高频谐波分量。

(4) 死区补偿的充分程度影响 SPWM 波的中高频谐波分量。

5.2.2　逆变器用 LC 滤波器的优化设计

单 LC 结构为电压型 SPWM 逆变器用低通滤波器的一种基本形式，也是其他结构滤波器的基础，得到了广泛的应用，但也存在着负载电流脉动过大、通带附近的阻带衰减不够和内阻抗调整难，以及在多个逆变器并联运行时负载分摊不均匀等问题。虽然该类滤波器结构比较简单，但设计时所强调的提高系统功率因数可作为后续设计的基础。

1. 主回路和传递函数

由 5.2.1 节可知，为了再现角频率为 ω_1 的基波正弦波，需将输出电压的高次谐波滤去，则滤波器传递函数的转折频率应远小于 ω_s。而且 PWM 逆变器中输出侧专用滤波器应是低通滤波器。因而本书的设计可采用由 LC 元件构成的如图 5-27 所示的拓扑结构，简单地说，就是以电感器抑制电流突变，以电容器抑制电压突变。

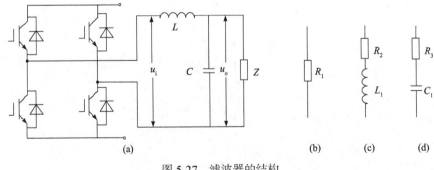

图 5-27　滤波器的结构

为了使该滤波器具有很好的线性特性，其中的电感采用空心结构。若不计电感线圈的

内阻及电容器的漏电阻，则滤波器在纯阻性负载时的传递函数为

$$G(s) = \frac{U_o(s)}{U_i(s)} = \frac{\omega_n^2}{s^2 + 2\xi\omega_n s + \omega_n^2} \tag{5-41}$$

式中，ω_n 为无阻尼自振荡频率，$\omega_n = \dfrac{1}{\sqrt{LC}}$；$\xi = \dfrac{1}{2Z}\sqrt{\dfrac{L}{C}}$ 为阻尼比，Z 为纯阻性负载。将其归纳为典型的二阶系统。

2. 滤波器参数的确定

LC 滤波器的设计主要考虑以下几个设计目标。

1) 控制对象的频率特性

图 5-27 中的 LC 低通滤波器和负载 Z 就是控制系统的控制对象，结合负载 Z，选择电感量 L 和电容量 C 以确定二阶系统的频域特性。由 5.2.1 节可知，滤波器所期望的转折角频率 ω_c 应远小于 PWM 波的谐波角频率，本节选择 $\omega_c = 2500\text{rad/s}$，则由式(5-41)可得

$$LC = \frac{1}{\omega_c^2} = \frac{1}{2500^2} \tag{5-42}$$

该式可用来在预设计时提示电感量和电容量的大致范围。

2) 特定负载时的系统功率因数

众所周知，负载功率因数变化时，逆变器系统的功率因数将受到影响，下面将负载分别等效为图 5-27(b)、(c)和(d)的形式进行讨论。

(1) 纯电阻性负载。

LC 滤波器采用图 5-27(a)结构，逆变器带如图 5-27(b)所示的纯阻性负载时，在工频状态下系统功率因数 $\cos\varphi$ 为

$$\cos\varphi = \frac{R_1}{\sqrt{R_1^2 + \left[L\omega + L\omega(R_1 C\omega)^2 - R_1^2 C\omega\right]^2}} \tag{5-43}$$

市场上的销售的电容器的电容量是按特定规律分布的，而电感器的电感量却是可以随意加工的，故把 C 暂定为某商品电容量，考察系统功率因数随电感 L 的变化关系，对式(5-43)求 L 的偏导可得

$$\frac{\partial\cos\varphi}{\partial L} = \frac{-R_1\left[L\omega + L(R_1 C\omega)^2\omega - R_1^2 C\omega\right]\left[\omega + (R_1 C\omega)^2\omega\right]}{\left\{R_1^2 + \left[L\omega + L(R_1 C\omega)^2\omega - R_1^2 C\omega\right]^2\right\}^{\frac{3}{2}}} \tag{5-44}$$

可见当 $L = R_1^2 C / \left[1 + (R_1 C\omega)^2\right]$ 时，式(5-44)等于零，系统功率因数为 $\cos\varphi = 1$；然而，当 $L < R_1^2 C / \left[1 + (R_1 C\omega)^2\right]$ 时，式(5-44)大于零，所以系统功率因数随着 L 的上升而单调上升；反之，当 $L > R_1^2 C / \left[1 + (R_1 C\omega)^2\right]$ 时，式(5-44)小于零，所以系统功率因数随着 L 的上升而单调下降。$\cos\varphi$ 与滤波器中电感的关系如图 5-28 所示；当负载功率因数 $\cos\theta$ 中的 $\theta = 0°$，即负载为纯电阻时，其变化其趋势如图 5-28 中的曲线②所示。

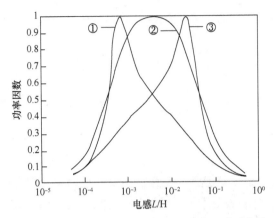

图 5-28　系统功率因数与滤波器中电感的关系曲线

①阻感性负载；②纯阻性负载；③阻容性负载

显然，阻感性负载和阻容性负载都是更为常见的形式。

(2) 阻感性负载。

逆变器带如图 5-27(c)所示的阻感性负载时，$\cos\varphi$ 如下：

$$\cos\varphi = S / \sqrt{S^2 + T^2} \tag{5-45}$$

$$S = R_2;\quad T = L\omega[(1-W)^2 + (R_2 C\omega)^2] + L_1\omega - L_1 W\omega - R_2^2 C\omega,\quad W = L_1 C\omega^2$$

式(5-45)中，系统功率因数 $\cos\varphi$ 与 L 的关系与式(5-44)相同，当负载功率因数 $\cos\theta$ 中的 θ 为 60°时，可得到其变化趋势如图 5-28 中的曲线①所示。

(3) 阻容性负载。

逆变器带如图 5-27(d)所示的阻容性负载时，$\cos\varphi$ 如下：

$$\cos\varphi = P / \sqrt{P^2 + Q^2} \tag{5-46}$$

$$P = R_3 C_1^2 \omega^2;\quad Q = L\omega\{V^2 + [(C + C_1)\omega]^2\} - R_3 V C_1\omega - (C + C_1)\omega,\quad V = R_3 C C_1 \omega^2$$

式(5-46)中，系统功率因数 $\cos\varphi$ 与 L 的关系与式(5-45)相同，当负载功率因数 $\cos\theta$ 中的 θ 为−60°时，可得到其变化趋势如图 5-28 中的曲线③所示。

3) 负载功率因数变化时的系统功率因数

由于负载功率因数 $\cos\theta$ 并不是常数，为了使负载功率因数 $\cos\theta$ 中的 θ 在常常用到的 −60°～60°之内，系统功率因数 $\cos\varphi$ 都较高。本书采用的 L、C 的选择方法为：考察负载功率因数 $\cos\theta$ 中的 θ 在−60°～60°的变化，对于各个 θ，绘制系统功率因数 $\cos\varphi$ 随 L 的变化曲线，从中找出 L 和 C 的值。

下面以频率为 50Hz、输出电压为 220V、三角波频率为 10kHz 的 5kV·A 逆变器为例。根据式(5-44)、式(5-45)、式(5-47)和式(5-48)，用市售 MATLAB 可以分别绘制 θ 为−60°、0°和 60°时系统功率因数 $\cos\varphi$ 随 L 的变化曲线，如图 5-28 所示，得各参数和决策变量分别为 $\omega_1 = 314.14\text{rad/s}$，$\omega_c = 2500\text{rad/s}$，$R_1 = 10\Omega$，$R_2 = 5\Omega$，$R_3 = 5\Omega$，$L_1 = 22.97\text{mH}$，$C_1 = 3.06\times10^{-4}\text{F}$。

从图 5-28 可以看出，当负载功率因数角 $\theta = 60°$时，如曲线①所示，$\cos\varphi = 1$ 的电感量

应该为 $L = 0.69\text{mH}$；当 $\theta = -60°$时，如曲线③所示，$\cos\varphi = 1$ 的电感量应该为 $L = 22.5\text{mH}$；而当 θ在$-60°\sim 60°$时，同理可得 $\cos\varphi = 1$ 的电感量 L。现取若干个 θ 值，得到 $\cos\varphi = 1$ 的电感量 L 如表 5-2 所示。

表 5-2　$\cos\varphi = 1$ 时 L 随 θ 变化表

$\theta/(°)$	-60	-50	-40	-30	-20	-10	0
L/mH	25.1	20	16.8	12.8	7.4	4.8	4

$\theta/(°)$	10	20	30	40	50	60
L/mH	2.3	1.82	1.15	1.01	0.78	0.63

从表 5-2 数据变化规律可以知道：如果在 $\theta = -60°$和 $\theta = 60°$情况下，系统功率因数 $\cos\varphi = 1$ 的滤波器电感量 L 分别为 $L_左$、$L_右$，则在 $\theta \in [-60°, 60°]$ 时，$\cos\varphi = 1$ 的滤波器电感量 $L \in (L_左, L_右)$，即在 $\theta \in [-60°, 60°]$ 时，$\cos\varphi$ 随滤波器电感量 L 的变化曲线是图 5-28 中的曲线③向曲线①移动，从而可知在 $\theta \in [-60°, 60°]$ 时，要使 $\cos\varphi$ 都较高，只需满足 θ 为$-60°$、$60°$时，$\cos\varphi$ 都较高即可，所以本节在滤波器参数选择中选 L 值为图 5-28 中的曲线①和曲线③的交点处的 L 值。此时 $L = 3.7\text{mH}$。

4) 确定 L、C 值域

从以上分析可知，取 $L = 3.7\text{mH}$，系统在各种情况下都有较高的功率因数。此时，C 应为 $43\mu\text{F}$。但在实际应用中，大部分负载为阻感性负载，所以本节设计的滤波器选取图 5-28 中曲线①和②的交点作为设计准则，取 $L = 1\text{mH}$，此时，C 应为 $160\mu\text{F}$。根据不同介质电容器的特性，本节设计的滤波器选用金属化聚丙烯有机薄膜电容器，另外，由此类电容器的标称电容量可知，此电容量可选 $160\mu\text{F}$，故对应的 L 为 1mH。

3. 负载变化对转折频率的影响

以上讨论的滤波器传函是在纯阻性基础上的，现考虑负载变化对传函的影响。当负载变化时，观察传函转折频率。本设计中 $|Z| = 10\Omega$，考虑负载功率因数 $\cos\theta$ 中的 θ 在$-60°\sim 60°$的变化，当 $\theta > 0°$时，图 5-27(c)中，感抗 $X_{L_1} = |Z|\sin\theta$，$\omega L_1 = 10\sin\theta$，$L_1 = (10\sin\theta)/\omega_1$；类似地还可求得 $\theta < 0°$时，图 5-27(d)中的 $C_1 = 1/[10\omega_1 \sin\theta]$。

当 $\theta > 0°$时，将 $Z = 10\cos\theta + [(10\sin\theta)/\omega_1]s$ 代入式(3-45)，并令 $s = j\omega$，$G(j\omega)$ 的模为 1，当 θ 取不同值，得 ω 值如表 5-3 所示。

表 5-3　ω 随阻感性负载功率角 θ 的变化

$\theta/(°)$	10	20	30	40	50	60
$\omega/(\text{rad/s})$	4006.7	3845.8	3747.2	3674.3	3674.3	3656.6

当 $\theta < 0°$时，将 $Z = 10\cos\theta + [(10\omega_1 \sin\theta)]s$ 代入式(3-46)，并令 $s = j\omega$，$G(j\omega)$ 的模为 1，当 θ 取不同值，得 ω 值如表 5-4 所示。

表 5-4　ω随阻容性负载功率角θ的变化

$\theta/(°)$	-10	-20	-30	-40	-50	-60
$\omega/(\mathrm{rad/s})$	2396.6	2281	2102.2	1845.5	1602.6	1434.4

　　至此可知在该滤波器中，阻感性负载转折频率大于纯阻性负载；阻容性转折频率小于纯阻性。在考虑负载功率角 $\theta \in [-60°,60°]$ 时，式(5-45)选择是合理的。

　　4. 滤波器的频率特性

　　将所得滤波器 L、C 的值域代入式(5-45)，可得其频率特性如图5-29所示。

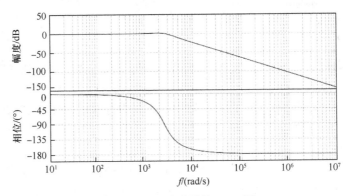

图 5-29　滤波器的 Bode 图

从图5-29中可以看出：

　　(1) 角频率在400rad/s以内的基波无衰减地通过，即工频 $f = 50\mathrm{Hz}$、$\omega = 314\mathrm{rad/s}$ 的基波可以无衰减地通过。

　　(2) 对开关频率为10kHz的主电路而言，所产生的高频分量即角频率在 $\omega = 2500\mathrm{rad/s}$ 以外的谐波均可得到很好的抑制。

　　(3) 图中显示的是临界阻尼的状况，若负载 Z 发生变化，也会出现欠阻尼和过阻尼现象。

　　5. 逆变器用LC滤波器的优化设计要点

　　(1) 严格来说，电压型逆变器是不能带容性负载的，本节所提供的阻容性负载特性曲线仅仅是为了说明设计时需考量的问题而已。

　　(2) 系统功率因数也是低通无源滤波器设计的一个重要目标，选取电感器值域和电容器值域时应该结合负载变化的大小和负载的功率来考量。

　　(3) 低通无源滤波器的频率特性要保证工频电源无损通过，但谐波分量得到充分的抑制。

　　LC滤波器结构简单，常被用于独立运行的逆变器系统，不适用于由多个逆变器并联组成的电源系统。

5.3　逆变器用 LCL 滤波器的优化设计

逆变器用低通滤波器的设计是逆变器系统设计的必要组成部分，本节通过工程实例介绍了具体的优化设计过程，多目标约束包括系统功率因数、电压应力、电流负担、稳定裕度和滤波器内阻抗，讨论了如何从最优解集中找出有工程价值的最优解。

5.3.1　工频滤波器优化设计概述

非对称 T 型滤波器也称为 LCL 滤波器，是该类型滤波器的通用名称。非对称 T 型滤波器的名称首先提出并强调滤波器输入端电感 L_1 与滤波器输出端电感 L_2 在电感量上是不相等的，与工程实际相符。而 LCL 滤波器的名称因简洁而流行。非对称 T 型滤波器的构成如图 5-30 所示。

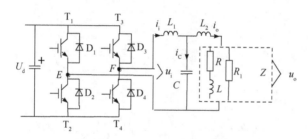

图 5-30　非对称 T 型滤波器系统

L_1 与 C 构成 5.2.2 节所讨论的低通滤波器，L_2 则通常用来改善独立运行逆变器的输出电流波形，调整并联或并网逆变器的输出阻抗，以减少环流并均摊负载，常被用于由多个逆变器并联而构成的电源系统。非对称 T 型滤波器正得到日益广泛的应用，但其设计也比较复杂。

系统功率因数是滤波器性能、质量的重要指标，直接关系到电能损耗和功率密度，也关系到系统的电压损失及电压的脉动，故提高系统功率因数 $\cos\varphi$ 是逆变器用低通滤波器的设计目标，相关问题有：①负载功率因数 $\cos\theta$ 变化直接影响到 $\cos\varphi$；②来自逆变桥的输入电压 u_i 为 SPWM 波，频谱丰富，但对整机功率密度有着决定性影响的是基波状态下的系统功率因数。

1. SPWM 用低通滤波器的表达式

1) 主回路

图 5-30 是原理图。容量 6kV·A，输出电压 220V，载波频率 10kHz，负载功率因数 $\cos\theta \in [0.8, 1]$，$|Z_L| = 8\Omega$，$R_1 = 8\Omega$，$R = 6.4\Omega$，$L = 15.3\text{mH}$；优化设计的任务就是选择 C、L_1 和 L_2，使得逆变器系统的功率因数 $\cos\varphi$ 高、电流电压负担小、功率密度大。

2) 总阻抗

由图 5-30 可得式(5-47)和式(5-48)，式中 ω 为逆变器角频率。

纯电阻负载时，从逆变器输出端 E、F 来看，系统的总阻抗可以通过传递函数来表达：

$$Z(s) = L_1 s + \cfrac{1}{Cs + \cfrac{1}{R_1 + L_2 s}} \tag{5-47}$$

$$Z(C, L_1, L_2) = \frac{R_1 + j(L_1\omega + L_2\omega - 2L_1L_2C\omega^3 - L_2^2C\omega^3 + R_1^2C^2L_1\omega^3 - R_1^2C\omega + L_1L_2^2C^2\omega^5)}{1 - 2L_2C\omega^2 + L_2^2C^2\omega^4 + R_1^2C^2\omega^2}$$

阻感负载时，从逆变器输出端 E、F 来看，系统的总阻抗亦可以通过传递函数来表达：

$$Z(s) = L_1 s + \cfrac{1}{Cs + \cfrac{1}{R + (L_2 + L)s}} \tag{5-48}$$

令 $L_3 = L_2 + L$，则有

$$Z(C, L_1, L_2) = \frac{R + j(L_1\omega + L_3\omega - 2L_1L_3C\omega^3 - L_3^2C\omega^3 + R^2C^2L_1\omega^3 - R^2C\omega + L_1L_3^2C^2\omega^5)}{1 - 2L_3C\omega^2 + L_3^2C^2\omega^4 + R^2C^2\omega^2}$$

3) 系统功率因数

纯阻/阻感负载时，系统总的功率因数 $\cos\varphi$ 分别为式(3-49)、式(3-50)。

$$\begin{cases} \cos\varphi = \dfrac{R}{\sqrt{R_1^2 + T^2}} \\ T = L_1\omega + L_2\omega - 2L_1L_2C\omega^3 - L_2^2C\omega^3 + R_1^2C^2L_1\omega^3 - R_1^2C\omega + L_1L_2^2C^2\omega \end{cases} \tag{5-49}$$

$$\begin{cases} \cos\varphi = \dfrac{R}{\sqrt{R^2 + T_1^2}} \\ T_1 = L_1\omega + L_3\omega - 2L_1L_3C\omega^3 - L_3^2C\omega^3 + R^2C^2L_1\omega^3 - R^2C\omega + L_1L_3^2C^2\omega^5 \end{cases} \tag{5-50}$$

式中，ω 为逆变器输出的正弦波电压的角频率，简言之，系统功率因数 $\cos\varphi = f(L_1, L_2, C)$。

4) 系统传递函数

由图 5-30 可得

$$\begin{cases} E_o(s) = R_1 I_o \\ \dfrac{1}{Cs} I_C = R_1 I_o + L_2 I_o s \\ I_1 = I_C + I_o \end{cases}$$

纯电阻负载时含滤波器在内的系统传递函数为

$$\begin{aligned} G(s) = \frac{E_o(s)}{E_1(s)} &= \frac{R_1 I_o}{I_1 L_1 s + I_o R_1 + I_o L_2 s} = \frac{R_1 I_o}{I_C L_1 s + I_o L_1 s + I_o R_1 + I_o L_2 s} \\ &= \frac{R_1 I_o}{L_1 C R_1 I_o s^2 + L_1 L_2 C I_o s^3 + I_o L_1 s + I_o R_1 + I_o L_2 s} \\ &= \frac{1}{\dfrac{L_1 L_2 C}{R_1} s^3 + L_1 C s^2 + \dfrac{L_1 + L_2}{R_1} s + 1} \end{aligned} \tag{5-51}$$

阻感负载时含滤波器在内的传递函数为

$$
\begin{aligned}
G(s)=\frac{E_o(s)}{E_1(s)} &= \frac{1}{\dfrac{L_1 L_2 C}{R+Ls}s^3 + L_1 C s^2 + \dfrac{L_1+L_2}{R+Ls}s + 1} \\
&= \frac{R+Ls}{L_1 L_2 C s^3 + L_1 C(R+Ls)s^2 + (L_1+L_2)s + R+Ls} \\
&= \frac{R+Ls}{(L_1 L_2 C + L_1 LC)s^3 + L_1 RC s^2 + (L_1+L_2+L)s + R} \\
&= \frac{Ls+R}{(CL_1 L_2 + CL_1 L)s^3 + RCL_1 s^2 + (L+L_1+L_2)s + R}
\end{aligned}
\tag{5-52}
$$

2. 常规求解思路

(1) 写出各目标函数，式(5-49)、式(5-50)所表达的系统功率因数即为本设计的目标函数。

(2) 构造数学模型，令满载时的式(5-49)为 $f_1(L_1,L_2,C)$，令满载且 $\cos\theta = 0.8$ 时的式(5-50)为 $f_2(L_1,L_2,C)$。令 $f_3 = f_1 \bigcap f_2$，则有

$$
\min\ [1-f_3(L_1,L_2,C)]
\tag{5-53}
$$

$$
\text{s.t. } L_1>0, L_2>0, C>0
$$

(3) 选择算法，设定初始解，但是所涉方程常常既无解析解又难觅有用数值解。

5.3.2　系统功率因数的可视化

1. 逆变器功率因数的四维数据场可视化

为突出接近最优值的域，令次优解显示范围为 $\cos\varphi \in [0.9,1]$，优化设计的基本步骤：

在大范围内对满载纯阻时的 f_1、满载阻感负载时的 f_2 进行可视化，如图 5-31 和图 5-32 所示。

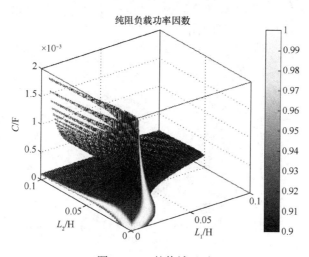

图 5-31　f_1 的值域显示

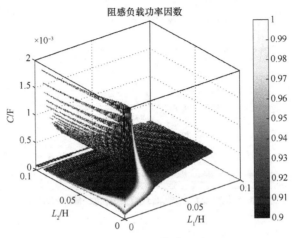

图 5-32 f_2 的值域显示

做 f_1 和 f_2 相并 $f_1 \cup f_2$，如图 5-33 所示；做 $f_3 = f_1 \cap f_2$ 得到图 5-34。

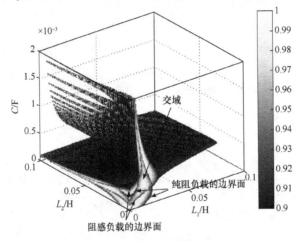

图 5-33 f_1 和 f_2 的并集 $f_1 \cup f_2$

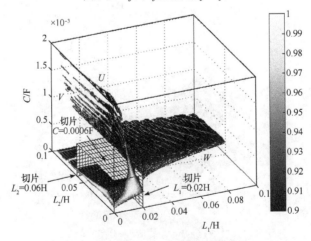

图 5-34 $f_1 \cap f_2$ 及其稳定域

图 5-33 中提示：

(1) 图 5-33 中由纯阻/阻感负载的边界面包围而成的交域中对应的滤波器参数均满足以下情况：负载功率因数 $\cos\theta$ 在[0.8,1]内变化时，系统功率因数 $\cos\varphi$ 大于或等于 0.9。

(2) 因其 $\cos\varphi \geq 0.9$ 的等值表面所围域并非完全的凸集，故最优解/最优值均可能不止一个。

(3) 从图 5-33 还可以得到决策变量的交集 Ω，该交集仅仅是三维空间位置集合，而在该位置集合中有 $\forall x \in \Omega$，$x \in \mathbf{R}^3$，$\Omega = \{x \in \mathbf{R}^3 \mid f_1(x) \geq 0.9, f_2(x) \geq 0.9\}$。

(4) 据此集合再将新的目标函数 $f_3(x) = \max\{f_1(x), f_2(x)\}$ 可视化。具体做法请参阅 2.2.2 节中的"目标函数的并/交集"。

说明：通过旋转可了解应变量的取值变化趋势；可用局部放大来关注局部细微变化。

2. 最优解的分布

将图 5-34 中目标函数的取值范围缩小为 $\cos\varphi \in [0.9999,1]$，可得最优解的点集，即可供待选的点状最优解集，如图 5-35 所示。

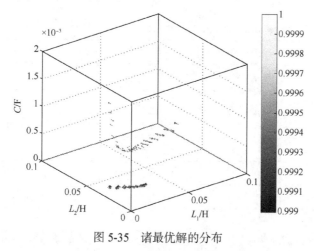

图 5-35　诸最优解的分布

图 5-35 中揭示了式(5-42)最优解的空间分布，为点状解集，虽然分布很广，但难以判断其稳定性。为了求得具有稳定性的点状最优解，设计者应通过可视化交互进行划分，从数学意义的最优解集中甄别出符合工程实际的最优解，即既有现成商品的电容器标称值，还应考虑到解的稳定性等，可见最有价值的解均集中在图 5-34 中后加的框内。

3. 最优解的稳定性

图 5-35 还揭示了最优解的稳定(鲁棒)性问题，若有些最优解 $f_3(L_1^*, L_2^*, C^*)$ 处的 $\partial f_3 / \partial L_1$、$\partial f_3 / \partial L_2$、$\partial f_3 / \partial C$ 很大，则说明其鲁棒性很差，L_1、L_2 和 C 稍有变化便会使得 $\cos\varphi$ 急剧下降，构成病态数学问题。然而，现行求数值解的方法得到的正是这种难以判断稳定性或者鲁棒性的点状解。

在图 5-34 所示因变量内，取某一因变量为例，来加以说明。

在图 5-34 中 U 点($C = 1600\mu\text{F}$，$L_1 = 7.0\text{mH}$，$L_2 = 50\text{mH}$)处的 $\cos\varphi$ 对 L_1 的变化就特别敏感，其敏感程度的计算结果如表 5-5 所示。

表 5-5　U 点处的 $\cos\varphi$ 对 L_1 变化的敏感程度

L_1/mH	$\cos\theta = 0.8$			$\cos\theta = 1$		
	视在功率倍数			视在功率倍数		
	110%	100%	80%	110%	100%	80%
6.5	0.40	0.43	0.50	0.57	0.61	0.71
7.0	0.99	0.97	0.89	0.99	1.00	0.99
7.5	0.36	0.36	0.34	0.65	0.64	0.61
8.0	0.19	0.20	0.20	0.38	0.38	0.38

可见 L_1 稍有变化,系统功率因数 $\cos\varphi$ 将显著变化,U 点的最优解稳定性不好,应被舍去。

图 5-34 中 V 点($C=100\mu F$,$L_1=100mH$,$L_2=90mH$)处的 $\cos\varphi$ 对 L_2 数值的变化敏感,其敏感程度的计算结果如表 5-6 所示。

表 5-6　V 点处的 $\cos\varphi$ 对 L_2 变化的敏感程度

L_2/mH	$\cos\theta = 0.8$			$\cos\theta = 1$		
	视在功率倍数			视在功率倍数		
	110%	100%	80%	110%	100%	80%
70	0.73	0.79	0.91	0.60	0.64	0.72
80	0.93	0.96	1.00	0.74	0.77	0.83
90	0.99	0.98	0.96	0.90	0.92	0.94
100	0.83	0.83	0.82	1.00	1.00	1.00

可见 L_2 稍有变化,系统功率因数 $\cos\varphi$ 将显著变化,V 点的最优解稳定性不好,也应被舍去。

图 5-34 中 W 点($C=1100\mu F$,$L_1=10mH$,$L_2=100mH$)的 $\cos\varphi$ 对 C 的变化最为敏感,其敏感程度的计算结果如表 5-7 所示。

表 5-7　W 点处的 $\cos\varphi$ 对 C 变化的敏感程度

C/μF	$\cos\theta = 0.8$			$\cos\theta = 1$		
	视在功率倍数			视在功率倍数		
	110%	100%	80%	110%	100%	80%
1000	0.15	0.17	0.20	0.22	0.24	0.30
1100	1.00	1.00	0.96	0.92	0.94	0.98
1200	0.13	0.14	0.15	0.22	0.24	0.27
1300	0.06	0.06	0.07	0.10	0.11	0.13

表 5-5～表 5-7 均提示：有的最优解自变量仅变化 10%，系统功率因数却从 $\cos\varphi \approx 1.00$ 陡跌至 $\cos\varphi \approx 0.14$，随之而来的是 IGBT 电流负担大大增加等严重后果，显然在进行设计时不仅要看是否是最优解，而且要看该最优解在各个自变量方向的偏导，最优解的鲁棒性也是优化设计时必须考量的重点。

电容器 C 是商品，其电容量只限于在有限集范围内取离散值；电感器 L_1、L_2 虽然是按需加工的，但其制成品的电感量不可能与设计值完全一致，难免存在偏差。因此，在设计阶段就应将这些敏感的点规避掉。但是，采用常规方法计算时初始解的设定需要相当丰富的经验，而通常随机设定的初始解的运算的结果往往难免陷入由 C、L_1 和 L_2 共同构成的敏感点。设计所面临的困难首先是初始解的设定很难找到规律，并且很难找到有效数值解；其次是很难判断带诸约束条件的多目标函数优化设计解的稳定性。

4. 最优解的选择

旋转图 5-34，将 $\cos\varphi \in [0.9,1]$ 的次优值域从非凸集状态切割成完全凸集状态，进而找出内接球直径最大的体，得到缩小的取值范围，如图 5-36 所示。

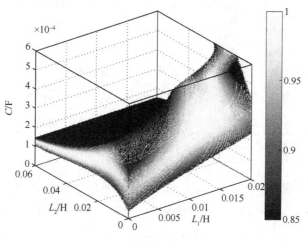

图 5-36　取值范围放大图

从集状解中求点状最优解的步骤如下。

(1) 对各参数取值范围进行较大的交域框定：$L_1 \in [0,0.024]$H，$L_2 \in [0,0.04]$H，$C \in [0,0.0006]$F，如图 5-34 所示。

(2) 再将被缩小范围的局部放大，得图 5-36。

(3) 取其域边缘曲面，得图 5-37，可知内接球直径最大的体在切片内，故在其球心附近选择的点状最优解为：$C^* = 350\mu F$，$L_1^* = 12.5\text{mH}$，$L_2^* = 5\text{mH}$。

图 5-36、图 5-37 提示，因该体腔内的优化值相差不大，故应将最优解 (L_1^*, L_2^*, C^*) 的点选择在这个内接球的球心。球心的 $\partial f_3 / \partial L_1$、$\partial f_3 / \partial L_2$、$\partial f_3 / \partial C$ 最小，即使 L_1、L_2、C 有点变化，仍可将 $\cos\varphi$ 维持在接近 1 的水平，使所得最优解具有鲁棒性。电感器的设计、绕制和测量都难免存在着误差，商品电容器的容量也会变化，所以考量点状最优解的鲁棒性/稳

定性具有实际意义。

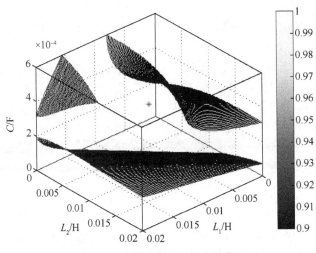

图 5-37　点状解(L_1^*, L_2^*, C^*)的位置

5. 系统功率因数的设计效果

1) 负载不同时的 $\cos\varphi$

负载 Z 的大小和负载功率因数 $\cos\theta$ 改变时，对应的系统功率因数 $\cos\varphi$ 的变化的验证结果如表 5-8 所示。

表 5-8　不同 $\cos\theta$ 和负载大小下的 $\cos\varphi$

$\cos\theta$	视在功率倍数		
	110%	100%	80%
1.00	1.00	1.00	0.97
0.95	1.00	1.00	0.97
0.90	1.00	1.00	0.96
0.85	1.00	1.00	0.95
0.80	1.00	1.00	0.95
0.75	1.00	1.00	0.94
0.95	0.99	1.00	0.98

由表 5-8 可知，当负载大小在 80%～110%倍的额定值间变化，并且负载的功率因数在 0.75(滞后)～1～0.95(超前)内变化时，$\cos\varphi$ 均大于 0.90，为较高值，也就是说在额定负载前后负载功率因数的变化对系统功率因数的影响不大。

2)　$\cos\varphi$ 对 L_1、L_2、C 变化的敏感程度(表 5-9～表 5-11)

表 5-9　$\cos\varphi$ 对 L_1 变化的敏感程度

L_1/mH	$\cos\theta = 0.8$			$\cos\theta = 1$		
	视在功率倍数			视在功率倍数		
	110%	100%	80%	110%	100%	80%
8.5	1.00	0.99	0.91	0.99	0.97	0.90
10.0	1.00	0.99	0.92	1.00	0.99	0.93
12.5	1.00	1.00	0.95	1.00	1.00	0.97
18.0	0.98	0.99	0.99	0.93	0.96	1.00

表 5-10　$\cos\varphi$ 对 L_2 变化的敏感程度

L_2/mH	$\cos\theta = 0.8$			$\cos\theta = 1$		
	视在功率倍数			视在功率倍数		
	110%	100%	80%	110%	100%	80%
0.1	0.98	1.00	0.98	1.00	1.00	0.97
2.5	0.99	1.00	0.97	1.00	1.00	0.97
5.0	1.00	1.00	0.95	1.00	1.00	0.97
9.0	1.00	0.98	0.90	1.00	1.00	0.97

表 5-11　$\cos\varphi$ 对 C 变化的敏感程度

C/μF	$\cos\theta = 0.8$			$\cos\theta = 1$		
	视在功率倍数			视在功率倍数		
	110%	100%	80%	110%	100%	80%
250	0.92	0.96	1.00	0.98	0.99	0.99
300	0.98	0.99	0.99	0.99	1.00	0.98
350	1.00	1.00	0.95	1.00	1.00	0.97
400	1.00	0.98	0.90	1.00	1.00	0.97

　　表 5-9～表 5-11 提示：①三个表中都有 $\cos\varphi \geqslant 0.90$；②有的自变量即使变化 300%，应变量也仍维持在 $\cos\varphi \approx 1$；③优化目标对决策变量(L_1、L_2 和 C)的变动有很好的适应性，稳定性好。

6. 与其他设计方法的比较

　　现就文献[6]和[7]所提供的数据进行比对计算和仿真，所得结果如表 5-12 所示。

表 5-12　不同 $\cos\theta$ 输出功率下的 $\cos\varphi$ 之比较

$\cos\varphi$		视在功率倍数		
		110%	100%	80%
本设计	$\cos\theta=1$	1.00	1.00	0.97
	$\cos\theta=0.8$	1.00	1.00	0.95
文献[6]	$\cos\theta=1$	1.00	1.00	1.00
	$\cos\theta=0.8$	0.78	0.78	0.79
文献[7]	$\cos\theta=1$	1.00	1.00	1.00
	$\cos\theta=0.8$	0.82	0.83	0.86

表 5-12 中提示：本设计对负载变化的适应性较好。

本节选择了一组滤波器参数，通过样机实验对其功率因数进行测试。

7. 功率因数实测结果

T 型滤波器的输入电压为 SPWM 波，输入电流为准正弦波，而常规的计量表无法直接测算出两种不同种类波形之间的相位差或者功率因数。为了计算在实际工作状况下由低通滤波器(C、L_1 和 L_2)和负载 Z 共同构成的逆变器系统功率因数，首先必须采集两者截然不同的电压、电流信号，采样点为图 5-38 中的低通滤波器输入电压 u_i 和输入电流 i_i。

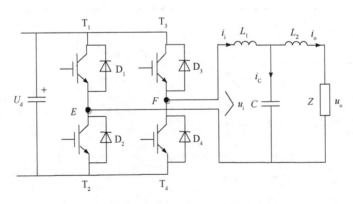

图 5-38　系统功率因数的测试电路

所得实验电流和电压波形如图 5-39 所示。需要说明的是：

(1) 所用示波器 TDS-3202B，电流探头为 A622；

(2) u_i 和 i_i 均来自全桥功率变换器。

$\cos\varphi$ 由比对逆变器系统输入电压 u_i 和输入电流 i_i 过零点时刻之差来确定，当 $C^*=90\mu F$、$L_1^*=11.5mH$、$L_2^*=0.1mH$ 时，各种负载下的系统功率因数如表 5-13 所示。

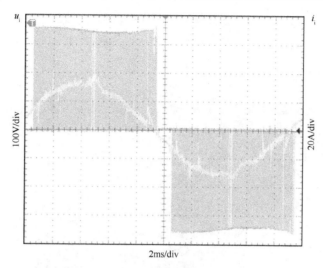

图 5-39　滤波器输出电流和电压波形(局部)

表 5-13　$\cos\varphi$ 的计算值和测试值

负载/W		6000	4500	3000	1500
$\cos\varphi$ ($\cos\theta = 1$)	计算值	0.98	0.97	0.92	0.75
	测试值	0.98	0.95	0.93	0.77
$\cos\varphi$ ($\cos\theta = 0.8$)	计算值	0.89	0.93	0.98	0.93
	测试值	0.89	0.93	0.98	0.93

由表 5-13 可知，测试值和计算值能够较好地吻合。

5.3.3　低通滤波器内阻抗特性

1. 滤波器内阻抗的表达

由图 5-38 可推导出从负载端观察逆变电源，非对称 T 型无源滤波器的内阻抗表达式：

$$Z(\mathrm{j}\omega_1) = \mathrm{j}\omega_1 L_2 + \frac{\dfrac{\mathrm{j}\omega_1 L_1}{\mathrm{j}\omega_1 C}}{\mathrm{j}\omega_1 L_1 + \dfrac{1}{\mathrm{j}\omega_1 C}}$$

$$= \mathrm{j}\omega_1 L_2 + \frac{\mathrm{j}\omega_1 L_1}{-L_1 C \omega_1^2 + 1} \tag{5-54}$$

$$= \frac{\mathrm{j}(\omega_1 L_2 - L_1 L_2 C \omega_1^3) + \mathrm{j}\omega_1 L_1}{1 - L_1 C \omega_1^2}$$

$$= \mathrm{j}\frac{\omega_1 L_1 + \omega_1 L_2 - L_1 L_2 C \omega_1^3}{1 - L_1 C \omega_1^2}$$

$$|Z| = \left| \frac{\omega_1 L_1 + \omega_1 L_2 - L_1 L_2 C \omega_1^3}{1 - L_1 C \omega_1^2} \right| \tag{5-55}$$

在 5.3.2 节基于系统高功率因数考量，已选定的参数范围基础上，再对滤波器阻抗进行可视化，观察其值随 L_1、L_2 和 C 的变化趋势，初定滤波器阻抗显示范围为 $|Z| \in [0,2]\Omega$，其可视化如图 5-40 所示。

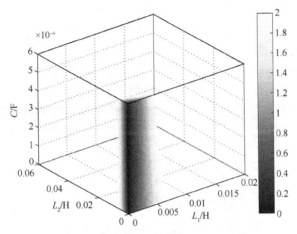

图 5-40　滤波器内阻抗数值分布可视化

需要说明的是：

(1) 图 5-40 右上角应还有 $|Z|$ 较小的可行域，但因图 5-40 右上角 $\cos\varphi$ 较小，为突出重点，图中已舍去。

(2) 滤波器阻抗 $|Z|$ 亦可以选取其他值，视系统设计和环流许可值的不同而异。

2. 功率因数与滤波器阻抗的交域

图 5-40 与图 5-36 的交域如图 5-41 所示，选 $L_1 \in [0,0.024]\mathrm{H}$，$L_2 \in [0,0.04]\mathrm{H}$，然而有 $C \in [0,0.0006]\mathrm{F}$，将功率因数交域图与阻抗图放入同一个坐标系中，以便观察其并集，从而可以进一步缩小各参数取值范围为：$L_1 \in [0,0.002]\mathrm{H}$，$L_2 \in [0,0.002]\mathrm{H}$，$C \in [0.00006,0.00024]\mathrm{F}$。

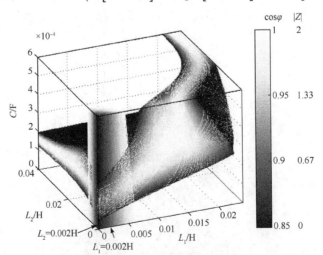

图 5-41　滤波器内阻抗与系统功率因数

从图 5-41 还可以得到决策变量的交集 Ω，该交集仅仅是空间三维空间位置集合，而在该位置集合中有 $\forall x \in \Omega$，$x \in \mathbf{R}^3$，$\Omega = \{x \in \mathbf{R}^3 \mid f(x) \geqslant 0.85$，$|Z| \in [0,2]\Omega\}$；据此集合再将新的目标函数 $f_d(x) = \max\{f(x)$，$|Z|(x)\}$ 可视化。具体做法请参阅 2.2.2 节中的"目标函数的并/交集"。

3. 设计中间结果分析

由于功率因数范围为 $0.85 \leqslant \cos\varphi \leqslant 1$，阻抗取值范围为 $0 \leqslant |Z| \leqslant 2$，显示范围不一致，而图形中只能对一种参变量进行特定颜色表征，当出现两种不同参变量时，图形颜色将出现混乱，故需进行归一化处理。例如，将阻抗 $0 \leqslant |Z| \leqslant 2$ 通过一个线性方程转化为 $0 \leqslant |Z| \leqslant 1$，通过计算可得此线性方程为 $Z' = 0.75Z + 0.85$。

由图 5-41 可观察到功率因数图与阻抗图的交域，若取 $0 \leqslant |Z| \leqslant 1$，则可以看出各决策变量所对应的取值范围应为：当 $C \in (40,400)\mu F$、$L_1 \in (0,3)mH$、$L_2 \in (0,3)mH$ 时，可达到 $|Z| < 1\Omega$、$\cos\varphi > 0.85$ 的目的。不但数值解的全局分布清晰可见，两个物理意义截然不同的优化目标也很容易找到其交集。

5.3.4　低通滤波器频率特性

1. 数学表达及其可视化

如式(5-51)、式(5-52)所示，Bode 图上穿越角频率 ω_c 是低通无源滤波器的基本属性表达，也是 L_1、L_2 和 C 的函数 $\omega_c(L_1,L_2,C)$，现仅以纯阻负载为例，由式(5-51)可得 ω_c 的表达如式(5-56)～式(5-58)所示。

$$G(s) = \cfrac{1}{\cfrac{L_1 L_2 C}{R_1}s^3 + L_1 C s^2 + \cfrac{L_1+L_2}{R_1}s + 1} \tag{5-56}$$

$$A(j\omega) = \cfrac{1}{-\cfrac{L_1 L_2 C}{R_1}j\omega^3 - L_1 C\omega^2 + \cfrac{L_1+L_2}{R_1}j\omega + 1} = \cfrac{1}{1 - L_1 C\omega^2 + j\left(\cfrac{L_1+L_2}{R_1}\omega - \cfrac{L_1 L_2 C}{R_1}\omega^3\right)} \tag{5-57}$$

$$|A(j\omega)| = \cfrac{1}{\sqrt{(1 - L_1 C\omega^2)^2 + \left(\cfrac{L_1+L_2}{R_1}\omega - \cfrac{L_1 L_2 C}{R_1}\omega^3\right)^2}} \underline{\underline{\text{穿越点}1}}, \quad \omega = \omega_c \text{时}$$

$$(1 - L_1 C\omega_c^2)^2 + \left(\cfrac{L_1+L_2}{R_1}\omega_c - \cfrac{L_1 L_2 C}{R_1}\omega_c^3\right)^2 = 1$$

令 $L_4 = L_1 + L_2$，则

$$1 - 2L_1 C\omega_c^2 + L_1^2 C^2\omega_c^4 + \left(\cfrac{L_4}{R_1}\right)^2\omega_c^2 - 2\cfrac{L_1 L_2 L_4 C}{R_1^2}\omega_c^4 + \cfrac{L_1^2 L_2^2 C^2}{R_1^2}\omega_c^6 = 1$$

$$\Rightarrow \quad \cfrac{L_1^2 L_2^2 C^2}{R_1^2}\omega_c^4 + \left[L_1^2 C^2 - 2\cfrac{L_1 L_2 L_4 C}{R_1^2}\right]\cdot\omega_c^2 + \left(\cfrac{L_4}{R_1}\right)^2 - 2L_1 C = 0$$

$$\Rightarrow \quad L_1^2 L_2^2 C^2 \omega_c^4 + \left[L_1^2 C^2 R_1^2 - 2L_1 L_2 L_4 C \right] \cdot \omega_c^2 + L_4^{\,2} - 2L_1 C R_1^2 = 0$$

$$\omega_c^2 = \frac{2L_1 L_2 L_4 C - L_1^2 C^2 R_1^2 \pm \sqrt{\left(L_1^2 C^2 R_1^2 - 2L_1 L_2 L_4 C \right)^2 - 4L_1^2 L_2^2 C^2 \left(L_4^{\,2} - 2L_1 C R_1^2 \right)}}{2L_1^2 L_2^2 C^2}$$

$$= \frac{2L_1 L_2 L_4 C - L_1^2 C^2 R_1^2 \pm \sqrt{L_1^4 C^4 R_1^4 - 4L_1^4 L_2 C^3 R_1^2 - 4L_1^3 L_2^2 C^3 R_1^2 + 8L_1^3 L_2^2 C^3 R_1^2}}{2L_1^2 L_2^2 C^2}$$

$$= \frac{2L_1^2 L_2 C + 2L_1 L_2^2 C - L_1^2 C^2 R_1^2 \pm \sqrt{L_1^4 C^4 R_1^4 - 4L_1^4 L_2 C^3 R_1^2 + 4L_1^3 L_2^2 C^3 R_1^2}}{2L_1^2 L_2^2 C^2}$$

$$= \frac{2L_1 L_2 + 2L_2^2 - L_1 C R_1^2 \pm R_1 \sqrt{L_1^2 C^2 R_1^2 - 4L_1^2 L_2 C + 4L_1 L_2^2 C}}{2L_1 L_2^2 C}$$

$$\omega_c = \sqrt{\frac{2L_1 L_2 + 2L_2^2 - L_1 C R^2 \pm R \sqrt{L_1^{\,2} C^2 R^2 + 4L_1 L_2^{\,2} C - 4L_1^{\,2} L_2 C}}{2L_1 L_2^{\,2} C}} \tag{5-58}$$

说明:

(1) 对于其他几种求解方法不再做深入比较分析;

(2) 式(5-58)中的根号内含有 "±" 号,所以应该得到两个可行域,但是含有 "−" 号的可行域 $\partial \omega_c / \partial L_1$ 很大,对 L_1 的变化特别敏感,故鲁棒性差,为了表述方便已经将其从图中略去;

(3) 为了使所得结果具有可操作性,对可能出现的虚数均已在编写程序时予以略去;

(4) 将 ω_c 拘泥在某一点既无控制系统设计之必要,又会平添不少麻烦,而将其设定在一定的范围内可使设计者获得更大的选择空间,如果在此令 $\omega_c \in [3700, 4300]\,\text{rad/s}$,则可得到在额定纯电阻负载时的 $\omega_c(L_1, L_2, C)$,如图 5-42 所示。

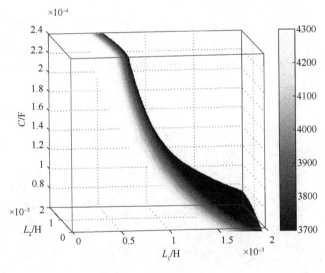

图 5-42　$\omega_c(L_1, L_2, C)$

2. 降维后的彩色切平面

由于电容器商品容量的取值不是连续的，是由离散的数值序列构成的，因此电容器的容量范围确定之后还必须进行归靠。本例在 $C \in (40\mu F, 400\mu F)$ 内，若取电容器商品容量 $C = 90\mu F$ ，则在四维可视化图上作 $L_1 - L_2$ 的切片可以降维得到彩色平面图，如图 5-43 所示，图中清晰可见"积线为面"的完全四维可视化原理，若切片增加，亦可视觉无缝隙地连成一片。

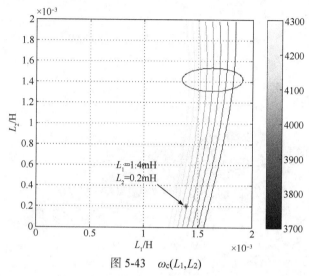

图 5-43　$\omega_c(L_1, L_2)$

图 5-43 尽管是平面图，但是因变量是用颜色表示的，在 PC 上可以明显地看出二元函数 $\omega_c(L_1, L_2)$ 的变化规律，为进一步缩小设计范围提供依据。因电容器的规格存在一定的约束，故对各参数进行综合考虑，初选择电容器 $C = 90\mu F$ ，因此，式(5-58)所表达的 $\omega_c(C, L_1, L_2)$ 便可降维成 $\omega_c(L_1, L_2)$ ，从而四维图形则降维为三维图形，即 $\omega_c(L_1, L_2)$ ，而 ω_c 则继续以颜色的改变表示其取值趋势，如图 5-43 所示：可缩小 L_1 、L_2 的取值范围 $L_1 \in (1.3mH, 1.7mH)$ ，$L_2 \in (0mH, 2mH)$ 。此外，由滤波器阻抗图的变化趋势可知，L_1 、L_2 越大，则阻抗越大，本例取 $L_1 = 1.4mH$ ，$L_2 = 0.2mH$ 。

当然，L_1 和 L_2 的优化设计还有其他的考量，例如，并网运行的逆变器或者 $N+1$ 冗余并联运行的逆变器还必须从减小环流的角度来设计低通无源滤波器参数，此时 L_2 的作用得到彰显，非对称 T 型低通无源滤波器较普通单 LC 低通无源滤波器的优越性也可得到充分发挥。

5.3.5　电流负担和电压应力

1. 电流负担

1) 稳态输入输出电流

当 $\cos\theta = 0.8$ ，据滤波器结构图 5-38 可得稳态输出电流与输入电流比：

$$\left| \frac{I_O}{I_1} \right| = \frac{1}{\sqrt{(1 - \omega^2 L_2 C - |Z_L|\omega C \sin\theta)^2 + (|Z_L|\omega C \cos\theta)^2}} \tag{5-59}$$

从式(5-59)可见，在同样负载$|Z|$及其功率因数$\cos\theta$的条件下，$|I_O/I_1|$与L_1无关，仅随L_2、C及其感抗、容抗而变化。$|I_O/I_1|$反映了电力电子开关器件电流负担情况。

2) $|I_O/I_1|$的可视化

进一步判断式(5-59)的变化趋势$|I_O/I_1|=f(L_1,L_2,C)$需要很高的技巧，而数据可视化却可以把晦涩的表达式变成人类所习惯的表达形式，本例四维数据场可视化效果如图5-44所示。图中标识：

①表示$|I_O/I_1|$值沿L_2正方向增大；

②表示当C大于一定范围时，$|I_O/I_1|$随其增大而逐渐减小。

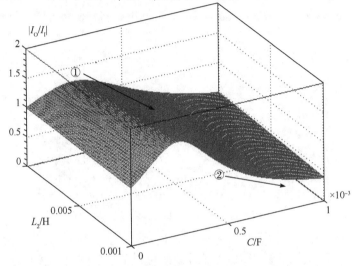

图 5-44　电力电子器件的电流负担(大范围)

$|I_O/I_1|$的选取与逆变器的负载性质、散热条件和电力电子器件极限参数等有关。当所选用的 IGBT 额定电流为75A，阻感性负载$\cos\theta$为0.8时其额定电流约为 28A，考虑到了电力电子器件常常须有一定的电流裕度。

可见电力电子器件的电流负担是可掌控的，当$C=90\mu F$时，在$L_2=1.5mH$附近L_2的变化并不会造成$|I_O/I_1|$的显著变化，器件的电流负担是可接受的。显然，电力电子器件的额定电流分布也是离散的，有不连续的商品标称值。设计时亦可方便地通过C和L_2的不同组合来达到其他电流负担的要求，但实现极限条件的安全运行却很难。

2. 电压应力

(1) 同样根据图 5-44 可得到关于电压应$|E_O/E_1|$的表达式：

$$\left|\frac{E_O}{E_1}\right|=\frac{|Z_L|}{\sqrt{A^2+B^2}} \tag{5-60}$$

其中

$$A=|Z_L|\cdot(1-\omega^2 L_1 C)\cdot\cos\theta$$

$$B = |Z_L| \cdot (1 - \omega^2 L_1 C) \cdot \sin\theta + \omega(L_1 + L_2) - L_1 L_2 C \omega^3$$

(2) 式(5-60)的 $|E_O / E_1| = f(L_1, L_2, C)$ 可见于图 5-45，应规避 $|E_O / E_1|$ 接近 2 的区域；

(3) 加切片可使值域连续，但耗时；

(4) 旋转图 5-45 至 $L_1 \in (1.1\text{mH}, 1.5\text{mH})$、$L_2 \in (0\text{mH}, 3\text{mH})$、$C = 90\mu\text{F}$ 时，$|E_O / E_1| \approx 1$，滤波器不会提高电力电子器件的电压应力。当然电力电子器件的额定电压不同，对电压应力的要求也不同。

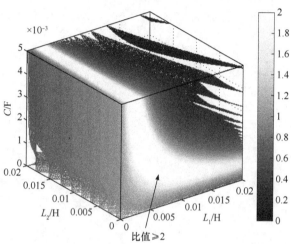

图 5-45　电压应力与 L_1、L_2、C 的关系

5.3.6　稳定裕量和滤波效果

1. 控制对象及其频率特性

滤波器和负载共同构成逆变系统的控制对象，其传递函数及其相频幅频特性对控制系统的设计有着重要影响，因此也是优化设计所必须认真考量的。

5.3.1 节已推导出纯阻负载时逆变器系统的传递函数，其表达如下：

$$G_1(s) = \frac{U_1(s)}{U_O(s)} = \frac{1}{\dfrac{L_1 C L_2}{R_1} s^3 + L_1 C s^2 + \dfrac{L_1 + L_2}{R_1} s + 1} \tag{5-61}$$

将满载时额定负载 $R_1 = 8\Omega$、$L_1 = 1.1\text{mH}$、$L_2 = 3\text{mH}$ 和 $C = 90\mu\text{F}$ 代入式(5-61)可得传递函数：

$$G(s) = \frac{1}{3.713 \times 10^{-11} s^3 + 9.9 \times 10^{-8} s^2 + 5.125 \times 10^{-4} s + 1} \tag{5-62}$$

据式(5-62)很容易得到 Bode 图，从而可以得到相频特性和幅频特性，在此不再赘述。

2. 多参数根轨迹法

多参数根轨迹法可方便参数选取，令 $K_1 = 1/L_1$，$K_2 = 1/L_2$，则式(5-62)可变形为

$$s^3 + K_2 R s^2 + K_1 \frac{1}{C} s + K_2 \frac{1}{C} s + \frac{R}{C} K_1 K_2 = 0 \tag{5-63}$$

$$1 + K_2 \frac{Rs^2 + \dfrac{1}{C}s + \dfrac{R}{C}K_1}{s^3 + K_1 \dfrac{1}{C}s} = 0 \tag{5-64}$$

据式(5-63)和式(5-64)得到两参数变化的根轨迹，见图 5-46，记 "1" 为 $L_1 = 1.10\text{mH}$ 时的根轨迹；"2" 为 $L_1 = 1.15\text{mH}$ 时的根轨迹；"3" 为 $L_1 = 1.50\text{mH}$ 时的根轨迹，A 点增益(Gain)为 10000，所对应极点(Pole)为 $-703 + i0.00306$，阻尼(Damping)为 $0.224\,\Omega$，超调量(Overshoot)为 48.6%，角频率为 3140rad/s。经可视化交互可得到 $L_1 = 1.15\text{mH}$、$L_2 = 0.1\text{mH}$ 和 $C = 90\mu\text{F}$，为经过复核的点状解。

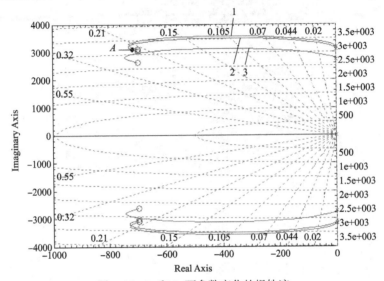

图 5-46 L_1 和 L_2 两参数变化的根轨迹

3. 滤波效果

将参数代入各表达式进行验算，可得其对应的性能参数，见表 5-14。

表 5-14 滤波器性能参数

纯阻负载系统功率因数	阻感负载系统功率因数	滤波器阻抗/Ω	电流负担	电压应力	穿越角频率/(rad/s)
0.9809	0.9005	$\lvert Z \rvert = 0.5073$	1/1.23	≈1	4081

注：电流负担和电压应力均以标幺值表示。

5.3.7 非对称 T 型优化设计要点

(1) 非对称 T 型低通无源滤波器具有输出电流脉动小、通带附近阻带衰减快和内阻抗调节便捷性等优点，可用来改善输出电流波性，减小并联或并网运行时的环路电流。

(2) 低通无源滤波器的优化设计中应该考量系统功率因数、内阻抗电压降、电压应力、电流负担、功率密度和衰减特性等因数，应采用多目标多约束条件下的优化设计来进行选择。

(3) 多目标多约束条件下的优化设计可用若干个以四维数据场表示的三元函数的交集

和并集运算来实现，目标函数的值域、诸目标函数间的交集等均可据数值解结果的全局分布来甄别。

(4) 四维可视化算法可为求解三元非线性方程的全局最优解及判别该数值解的鲁棒性提供直观的信息，可通过可视化交互而融入设计者的先验知识来判断数值解的全局分布及其鲁棒性。

5.4　变频器用 LCL 滤波器的优化设计

逆变器的输出频率是固定的，变频器的输出频率是变化的，因此虽然它们都是将直流电变成交流电完成 DC-AC 的变换，但是由于低通滤波器中的电容器和电感器在不同的输出频率下的阻抗不同，整个滤波器的相频特性和幅频特性亦不一样，设计难度更大[8]。本节讨论了输出频率的变化与滤波器阻抗变化的关系，展现了用五维数据可视化进行优化设计的过程和降维的具体做法。

5.4.1　变频器用 LCL 滤波器设计概述

1. 变频器用滤波器的特点

当逆变器的输出交流电的频率可以在某个范围内变化时，DC-AC 功率变换器就称为变频器，其非对称 T 型无源滤波器的优化设计与逆变器有很大的不同。

电压型变频器的主回路如图 5-47 所示。

当变频器的输出频率变化时，各支路的阻抗和系统功率因数亦会发生变化，使得决策变量难以确定，从而成为变频器用非对称 T 型无源滤波器(LCL 滤波器)的设计难点。

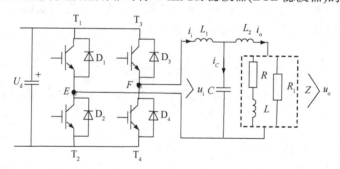

图 5-47　系统功率因数的测试电路

1) 带纯阻负载时的系统功率因数

如式(5-65)所示，纯阻负载时的 $\cos\varphi_1$ 为

$$\begin{cases} \cos\varphi_1 = \dfrac{R_1}{\sqrt{R_1^2 + T_1^2}} \\ \begin{aligned} T_1 = &\, L_1\omega + L_2\omega - R_1^2 C\omega - 2L_1 L_2 C\omega^3 - L_2^2 C\omega^3 \\ &+ R_1^2 C^2 L_1 \omega^3 + L_1 L_2^2 C^2 \omega^5 \end{aligned} \end{cases} \tag{5-65}$$

当输出角频率 ω 不变(即 $\omega = \omega$)，由变量值为常数时，$\cos\varphi_1 = f_1(L_1, L_2, C)$。

2) 带阻感负载时的系统功率因数

阻感负载时，$\cos\varphi_2$ 如式(5-66)所示。

$$\begin{cases} \cos\varphi_2 = \dfrac{R}{\sqrt{R^2 + T_2^2}} \\ T_2 = L_1\omega + (L + L_2)\omega - 2L_1(L + L_2)C\omega^3 - (L + L_2)^2C\omega^3 \\ \qquad + R^2C^2L_1\omega^3 - R^2C\omega_1 + L_1(L + L_2)^2C^2\omega^5 \end{cases} \tag{5-66}$$

当 ω 不变时，有 $\cos\varphi_2 = f_2(L_1, L_2, C)$，并在此基础上求出变频器的系统功率因数。

3) 设计策略

当最低输出频率 $\omega = \omega_{\min}$ 时，$\cos\varphi_1 = f_1(L_1, L_2, C)$ 和 $\cos\varphi_2 = f_2(L_1, L_2, C)$ 都为最优解，当 $\omega = \omega_{\max}$ 时，$\cos\varphi_1 = f_1(L_1, L_2, C)$ 和 $\cos\varphi_2 = f_2(L_1, L_2, C)$ 也为最优解，则当 $\omega \in (\omega_{\min}, \omega_{\max})$ 时，$\cos\varphi$ 也为最优解。

2. 五维可视化算法

在某一频率下，负载功率因数 $\cos\theta \in [0.8, 1]$ 时，虽按照前面逆变器用低通滤波器的设计能够有较高的系统功率因数，但当输出频率在允许范围内变化时，为继续保证有较高的系统功率因数，决策变量的选择便会涉及四个自变量。当逆变器输出频率变化时，其自变量从 3 个 $f(L_1, L_2, C)$ 增加为 4 个 $f(\omega, L_1, L_2, C)$，故不能用四维可视化算法来求解。

1) 算例

对于输出功率为 6kV·A、输出电压为 220V、变频可调范围为 10～250Hz 的变频器，如何设计非对称 T 型低通滤波器，使得系统功率因数最高？该变频器的开关频率为 10kHz，负载阻抗 $|Z_L| = 8\Omega$，负载功率因数 $\cos\theta \in (0.8, 1)$；当 $\cos\theta = 1$ 时，$R_1 = 8\Omega$，而当 $\cos\theta = 0.8$ 时，$R = 6.4\Omega$，$L = 15.3\text{mH}$。

2) 算法

为从 ω-L_1-L_2-C 坐标系中找到全局最优解，并使该解有一定的稳定裕度，特提出用五维标量场可视化算法。

5.4.2　变频器用 LCL 滤波器的设计步骤

1. 优化设计模型

为了可以通过旋转坐标角度、改变坐标尺度等手法来方便地从各自变量方向来观察五维数据场，并通过可视化交互融入设计者的先验知识和经验进行设计，要求因变量 $f(\omega, L_1, L_2, C)$ 应该是连续的。

当输出频率变化时，式(5-65)和式(5-66)的自变量都是 4 个，即基于式(5-65)的纯阻负载的系统功率因数 $\cos\varphi_1 = f_1(\omega, L_1, L_2, C)$，基于式(5-65)的特定阻感负载（$\cos\theta = 0.8$）的系统功率因数 $\cos\varphi_2 = f_2(\omega, L_1, L_2, C)$，兼顾两者的一般负载的功率因数 $\cos\varphi$ 可用两者的交集 $f_3 = f_1 \cap f_2$ 来表示。这样，当考察变频器输出角频率在特定 $\omega \in [31.4, 1570]\text{rad/s}$ 内变化时，可以得到优化设计模型的一般表达式：

$$\min \quad 1 - f_3(\omega, L_1, L_2, C)$$
$$\text{s.t.} L_1 > 0, \quad L_2 > 0, \quad C > 0, \quad \omega \in [31.4, 1570] \tag{5-67}$$

2. 五维可视化的梗概

本书讨论的五维可视化改进方法不需要借助其他的软件，并且不需要事先保存大量的可视化图形来展现五维数据场可视化，具体步骤如下。

(1) 对四元函数 $f(x_1, x_2, x_3, x_4)$，任取三个自变量 x_1、x_2、x_3，把它们归结到三维空间中，定义变化范围和步长。

(2) 关注 $x_4 \in [x_{4\min}, x_{4\max}]$，确定 x_4 的变化步长。

(3) 用指令确定某 x_4 数值的可视化图形在图形界面中所保持的时间 Δt，目的是观测该 x_4 数值下的图形，一旦保持时间 Δt 到了，就用指令清除可视化图形三维界面的图形句柄，但三维空间的坐标系依然保持不变。

(4) 跳回主循环，变化 x_4 继续循环，可以观察到因变量 $z = f(x_1, x_2, x_3, x_4)$ 的色场变动。

(5) 用进程条表示程序运行时第 4 个自变量 x_4 单调递增(减)的变化，设计者可根据因变量的渐变趋势，结合三维几何空间的数值分布，在进程条上定格所需的 x_4 的数值范围。

(6) 严格按照 ω 从低到高的顺序，将所保存的四维可视化图形连续地展现在屏幕上，得到动态且可重复的五维可视化信息，三维空间坐标分别表示 C、L_1 和 L_2，下边进程条显示着第 4 个自变量 ω，其中因变量的数值如右边的色杆所示。

3. 五维可视化算法的实现

1) 设定取值范围

建立系统功率因数 $\cos\varphi$ 和滤波器 L_1、L_2、C 相关的数学模型，限定决策变量可行域，例如，$L_1 \in [0, 0.1]$，$L_2 \in [0, 0.1]$，$C \in [0, 0.002]$，$\omega \in [31.4, 1570]$，限制系统功率因数的值域为 0.9～1，对交集求颜色的切片，建立标量数据值域与色彩频谱的映射关系，根据颜色可以观察系统取值最优的区域。

2) 生成五维数据场

(1) $z = f(w, L_1, L_2, C)$，$\omega \in [31.4, 1570]$，变动步长为 6.28rad/s(1Hz)，总共有 246 帧的四维图。

(2) ω 取初始值 31.4rad/s，然后执行可视化的主程序，产生该频率下的可视化图形。

(3) 使图形在图形界面中保持 1s，然后就用指令清除三维界面的图形句柄，接着跳回 ω 循环，以 $\Delta\omega = 6.28$rad/s（$\Delta f = 1$Hz）为步长进入到下一个循环，直至 $\omega = 1570$rad/s 为止。

3) 生成第四维数自变量进程条

进程条选用输出角频率 ω 作为计量单位，因为 ω 从 31.4 rad/s 变化到 1570rad/s，照此范围设置进程条，公式如下：

$$\text{Step} = \omega / 1570 = [\omega_1 + (n-1)\Delta\omega] / 1570 = 0.02 + 0.004(n-1) \tag{5-68}$$

当 $\omega = 31.4$rad/s 时，进程条初始值被设置成 2%，以后频率每增加 6.28rad/s，进程条就前进 0.4%，直至 $\omega = 1570$rad/s，进程条被充满达到 100%，进程条随程序运行而变动，通过进程条的变动能直观地描述 ω 的变化。

　　4) 定格变动的空间颜色图形

　　通过观察第 4 个自变量的进程条可定格空间颜色图形，例如，当 f = 20Hz 时可得到 $f(125.6, L_1, L_2, C)$，如图 5-48(a)所示；当 f=50Hz 时可得到 $f(314, L_1, L_2, C)$，如图 5-48(b)所示；当 f=65Hz 时可得到 $f(408.2, L_1, L_2, C)$，如图 5-48(c)所示。

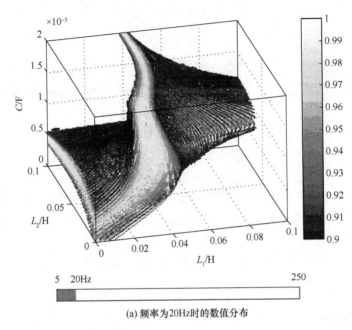

(a) 频率为20Hz时的数值分布

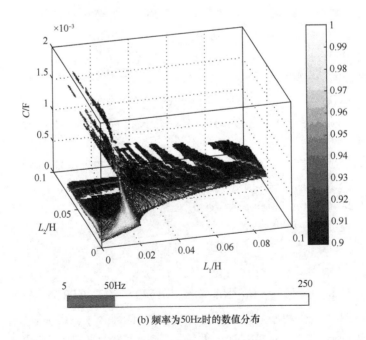

(b) 频率为50Hz时的数值分布

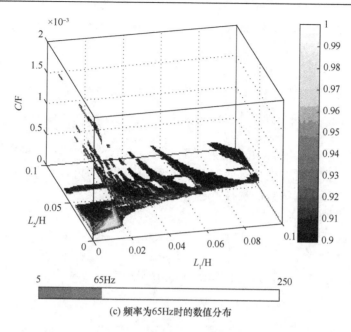

(c) 频率为65Hz时的数值分布

图 5-48　频率变化时的数值分布

显然，在关注其他频率时降维后的四维可视化图形亦可展示出来，在此不再赘述。

由图 5-48 各分图组成的四维可视化图簇展现了 ω 对 $\cos\varphi$ 的影响。

图 5-48 所示图形的纹理较粗，包围轮廓粗线条也有些分散。增加切片的数量可以更为细腻地展现图形，突出连续性，使得各个图形切片联系更为紧密，但所占用的计算机时空资源也较多。

5）降维为四维数据场

反复观察连续变化的数据场 $f(t,L_1,L_2,C)$，则可把握 $f(\omega,L_1,L_2,C)$ 数值解的全局分布，再从距约束条件的距离来评估数值解的可靠性(距离越远，可靠性越高)，从 $\partial f/\partial\omega$、$\partial f/\partial L_1$、$\partial f/\partial L_2$ 和 $\partial f_7/\partial C$ 来判断数值解的鲁棒性(偏导越小，鲁棒性越好)，按设计者的要求和进程条的指示，选择第 4 个自变量的范围 $\omega_i\in(\omega_{i1},\omega_{i2})$ 为关注区域。

图 5-48 是将第 4 个自变量 ω 映射到时间 t 上，因变量 $f(t,L_1,L_2,C)=f(\omega,L_1,L_2,C)$，图中的颜色是变化且可控可重复的，变化趋势一目了然。

(1) 当 ω 为 31.4～1570rad/s 匀速增加时，$\cos\varphi$ 高的范畴总趋势是随着 ω 的增大而收缩；当 $\omega>408.2$rad/s 之后，$\cos\varphi$ 高的范畴显著收缩。

(2) 当 ω 为 1570～31.4rad/s 减小时，$\omega<251.2$rad/s 之后 $\cos\varphi$ 高的范畴显著扩大。

(3) 当 ω 为 251.2～408.2rad/s 时，$\cos\varphi$ 高的范畴相似且呈喇叭状，角频率越低，范畴越大，角频率低的包含着角频率高的，$f(\omega_{i+1},L_1,L_2,C)\subset f(\omega_i,L_1,L_2,C)$。

(4) 在纸制出版物上难以展示五维数据场的变化过程，特在拟选定的特殊点上将五维数据场降维定格为四维数据场。

6）解读五维数据场

(1) $\omega\leqslant251.2$rad/s。

$\cos\varphi$ 高的范畴随着 ω 的减小而迅速扩大，提示 $\cos\varphi$ 高的最优解的鲁棒性在变好，即变频器输出频率越低，为保证较高的系统功率因数 $\cos\varphi$，对低通滤波器参数的选择就越宽泛，优化设计的取值范围越大，如图 5-48(a)～(c)所示，诸分图都是五维数据场可视化程序运行时降维定格下来的 4 帧四维可视化图形(也可以按需要定格出其他频率下的四维图形)。

(2) $\omega \geqslant 408.2\text{rad/s}$。

$\cos\varphi$ 高的范畴随着 ω 的增大而迅速收缩，即最大腔体的内接球半径在迅速缩小，提示 $\cos\varphi$ 高的最优解的鲁棒性在变坏；换言之，变频器输出频率越高，为保证较高的系统功率因数 $\cos\varphi$，对低通滤波器参数的选择就越苛刻。

(3) $\omega \in (251.2, 408.2)\text{rad/s}$。

$\cos\varphi$ 高的范畴呈逐步扩张的喇叭状：$f(\omega_{i+1}, L_1, L_2, C) \subset f(\omega_i, L_1, L_2, C)$，具体地表述为 $f(408, L_1, L_2, C) \subset f(314, L_1, L_2, C) \subset f(251, L_1, L_2, C)$，也就是说，只要在 $f(408, L_1, L_2, C)$ 条件下的参数选择满足要求，则 $\omega \in (251.2, 408.2)\text{rad/s}$ 时均自然地满足要求，如图 5-48(a)～(c)所示。

7) 确定其他 3 个自变量

$f(\omega_{i+1}, L_1, L_2, C) = f(408, L_1, L_2, C) = f(L_1, L_2, C)$，从而将四元函数降维为三元函数，对于其四维数据场可视化图 5-48(a)，在计算机上可通过旋转找到内腔中半径最大的内接球球心，将集状解变为点状解：$L_1 = 0.0125\text{H}$，$L_2 = 0.0053\text{H}$，$C = 0.00035\text{F}$，且可见该点状解的鲁棒性最好。

8) 其他目标和约束条件

(1) 运用式(5-69)并比照上例来达到多目标约束条件下优化设计的目的。

$$u = f_n(\omega, x, y, z) \bigcap f_{n+1}(\omega, x, y, z) \bigcap \cdots \bigcap f_N(\omega, x, y, z) \tag{5-69}$$

(2) 各目标函数的值域越大，它们之间的交集范围也越大，可据运算结果的色彩分布来甄别，并不需要重新计算。如式(5-69)所示，集 $\cos\varphi \in [0.98, 1]$ 被包含于集 $\cos\varphi \in [0.90, 1]$。

(3) 从解的可靠性来考虑应远离约束条件，从解的鲁棒性来考虑应选取腔体内接球的球心，从优化的集状解中选择点状最优解。

4. 实验验证

1) 实验波形

(1) 对于由非对称 T 型低通滤波器和负载共同构成的系统功率因数，可通过比对图 5-47 所示的输入电压 u_i 和输入电流 i_i 过零点的时间来加以验证。

(2) 所用示波器型号为 TDS-3202B，电流探头为 A622。

(3) 实测纯电阻额度负载下不同输出频率时的波形，如图 5-49 所示。

2) 结果分析

图 5-49 中提示，在 40Hz、50Hz 和 65Hz 的不同输出频率的条件下，由非对称 T 型无源滤波器和负载构成的变频器系统的功率因数均较高。各种负载下的系统功率因数见表 5-15。

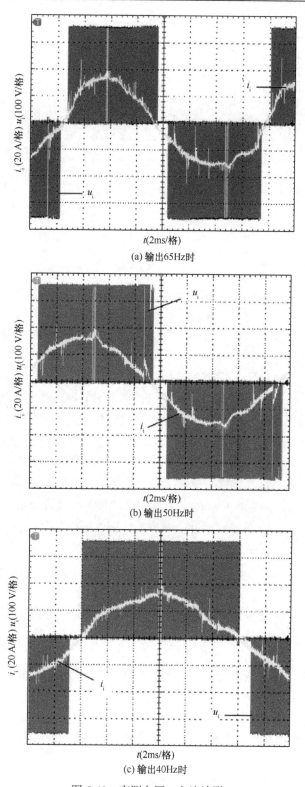

(a) 输出65Hz时

(b) 输出50Hz时

(c) 输出40Hz时

图 5-49　实测电压、电流波形

表 5-15 各种负载下的系统功率因数

负载/W	$\cos\varphi\,(\cos\theta=1)$		$\cos\varphi\,(\cos\theta=0.8)$	
	计算值	测试值	计算值	测试值
6000	0.98	0.98	0.89	0.89
4500	0.97	0.95	0.93	0.93
3000	0.92	0.93	0.98	0.98
1500	0.75	0.77	0.93	0.93

图 5-49 和表 5-15 都表明可视化算法的有效性。由此可见，按照本节所示五维数据可视化的优化设计算法所得到的结果，当逆变器输出频率在 40~65Hz 变化时，即使负载变化，系统也能保持较高的功率因数。

5. 变频器用滤波器的设计小结

(1) 变频器输出频率越低，为保证较高的系统功率因数，对低通滤波器决策变量的选择就越宽泛；反之变频器输出频率越高，为保证较高的系统功率因数，对低通滤波器决策变量的选择就越苛刻；逆变器用输出滤波器优化设计的四维可视化算法不可以直接用于变频器，否则将极有可能导致系统功率因数降低。

(2) 某频段较高频输出时，系统高功率因数范畴归属于该频段低频输出时的高功率因数范畴。变频器设计时，应该强调高频段，保证在输出频率最高时系统的功率因数较高，尽管决策变量的可行域较小，点状最优解的鲁棒性也稍差，但此时若以最低频率输出，系统的功率因数也会较高。

(3) 五维可视化算法所重复展现的三维空间的色彩变化 $f(t,L_1,L_2,C)$ 对应着角频率的数值 $f(\omega,L_1,L_2,C)$ 变化，设计者可根据视觉信息并融入人脑的先验知识进行判断，通过可视化交互，在感兴趣的某时刻 $f(t_i,L_1,L_2,C)$，将五维数据场降维为四维标量场以可视化 $f(L_1,L_2,C)$，进而参照前面逆变器用低通滤波器的四维可视化算法进行优化设计。

5.5 交流低通无源滤波器优化设计小结

(1) 设计低通无源滤波器之前，首先要搞清楚输入端的谐波分量。谐波分量与开关电路的电压源电流源的类型、主回路拓扑、输出电平数、调制方式、调制比和载波比等强相关，并且可通过数学表达式计算出来。

(2) 设计低通无源滤波器时要选择滤波器的拓扑结构，应该根据低通滤波器用于逆变器还是变频器、内置电源类别属于电流源还是电压源、运行方式是单逆变/变频器独立运行还是多逆变/变频器并联运行、输出功率类别属于独立电源还是并网电源来进行选择。LC滤波器适用于单逆变/变频器，非对称 T 型(后简称为 LCL 型)滤波器适用于多逆变/变频器并联运行或并网运行。

(3) 交流低通无源滤波器的多目标约束包括系统功率因数、滤波器的电压降、电压应力和电流负担等。LC 滤波器有两个储能元件，所涉方程为二元非线性方程；逆变器用非对称 T 型滤波器，有三个储能元件，所涉方程为三元非线性方程；变频器用非对称 T 型滤波器，有三个储能元件，再加上可调的输出电源角频率，所涉方程为四元非线性方程；上述非线性方程既没有解析解，又难觅有用数值解。

(4) 多目标约束优化设计的四维可视化算法可以在由三个决策变量构成的三维空间里展现诸目标函数和约束条件的全局数值分布，以并集判明约束和趋势，以交集来兼顾多目标，从而在诸约束下判断全局最优解集，并从集状最优解集中提取既稳定又符合工程实际的点状最优解。

(5) 不管 LC 滤波器还是非对称 T 型滤波器，都含有电感器，从多目标约束优化设计考量，电感器本身为下层优化设计，而电感器所属的滤波器则为上层优化设计，彼此的设计目标和约束条件之间互相影响、互相牵制，融入博弈策略方可兼顾上下层的利益，使得整体性能价格比最高。

参 考 文 献

[1] 伍家驹, 刘斌. 逆变器理论及其优化设计的可视化算法[M]. 2 版. 北京: 科学出版社, 2017.

[2] 伍家驹, 王祖安, 刘斌, 等. 单相不控整流器直流侧 LC 滤波器的四维可视化设计[J]. 中国电机工程学报, 2011, 31(36): 53-61, 241.

[3] 伍家驹, 铁瑞芳, 刘斌, 等. 电感器位于交流侧的单相不控整流滤波器的可视化设计分析[J]. 中国电机工程学报, 2013, 33(S1): 176-183.

[4] 伍家驹, 王文婷, 李学勇, 等. 单相 SPWM 逆变桥输出电压的谐波分析[J]. 电力自动化设备, 2008, 28(4): 45-49, 52.

[5] 伍家驹, 纪海燕, 杉本英彦. 三维状态变量可视化及其在逆变器设计中的应用[J]. 中国电机工程学报, 2009, 29(24): 13-19.

[6] 伍家驹, 张朝燕, 任吉林, 等. 一种用于 PWM 逆变器的非对称 T 型滤波器的设计方法[J]. 中国电机工程学报, 2005, (14): 35-40.

[7] 伍家驹, 谢波, 伍声宇, 等. 基于数据可视化技术的逆变器用 T 型滤波器优化设计方法(英文)[J]. 中国电机工程学报, 2006, (22): 85-91.

[8] 伍家驹, 于阳, 李园庭, 等. 非对称 T 型滤波器设计的一种五维可视化算法[J]. 中国电机工程学报, 2010, 30(33): 30-36.

第6章　变压器、电感器的优化设计

磁性器件的本体是变压器、电感器，通常都由铁心和线圈构成。变压器是直接从初级绕组往次级绕组传输能量的，通常有两个或两个以上的绕组；电感器是通过磁势能的存储、释放两个阶段进行工作的，通常在铁心上只有一个绕组。两者在电路中的作用不同，优化设计要兼顾的目标和受到的约束亦不相同[1]。本章讨论了基于 E 型铁心的电感器优化设计，并设计了多目标和诸约束条件的建模过程、可视化算法的求解过程；还讨论了基于 R 型铁心整流变压器的优化设计及其多目标约束的建模过程，不仅给出了可视化算法的完整程序代码，而且给出了详细注释，读者可依此进行二次开发以设计其他磁性器件。

6.1　基于 E 型铁心的电感器优化设计

5.1 节讨论了整流器用 LC 低通滤波器的优化设计，给出了电感器的取值范围，本节在此基础上再深入讨论铁心电感多目标约束优化设计的可视化算法。本节结合 E 型铁心的几何尺寸推导出其平均磁路长度、平均匝长、总体积、表面积、总损耗、温升等表达式，最后给出了通过可视化交互从交集/并集中兼顾多目标规避约束条件的具体过程[2-5]。E 型铁心由硅钢片冲压而成，具有线圈绕制方便、装配成型后便于安装和价格较低等优点，因而得到广泛的应用。

6.1.1　简图和主要公式

1. 主回路和电感器结构

磁性器件的电磁特性与其所在电路的工作状况强相关。

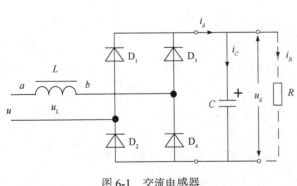

图 6-1　交流电感器

例题：电感器归属于单相整流桥的 LC 低通滤波器，由于电感器位于整流桥的输入端，电流的方向交替变换，可视作交流电感器，其所在电路如图 6-1 所示。

电感器所用铁心和线圈分别见图 6-2 和图 6-3。

在此，$A_m = DE$ 为铁心截面积，$A_w = FG$ 为窗口面积，l_g 为铁心气隙厚度，MLT 为平均匝长。

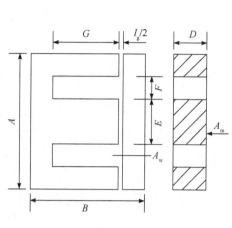

图 6-2 E 型铁心尺寸表达   图 6-3 线圈尺寸表达

电感器的设计从某种意义上说，就是选择导磁材料和铁心尺寸，以及导体材料和线圈的几何尺寸与匝数。通过选择决策变量可行域，在既有的模型和约束条件中得到兼顾各设计目标的利益。

2. 主要公式

电感器的电感量 L 与铁磁质特性、线圈结构和所通过的电流波形有关。当电感器在电流为正弦波的条件下工作时，电感器的主要电磁参数和几何尺寸如下。

1) 等效磁导率和电感量

当铁心不饱和时，可求得有效磁导率 μ_e 最大时的 l_g / l 通常很小，再引入铁磁质磁导率 μ_m，则含气隙后铁心的等效磁导率 μ_e 和电感量 L 可表示为

$$\mu_e = \frac{\mu_m l}{l + \mu_m l_g} \tag{6-1}$$

$$L = \frac{N^2 A_m \mu_e \mu_o}{l} \tag{6-2}$$

关注气隙的作用，将 μ_e 的表达式代入式(6-2)，有

$$L = \frac{\mu_0 N^2 A_m}{l_g + \dfrac{l}{\mu_m}} \tag{6-3}$$

这是一个病态数学问题，$\partial L / \partial l_g$ 有特别敏感的区域，在数值上等于 l_g 单位变化时 L 的改变。

2) 几何参数

记 $A = 6F$ 为铁心长度，$B = 5F$ 为铁心高度，D 为可调节的铁心厚度，$E = 2F$ 为舌宽，l_g 为气隙厚度，F 为窗口宽度，$G = 3F$ 为窗口深度，铁心平均磁路长度为

$$l = 11.4F \tag{6-4}$$

设 $r = l_g / l_m$，$A_w = FG = F \cdot 3F = 3F^2$ 为窗口面积，则有

$$F = (A_{\text{w}} / 3)^{0.5} \tag{6-5}$$

记 C 为线圈厚度，n 为线圈层数，ϕ 为导线的最大直径，$C = \phi n$；N_{r} 为每层匝数，N 为总匝数，$N_{\text{r}} = G/\phi$，$n = N/N_{\text{r}} = N\phi/G$，则有线圈厚度为

$$C = \frac{N\phi^2}{G} = \frac{N\phi^2}{3F} \tag{6-6}$$

平均匝长为

$$\text{MLT} = 2E + 2D + \pi C = 4F + \frac{A_{\text{w}}}{F} + \frac{\pi N\phi^2}{3F} \tag{6-7}$$

MLT 是中间变量，在求铜损和铜成本时可以调用。

3) 电势电压

电感器工作电流近似为工频正弦波，e 为电势，$\psi = N\Phi$ 是磁链，Φ 是主磁通，Φ_m 是磁通幅值，ω 是角频率，故而可得

$$e = -\frac{\mathrm{d}\psi}{\mathrm{d}t} = -N\frac{\mathrm{d}\Phi}{\mathrm{d}t} \tag{6-8}$$

因为

$$\Phi = \Phi_{\text{m}}\sin\omega t$$

所以

$$e = N\omega\Phi_{\text{m}}\sin(\omega t - 0.5\pi) = E_{\text{m}}\sin(\omega t - 0.5\pi)$$

电感器两端的电压用有效值 U_{L} 表示，则有

$$U_{\text{L}} \approx E = \frac{N\omega\Phi_{\text{m}}}{1.414\,2} = 4.44 fN\Phi_{\text{m}} = 4.44 fNA_{\text{m}}B_{\text{m}} \tag{6-9}$$

4) 面积乘积

记 B_{m} 为电感器铁心膝点的磁感应强度，电感器铁心的截面积 A_{m} 可以表示为

$$A_{\text{m}} = \frac{U_{\text{L}}}{4.44 fNB_{\text{m}}} \tag{6-10}$$

记 I_{L} 为电感器电流有效值，K_{u} 为窗口系数，J 为导线电流密度，则窗口面积 A_{w} 可以表示为

$$A_{\text{w}} = \frac{I_{\text{L}}N}{K_{\text{u}}J} \tag{6-11}$$

将 A_{m} 与 A_{w} 相乘，则有面积乘积：

$$A_{\text{m}}A_{\text{w}} = \frac{U_{\text{L}}I_{\text{L}}}{4.44 B_{\text{m}} fK_{\text{u}}J} \ (\text{cm}^4) \tag{6-12}$$

在采用交流电感器的单相不控整流电路中，其电流为

$$i_{\text{L}} = \frac{U}{\pi}\left(\frac{3.6}{R} + \frac{0.8}{X_2}\right)\sin\omega t \tag{6-13}$$

$U = 220\text{V}$，X_2 为倍频感抗，$X_2 = 2\omega L - 1/(2\omega C)$，其中 $L = 8\text{mH}$，$C = 5600\mu\text{F}$；$R = 12.1\Omega$；可计算出电流有效值 $I_{\text{L}} = 23\text{VA}$。

视在功率 $S_{\text{t}} = I_{\text{L}}^2 X_{\text{L}} = 23^2 \times 314 \times 0.008 = 1329(\text{V}\cdot\text{A})$。

电感器电流基波仍为工频，铁心材料选择硅钢片，取其相对磁导率 $\mu_r = 1500$。
磁通密度 $B_{AC}=1.4T$，裕量取 0.2T。

交流电感器铁心气隙可以改善其线性度，取 μ_e 最大时的 l_g/l 约等于 0.0001。

电流密度取 $J = 500A/cm^2$，导线直径按 $d = 1.13(I_L/J)^{0.5} = 0.242cm$，选取直径为 2.44mm 的高强度聚酯漆包线，最大直径 $d_{max}=2.54mm$；窗口利用系数 $K_u=0.5$，波形系数 $k_f=4.44$。

6.1.2 可视化算法

1. 电感量

L 是有范围的，如 $L \subset (7,9)mH$，基于商品硅钢铁心数据，可设置共用自变量的初始范围：$A_w \in (0,20)cm^2$，$A_m \in (0,40)cm^2$，$N \in (0,100)$ 匝。再将 $\mu_0 = 4\pi \times 10^{-7}H/m$、$l_m = 11.4F$、$r = l_g/l_m = 0.01\%$、相对磁导率 $\mu_r = 1500$ 代入式(6-3)，即电感表达式为

$$L = \frac{2.47N^2A_m \times 10^{-3}}{\sqrt{A_w}} \text{ (mH)} \tag{6-14}$$

电感 $L(A_m, A_w, N)$ 的数值分布如图 6-4 所示。

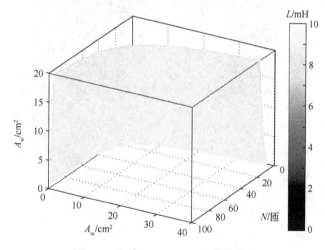

图 6-4 电感 $L(A_m, A_w, N)$ 的数值分布

图 6-4 中可见 $L \subset (7,9)mH$ 的四维标量数值集分布恰如瓦片状，后续设计均基于该瓦片状。

2. 总损耗

平均匝长：

$$MLT = 2E + 2D + \pi C = 4F + \frac{A_w}{F} + \frac{\pi Nd_{max}^2}{3F} \tag{6-15}$$

记 I_L 为电流有效值，电阻率 ρ_{Cu} 为 $1.75 \times 10^{-6}\Omega \cdot cm$，铜损 P_{Cu} 为 $(I^2\rho_{Cu}N \times MLT)$，$J$ 为电流密度。

铜损：由式(6-15)可得铜损 P_{Cu} 为

$$P_{Cu} = I_L NJ\rho_{Cu} \frac{2.3A_w + 1.7A_m + 1.8Nd_{max}^2}{\sqrt{A_w}} \tag{6-16}$$

铁损：铁损如式(6-17)所示。

$$P_{Fe} = \rho_{Fe}V_{Fe}kf^\alpha B_{AC}^\beta = 6.9\rho_{Fe}kf^\alpha B_{AC}^\beta A_m\sqrt{A_w} \tag{6-17}$$

式中，$D = A_m/(2F)$。其他的常数和中间变量有铁密度 $\rho_{Fe} = 7.25 \times 10^{-3}\,kg/cm^3$，$f = 50\,Hz$，铁体积 $V_{Fe}(AB-2FG)D$，厂家数据 $\alpha = 1.68$，$\beta = 1.86$，$k = 0.000557$，$I = 23\,A$，$J = 500A/cm^2$，磁密 $B_{AC} = 1.6\,T$，$d_{max} = 0.254cm$。

总损耗 $P = P_{Cu} + P_{Fe}$ 的表达式和数值分布分别见式(6-18)和图 6-5。

$$P = 0.046N\sqrt{A_w} + \frac{0.035NA_m}{\sqrt{A_w}} + \frac{0.003N^2}{\sqrt{A_w}} + 0.048A_m\sqrt{A_w} \tag{6-18}$$

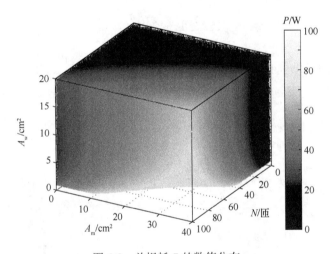

图 6-5　总损耗 P 的数值分布

总的损耗 P 的数值分布如图 6-5 所示，颜色越浅，损耗越小，可用于后续子集。

3. 温升

(1) 线圈表面积：$A_{SCu} = S_1 + S_2 = MLT'G + 2MLT \times C$，再将 $G = 3F$、式(5-4)～式(5-6)和式(5-15)代入即有

$$A_{SCu} = 4A_w + 3A_m + 5.84Nd_{max}^2 + \frac{2NA_m d_{max}^2}{A_w} + \frac{2.09N^2 d_{max}^4}{A_w} \tag{6-19}$$

(2) 铁心表面积：由图 6-16 可知：$A = 6F$，$B = 5F$，$G = 3F$，$D = A_m/(2F)$，$S_1' = 6A_w = AB - 4FG$，$S_2' = BD = 2.5A_m$，$S_3' = AD = 3A_m$，$S_4' = GD = 1.5A_m$，$d_{max} = 2.54\,mm$，$A_{SFe} = 2(S_1' + S_2' + S_3' + S_4') = 12A_w + 14A_m$。

总的散热表面积 $A_S = A_{SCu} + A_{SFe}$ 如式(6-20)所示，其数值分布见图 6-6。

$$A_S = 16A_w + 17A_m + 0.37N + 0.13NA_m/A_w + 0.009N^2/A_w \tag{6-20}$$

图 6-6 是散热面积 $A_S > 500\text{cm}^2$ 的数值分布, 可用于后续子集。温升可表示为

$$\Delta T = 450(P / A_S)^{0.826} \tag{6-21}$$

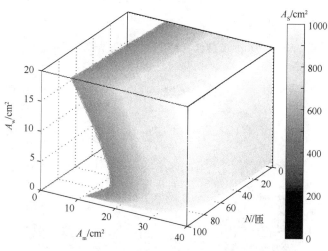

图 6-6 总散热面积的数值分布

将式(6-18)和式(6-20)代入式(6-21)即可得到温升 ΔT 及其数值分布(图 6-7)。
图 6-7 中提示若 A_m 不变, 增大 A_w 或降低 N 均可降低 ΔT, 可用于后续子集。

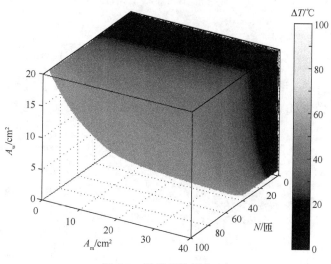

图 6-7 温升的数值分布

4. 总体积

如式(6-5)~式(6-7)所述, 有如下中间变量, 进而得到总的体积表达:

$$F = \sqrt{A_w / 3}, \quad C = \frac{N d_{\max}^2}{G} = \frac{N \phi_{\max}^2}{3F}$$

$$\text{MLT} = 2E + 2D + \pi C = 4F + \frac{A_\text{w}}{F} + \frac{\pi N d_\text{max}^2}{3F}, \quad d_\text{max} = 2.54\,\text{mm}$$

$$V = AB(D + 2C) = 8.66 A_\text{m}\sqrt{A_\text{w}} + 11.5 N d_\text{max}^2 \sqrt{A_\text{w}} = 8.66 A_\text{m}\sqrt{A_\text{w}} + 0.75 N \sqrt{A_\text{w}} \tag{6-22}$$

总体积 V 的数值分布如图 6-8 所示。

图 6-8 展示了体积 $V < 1000\text{cm}^3$ 的数值分布，可用于后续子集。

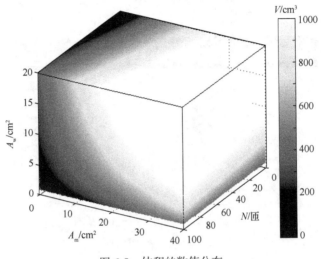

图 6-8　体积的数值分布

5. 兼顾多目标

表面积与温升相交：$X = A_\text{S} \cap \Delta T$；对 A_S 图和 ΔT 图自变量、因变量进行归一化后，可得到两者的交集，找出既满足 $A_\text{S} \geqslant 500\text{cm}^2$ 又满足 $\Delta T < 50\,℃$ 的取值范围。$A_\text{S} \geqslant 500\text{cm}^2$ 的可视化为图 6-6，$\Delta T < 50\,℃$ 的可视化为图 6-7，图 6-6 和图 6-7 的交集为图 6-9。

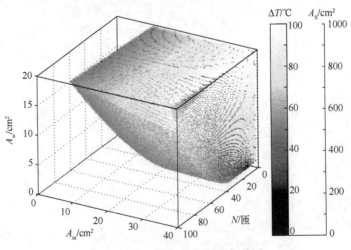

图 6-9　$X = A_\text{S} \cap \Delta T$ 的最优解范围

显而易见，决策变量的可行域缩小了，构造了新的子集。

1) 表面积交温升交体积

由 $Y = X \cap V$ 可得同时满足 $A_S \geqslant 500\text{cm}^2$ 、$\Delta T < 50℃$ 和 $V \leqslant 1000\text{cm}^3$ 的解 $Y = A_S \cap \Delta T \cap V$，图 6-9 和图 6-10 分别为 $A_S \cap \Delta T$ 和体积 V 的数值分布可视化图。

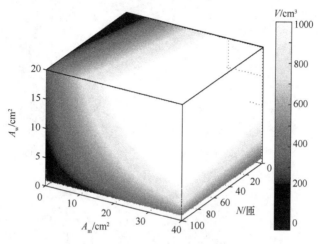

图 6-10　体积 V 的数值分布

显然，决策变量的取值范围进一步缩小了。

2) 表面积交温升交体积交电感

$$Y = A_S \cap \Delta T \cap V \cap L \text{ 和 } A_S \cup \Delta T \cup V \cup L$$

兼顾 $A_S \geqslant 500\text{cm}^2$ 、$\Delta T < 50℃$ 、$V \leqslant 1000\text{cm}^3$ 和 $L \in (7,9)\text{mH}$ 的多目标。图 6-11 为散热面积、温升、体积的交集 ($A_S \cap \Delta T \cap V$) 的可视化图，图 6-12 为电感 $L \in (7,9)\text{mH}$ 的可视化图，图 6-13 和图 6-14 分别为散热面积、温升、体积和电感量的并集和散热面积、温升、体积和电感量的交集的可视化图。

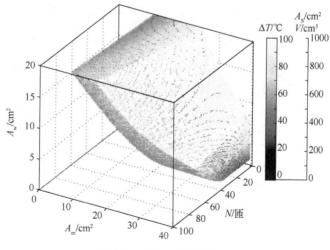

图 6-11　$Y = A_S \cap \Delta T \cap V$

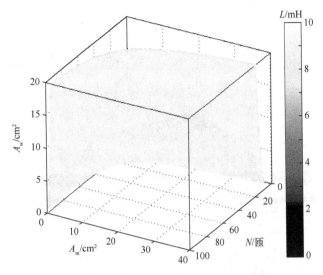

图 6-12　　$L \in (7,9)$mH

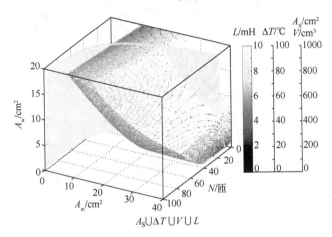

图 6-13　散热面积、温升、体积和电感量的并集

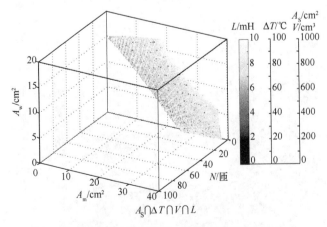

图 6-14　散热面积、温升、体积和电感量的交集

3) 表面积交温升交体积交电感交面积

铁心选择不仅与电感器的工作频率、电流和两端电压有关，而且与铁磁质的种类和线圈材质有关，令面积乘积 $A_p = A_m A_w$，再将本例相关数据代入式(6-12)可得

$$A_m A_w = \frac{U_L I_L}{4.44 B_m f K_u J} = A_p = \frac{1328 \times 10^4}{4.44 \times 0.5 \times 50 \times 1.4 \times 500} = 171 (\text{cm}^4) \tag{6-23}$$

进而可以得到最终上述多目标的交集，特别是可以得到对应决策变量的交集，其可视化结果如图 6-15 所示。

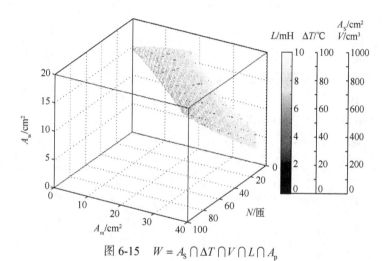

图 6-15　$W = A_s \cap \Delta T \cap V \cap L \cap A_p$

6. 降维和设计结果

为了更方便地读取四维可视化的信息，亦可将图 6-16 进行降维处理。本例选择既有的 EI96 型硅钢铁心，将 $L \in (7,9)\text{mH}$ 在 $A_w = 7.68 \text{ cm}^2$ 面上降维，并将数值提取出来进行局部放大，如图 6-16 所示。

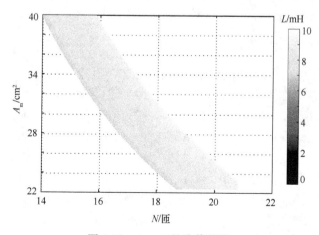

图 6-16　A_m、N 的取值范围

因商品铁心规格的离散性，选择同款铁心规格：$A_w = 7.68 \text{ cm}^2$，$A_m = 22.4 \text{ cm}^2$。

6.1.3 实物实验

所得结果如表 6-1 所示。

表 6-1　设计结果比较

设计	l_g/mm	N/匝	A_S/cm²	P/W	ΔT/℃	V/cm³	L/mH	d_{max}/mm
优化设计	0.02	20	519	12	20	579	8	2.54
可行设计	2	75	568	40	51	694	7.9	2.54

通过可视化算法得到的各项参数明显优于传统算法所得到的各项参数,且传统算法中,温升指标超过 50℃,已到临界值,尽管理论上满足要求,实际上应该重新选择 AP 值,重新设计。气隙选择的不同直接导致绕组匝数、损耗和温升等的差异。

在图 6-1 所示的电路中,上电时输出直流电压 u_{d1} 和输出直流 i_{d1} 波形如图 6-17(a)所示,稳态时电感器的电流波形如图 6-17(b)所示。

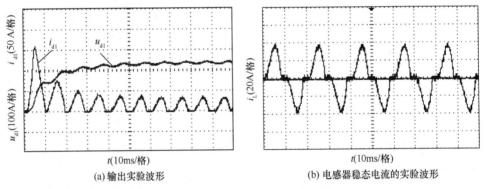

(a) 输出实验波形　　　　　　　　　　　(b) 电感器稳态电流的实验波形

图 6-17　电感器的电压、电流波形

用交流电感器取代直流电感器,用优化设计取代可行设计,可以获得显著的改进效果,具体的结果请参阅 5.1.4 节,在此不再赘述。

6.1.4　基于 E 型铁心的设计要点

E 型铁心得到了最为广泛的应用,但亦存在着如下几个问题。

(1) 磁通沿硅钢片的取向通过,磁导率会增大,但若磁通沿硅钢片取向正交的方向通过,则磁导率会减小。小功率的 E 型铁心常常是冲压成型的,从而使得取向硅钢片的功效难以发挥,若以舌芯顺从取向方向,则横轭向为取向正交,反之亦然,故磁导率和磁通密度都难以精确计算;大功率的 E 型铁心虽然可以以切片的方式使得铁心舌芯向和横轭向都沿着硅钢片的取向,但气隙的增加亦会有增加漏磁通和铁损等副作用。

(2) E 型铁心截面通常是矩形的,在同样的铁心截面下,上面绕着的漆包线的周长要大于圆截面的铁心结构的周长;矩形窗口面积的长宽比也决定着铜铁损的比例和漆包线、硅钢片的比例,市场上磁性材料和铜铝线材的价格及其市价比都是变动的,但各类铁心标准中的长宽比都是固定的,给设计留下的选择裕度太少。

(3) 磁性器件的材料成本主要由软磁材料和铜铝导线构成，同时磁性器件的损耗也主要由软磁材料和铜铝导线所确定。在设计目标中，不可能找到兼顾铜铁成本最低和铜铁总损耗最小的决策变量，制造方强调成本最低，但运行方却强调损耗最小。

(4) 设计师在设计前对磁性器件的实际工作状况知之甚少，绝大多数是比照设计手册的有序公式进行计算；绝大多数对磁导率、工作磁感应强度和气隙等关键参数的选择未经过论证计算，多目标约束优化设计在磁性器件的研发中尚属鲜见。

(5) 本节未提供基于 E 型铁心的磁性器件优化设计的可视化算法的程序，相关程序代码及其详细注释解读放在 6.2.6 节，只要将本节所推导的 E 型铁心的各类模型取代 R 型铁心模型即可。

6.2 基于 R 型铁心的小型变压器

小型变压器工况复杂，参数具有多值非线性、环境依赖性和不易检测性，须自行研发。设计对产品性价比的贡献率高达七成，但大多数变压器却仍出自可行设计，优化设计能在诸约束下兼顾多目标，但其多元非线性方程常既无解析解又难觅有用数值解[6-10]。本节用作者所提出的可视化算法进行优化设计：用三维空间的色谱集对应于第四维的值域，用多目标约束交/并集的空间分布来交互择优；为反映漆包线和磁芯市价，以窗口矩形系数作为决策变量；为降低损耗成本，以非同心绕组的漏感取代 LC 滤波器中的电感器。本节给出了设计数据和实验结果，并通过与同类变压器的数据对比来验证优化设计的效果；还结合数学模型，该四维可视化算法能对其他优化设计起到参考作用。

6.2.1 小型变压器设计概述

磁性器件的体积、重量和损耗均约占所属装置的 1/3，是提高整机性价比的重要切入点。小型变压器种类繁多，工况复杂，铁磁质特性差异大且具有多值非线性、环境依赖性和不易测量性，故不像其他电子元件和电力变压器那样有现成商品可选，只能自行研发。设计有可行设计和优化设计之分。可行设计需将工作条件和材料特性等数据代入有序正映射公式，用人工或专用软件来计算，专用软件的对话框虽能减少计算失误，但其程序所表达的公式仍源自可行设计的工具书，所得点状解难以判断允许偏差，稍有不符则须重新计算；可行设计不能在诸约束限制下兼顾多个设计目标。虽然可行设计属于研发的初级阶段，但变压器的研发却绝大多数仍源自可行设计。

优化设计旨在诸约束条件下兼顾多目标，先从设计手册上约 20 个正映射公式的自变量[6-9]中构建出能贯穿设计全过程的决策变量，再建立逆映射模型并求解。优化设计虽为研发的高级阶段，但却仍需融入既有理论和最新成果，例如，手册上虽有铜损等于铁损时能耗最小的理论依据，但商品变压器的铜损却都是铁损的数倍，这或许与现行标准中固定的窗口面积簇难以适应变化的铜铁市价有关；又如，漏感对变压器及其周边器件的影响至今仍是研究热点，但非同心绕组变压器的漏感计算公式却尚属鲜见，这也许与分布参数的电磁场能量变换尚未有效映射到集中参数的电感中有关；再如，为趋利避害，设计还应顾及漏感对周边器件的影响，漏感虽会影响电压调整率和电子开关换向过程，但若能把控漏感量，则可用漏感取代 LC 滤波器中的电感器，显著提高单相不控整流器的性价比，然而至今未见报道。

优化设计所涉多元非线性超越方程常既无解析解又难觅有效数值解，其算法亦为研究热点。可视化算法能从晦涩公式中把握数值的多维空间分布和变化趋势，对于所得集状解，不仅能判断解的全局分布，还能评估解的鲁棒性。四维可视化算法已在交、直流低通无源滤波器的优化设计中获得较好的成效，但变压器的优化设计要化解成本、效率、温升、电压调整率和漏感等指标间的矛盾，难度更大且颇有挑战性。

本节讨论用可视化算法对 1kV·A 单相不控整流变压器进行优化设计。因 R 型铁心的磁通方向与硅钢片的取向是一致的，且全程卷绕加工，杜绝了主磁通方向的气隙[6]，故用 R 型铁心来节能，用漏感取代 LC 滤波器中的电感器，用改变绕组窗口长宽比来应对漆包线、硅钢片的价格变化，将成本、损耗和漏感等作为设计目标，将容量、温升和铜铁市价比等作为约束条件，给出了流程图和四维图像，进行了实验验证和效果比较。

6.2.2　概念设计

1. 几何表达

变压器的铁心结构、铁心截面积和绕组结构等几何属性对变压器的性价比有着重要影响[10]。整流变压器及其负载如 6-18 所示。

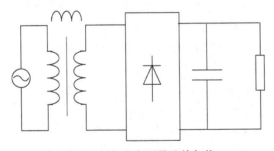

图 6-18　整流变压器及其负载

记 A_w 为绕组窗口面积，L 为窗口外沿周长，L_z 为正方形周长，L_y 为圆形周长，K 为矩形系数，MLT 为平均匝长。

定义 6-1　设绕组窗口是正方形，则其边长为 $A_w^{0.5}$，而同面积的矩形长为 $KA_w^{0.5}$，宽为 $A_w^{0.5}/K$，其面积不变，仍是 A_w，定义 K 为矩形系数，且 $K \geqslant 1$。

K 的几何意义：$L = 2KA_w^{0.5} + 2A_w^{0.5}/K$，若令 $\mathrm{d}L/\mathrm{d}K = 2A_w^{0.5} + 2A_w^{0.5}/K^2 = 0$，则 $K=1$，在面积相同的矩形中，正方形周长最短，且 K 越小，周长越短。

同面积正方形、圆形的周长比：因 $L_z = 4A_w^{0.5}$，同面积圆形的周长为 $L_y = 2r\pi = 2\pi(A_w/\pi)^{0.5} = 2(A_w\pi)0.5$，故 $L_z/L_y = 2/\pi^{0.5} \approx 1.13$，即若正方形、圆形面积相等，圆形的周长最短。

2. 铁心结构

(1) 为围出同样窗口面积 A_w，圆形铁心的磁路长度比正方形的更短，铁心成本和铁损也更低。但在圆环形铁心上，不仅线圈难以绕制，而且漏感较难把控，故本书仍选择

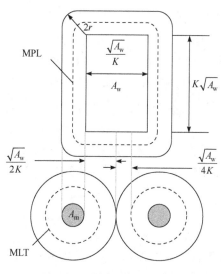

图 6-19　非同心结构的绕组

矩形铁心。

（2）尽管在同面积的矩形中正方形的周长最短，但灵活改变窗口长宽比能降低铜成本、铜损，故选 K 为决策变量，以跳出既有商品铁心几何尺寸的禁锢，有利于兼顾多个设计目标。

（3）因绕在圆形铁心截面上的线圈平均匝长最短，故选择基于圆截面的 R 型铁心标准件，通过非标加工改变窗口长宽比来达到设计要求。

3. 漏感利用

漏感是客观存在的，通常对周边器件有负面影响，但在图 6-19 的电路中，若能对漏感进行精确把控，则可用其取代 LC 滤波器中的电感器，趋利避害。该电路结构最简单且故障率低，在小功率电路中仍被广泛采用。图中介于初次级绕组之间的电感符号即为与交流输入串联的漏感。本例在原滤波器电容、电阻负载和滤波效果不变的条件下设计变压器。

4. 整体概念

兹提出绕组窗口长宽可控，为漏感能通过初次级绕组间的相对位置进行调节创造了条件，单相不控整流变压器概念见图 6-20，A_m 为铁心截面积。若总匝数不变，增大 K 会增加线圈长度，降低绕组厚度能减少铜损铜成本，但却会增加铁损铁成本，故 K 能反映铜铁市价比。

6.2.3　优化设计的可视化算法

1. 四维可视化及其可视化算法

1）四维可视化算法概要

作者提出并实现了完全四维可视化，并且将其应用于多目标约束优化设计中。

（1）四维可视化：在直角坐标系中，将 $f(x,y,z)$ 的值域映射到色杆对应的色谱集上；积点为线，积线为面，积面为域，汇集成与三维空间标量场对应的色场来展现连续的空间数值分布。

（2）优化设计：$\min f_i(x), i=1,2,\cdots,m$；s.t. $g_j(x) \leqslant 0, j=1,2,\cdots,n$；$h_k(x)=0, k=1,2,\cdots, p$，

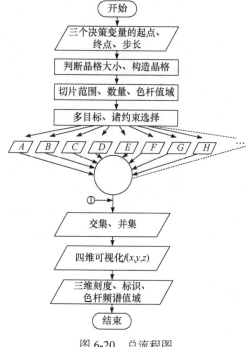

图 6-20　总流程图

定义域 $\Omega \in S$，$x \in \mathbf{R}^3$，$\Omega = \{x \in \mathbf{R}^3 \mid g_j(x) \geqslant 0, j = 1, 2, \cdots, n;\ h_k(x) = 0, k = 1, 2, \cdots, p\}$，目标中有 max 问题，如效率；也有 min 问题，如温升。为统一表述，可令 $\max f(x) = \min - f(x)$。

(3) 决策变量：在所选择的决策变量中 K 具独立性、A_m、A_w 具传承性，以便用既有公式和铁心，并贯串优化设计全过程，如多目标 $\min f_i(A_m, A_w, K), i = 1, 2, \cdots, m$，不等式约束集 s.t.$g_j(A_m, A_w, K) \leqslant 0, j = 1, 2, \cdots, n$ 和等式约束集 s.t.$h_k(A_m, A_w, K) = 0, k = 1, 2, \cdots, p$；容量集 $S(A_m, A_w, K)$。

(4) 可视化算法：多目标为可示于图簇的非线性向量，非线性向量能够依可视化交互融入人脑判断，从半开凸集中逐步地缩小范围，在闭凸集的诸约束可行域内做出能兼顾多目标的选择。

(5) 标幺值：诸约束目标的概念和量纲常不相同，故取标幺值 $f_i^* = f_i / f_{i\max}$，其 $f_{i\max}$ 可选各目标函数 f_i 的最大值或某特定值，对应色谱值域均为[0,1]。

(6) 决策变量的起点：均始于"1"，以当某决策变量暂不用时(如 $f(x, y)$ 在 $f(x, y, z)$ 图中可表示为柱状的 $f(x, y, 1)$)，便于增维、降维和求并集交集。

(7) 步长：$\Delta x = (x_n - 1) / N, \Delta y = (y_n - 1) / N, \Delta z = (z_n - 1) / N$，$x_n$、$y_n$、$z_n$ 为决策变量终点，N 为步数。

初选 $N = 50$，以快速判断函数变化趋势；随后可增大 N，减小步长，例如，选 $N = 150, 100, 260, \cdots$，直至能辨识出色谱细腻部分及其对应的函数值域。

2) 总流程图

编程时用分程序且做分层分块处理，其标识符以大写字母及其后缀表达，其作用域贯穿主程序始终，并可在分程序间调用。总流程图如 6-20 所示。

其输入输出分块 A、B、C、$\cdots\cdots$ 的内容在后面讨论。

2. 容量弧、铁心和绕组

1) 容量弧 S 的分布

变压器的容量弧可以表示为

$$S = f K_f I' \Phi = 0.0001 f K_f J K_{Cu} A_w B_{\max} K_{Fe} A_m / 2.05 \tag{6-24}$$

式中，f、K_f 分别为频率、波形系数；J、K_{Cu} 分别为电流密度、窗口利用率；总电流 $I' = J K_{Cu} A_w$；$B_{\max}$、A_m 和 K_{Fe} 分别为正弦磁密幅值、铁心截面积和叠片系数，磁通幅值 $\Phi_{\max} = B_{\max} K_{Fe} A_m$。

2) 容量解读

频率和波形系数之积构成交流因数 $f K_f$，则式(6-24)中第一个等号解读为：变压器容量为交流因数 $f K_f$、总电流 I' 和磁通 Φ 之积。

3) 初次级容量和损耗系数

初次级容量与损耗之和为 $U_1 I_1 + U_2 I_2 + P$，取其标幺值再求和 $1 + 1 + 0.05 = 2.05$ 构成式(6-24)分母，P 为变压器的铜铁损。

本例选用 27P105 硅钢片，其饱和磁密 $B_{sat} = 1.95\text{T}$，取 $B_{\max} = 1.8\text{T}$；$B_{\max}$ 在 B-H 折线的膝点至 B_{sat} 起始点之间。再将 $K_f = 4.44$、$f = 50\text{Hz}$、$K_{Cu} = 0.5$、$K_{Fe} = 0.95$ 和 $J = 265\text{A/cm}^2$ 代入式(6-24)，

则可有简捷表达：

$$S = 2.45 A_m A_w \tag{6-25}$$

4) 容量弧 S 的可视化

将铁心几何参数 A_m、A_w 和 K 作为决策变量，以 $f(A_m, A_w, K) = f(A_m, A_w, 1)$ 的形式将式 (6-25) $S(A_m, A_w)$ 升维为 $f(A_m, A_w, K)$。用 MATLAB 按图 6-21 的流程图编程，可得变压器容量集 $S(A_m, A_w, K)$ 的全局数值分布和瓦片状额定容量集 $S_{1k}(A_m, A_w, K)$，如图 6-22 所示。程序代码及其注释见 6.3 节。

图 6-21 中①接至图 6-20，②接至后续的图 6-25；将图 6-21 的色谱比照色杆所得数值再乘 8820V·A 即得容量分布，

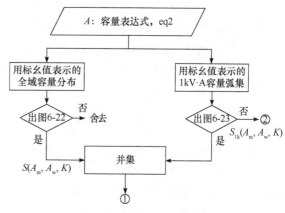

图 6-21　分块 A 子程序框图

可见将 $S(A_m, A_w)$ 升维为 $f(A_m, A_w, K)$ 后，仍与 K 无关；图 6-22 中特取 $S_{1k}(A_m, A_w) \in [1, 1.1]$kV·A 主要有三个原因，一是将容量扩增到 1.1kV·A 以留有设计裕量，二是将没有宽度线条扩展到有一定的宽度而使之可视化，三是为了凸显决策变量而进行了加色处理。

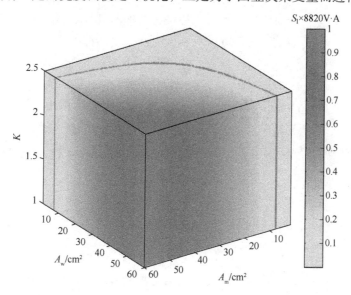

图 6-22　容量分布 $S(A_m, A_w, K) = S(A_m, A_w, 1)$（见彩图 7）

3. 编程手法

编程过程中，设定下列中间变量可带来不少方便。

(1) 工作区容量：记 $A_{m\,max}$、$A_{w\,max}$ 为 A_m、A_w 的工作区最大值，令交流因数 fK_f、窗口利用率 K_{Cu} 和叠片系数 K_{Fe} 均为最大值 1，则可得最大工作区容量为

$$S_{\max} = B_{\max} J A_{\text{mmax}} A_{\text{wmax}} = 1.8 \times 265 A_{\text{mmax}} A_{\text{wmax}} = 477[60][60]$$

(2) 实际最大容量：在最大工作区容量 $S_{\max}$ 的基础上，乘上实际的交流因数 fK_{f}、窗口利用率 K_{Cu}、叠片系数 K_{Fe}，再除以前述初次级容量和损耗系数即 2.05，即

$$S^*_{\max} = fK_{\text{f}}K_{\text{Cu}}K_{\text{Fe}}S_{\max} / 2.05 = 50 \times 4.44 \times 0.5 \times 0.95 S_{\max} / 2.05 = 24536[3600]$$

(3) 上限容量：B 的单位是 $T = Wb/m^2$，而小型变压器窗口面积和铁心截面积等的单位是 cm^2，故实际的上限容量，也就是可视化所能映射出的最大容量，在计算过程中应该统一单位。

$$S^{**}_{\max} = S^*_{\max} \times 10^{-4} \times 10^{0+0} = 8833 \approx 8820$$

(4) 容量标幺值：在优化设计的可视化算法中，诸约束条件和各设计目标的量纲和单位常常不相同，故选用标幺值来进行并/交集等逻辑运算，将不同的值域映射到对应的色谱集上，标幺值的基准亦可有些偏差，例如，本例用 8820 取代 8833，当然，在将颜色对应于值域时，仍然选用 8820 即可。

$$S_0 = 2.45 A_{\text{m}} A_{\text{w}} / 8820 = S_0(A_{\text{m}}, A_{\text{w}})$$

(5) 设计例：图 6-19 中变压器容量 1kV·A，频率 50Hz，输入电压 480 或 380V，次级电压 230V，直流电压 200V，滤波电容器 4700μF，滤波电感器 46mH。

(6) 容量弧可视化：如前所述，为解决线条无粗细不可视问题并考虑 10% 的容量裕度，令容量 $S \in [1, 1.1]$ kV·A，如图 6-23 所示。

4. 绕组匝数的确定

(1) 初级绕组匝数 N_{p}：由设计手册可得

$$N_{\text{p}} = V_{1\text{rms}} / (0.0001 f K_{\text{f}} B_{\max} K_{\text{Fe}} A_{\text{m}}) \tag{6-26}$$

式中，$V_{1\text{rms}} = 480V$ 为电源电压有效值，代入前述 $B_{\max} = 1.8T$、$K_{\text{f}} = 4.44$、$f = 50Hz$、$K_{\text{Fe}} = 0.95$，有

$$N_{\text{p}} = 12644 / A_{\text{m}} \tag{6-27}$$

可见 N_{p} 仅与 A_{m} 强相关，$N_{\text{p}} = f(A_{\text{m}})$。

(2) 次级绕组匝数 N_{s}：可由变压比求出，即

$$N_{\text{s}}(A_{\text{m}}) = 1.03(U_2 / U_1) N_{\text{p}} \tag{6-28}$$

(3) 绕组总匝数 N：为计算方便特设的绕组总匝数 N，将次级绕组匝数折算到初级，并留裕量，即

$$N = 2.03 N_{\text{p}} \tag{6-29}$$

6.2.4　设计目标和约束条件

变压器的材料成本主要由漆包线和铁心构成，前者简称铜成本，后者简称铁成本；变压器的损耗主要是铜损、铁损。

1. 铁心的几何表达

半径为 r 的 R 型铁心可拆解为：①直线部分的四块直径为 r、长为 h_c 的圆柱体；②由 4 个弯曲部分构成且半径为 R 的圆环胎。从图 6-19 可得 $R \approx r = (A_m/\pi)^{0.5}$，进而可得图 6-23。

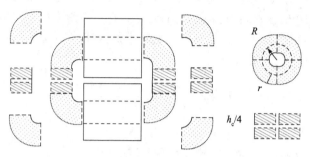

图 6-23　R 型铁心拆解图

可得圆环胎表面积 A_{yht} 和圆柱体表面积 A_{yzt}：

$$A_{yht} = 4\pi^2 rR \approx 4\pi^2 r^2 = 4\pi A_m$$

$$A_{yzt} = 2\pi r h_c = 2\pi (A_m/\pi)^{0.5}(A_w^{0.5}/K) = 2(A_m A_w \pi)^{0.5}/K$$

(1) 铁心散热表面积：未被绕组包围、能直接与空气接触的铁表面积 A_z，即

$$A_z = A_{yht} + A_{yzt} = 4\pi A_m + 2(A_m A_w \pi)^{0.5}/K \tag{6-30}$$

绕组窗口周长：图 6-19 中铁心所围得的绕组窗口的周长(cm)，即

$$MPL_w = 2KA^{0.5} + 2A_w^{0.5}/K$$

圆环胎中线长：图 6-24 中右上角圆环胎的中线长度(cm)，即

$$MPL_c = 2\pi (A_m/\pi)^{0.5} = 3.54 A_m^{0.5}$$

(2) 磁路长度：磁路长度(Magnetic Path Length，MPL)=绕组窗口周长 MPL_w +圆环胎中线长 MPL_c，即

$$MPL = MPL_w + MPL_c = 2KA_w^{0.5} + 2A_w^{0.5}/K + 3.54 A_m^{0.5} \tag{6-31}$$

(3) 铁心体积 V_{Fe}：铁心体积(dm³)为磁路长度 MPL(cm)与铁心截面积 A_m(cm²)之积，即

$$V_{Fe} = A_m MPL \times 10^{-3} \tag{6-32}$$

2. 铁心重量、铁心成本和铁心损耗

(1) 铁心重量 W_{Fe}：铁心重量 W_{Fe}(kg)等于铁的比重 g_{Fe}(7.63kg/dm³) 与铁心体积(dm³)之积，即

$$W_{Fe} = g_{Fe}V_{Fe} \tag{6-33}$$

(2) 铁心损耗 P_{Fe}：铁心损耗 P_{Fe}(W)等于铁心重量 W_{Fe}(kg)与铁心比损耗 p_{Fe}(W/kg)之积，即

$$P_{Fe} = W_{Fe}p_{Fe} \tag{6-34}$$

其中，铁心比损耗 p_{Fe} 可以由产品说明书提供，p_{Fe} 与实际工况强相关，例如，$p_{Fe}|_{1.6/50}$ 是指在磁感应强度 1.6T、频率 50Hz 条件下的数据。若实际工况与之不符，则可参照相应公式换算。

(3) 铜铁市价比 $¥_{Cu/Fe}$：漆包线和铁心的成本是变压器、电感器的主要材料成本，市场上漆包线价格(铜价)和磁性材料价格(铁价)的变化直接影响着变压器的成本，为降低铜铁总成本并便于设计，特提出以实时漆包线每千克的市价为基准/分母，以铁心每千克的市价为分子构成铜铁实价比。

$$¥_{Cu/Fe} = \frac{铁心每千克市价}{漆包线每千克市价}$$

以铁心市价 $¥_{Fe}$=23 元/kg，漆包线市价 $¥_{Cu}$=65 元/kg 为例，则 $¥_{Cu/Fe}$=23/65。

(4) 铁成本比率 Q_{Fe0}：铁成本比率 Q_{Fe0} 等于铜铁市价比 $¥_{Fe/Cu}$ 与铁心重量之积成本比率、铁心和漆包的市价比，即

$$Q_{Fe0} = ¥_{Fe/Cu} W_{Fe} \tag{6-35}$$

显然，铁心的实际成本 $Q_{Fe} = Q_{Fe0} ¥_{Cu}$(元)，在可视化中辅以色杆倍率即可算出。

3. 铜重量、铜成本和铜损耗

(1) 平均匝长 MLT：平均匝长也是很重要的中间变量，图 6-19 中绕组周长(cm)的平均匝长 MLT 为

$$\begin{aligned} MLT &= \left[2r + 2A_w^{0.5}/(4K)\right]\pi = \left[2(A_m/\pi)^{0.5} + A_w^{0.5}/(2K)\right]\pi \\ &= 3.54A_m^{0.5} + 1.57A_w^{0.5}/K \end{aligned} \tag{6-36}$$

(2) 铜体积 V_{Cu}：在 1:1 的变压器中，若两边对称，初次级绕组匝数 $N_p = N_s$，电流密度 $J_p = J_s = J$，平均匝长 $MLT_p = MLT_s = MLT$，窗口利用率 $K_{Cup} = K_{Cus} = K_{Cu}$，导线截面积 $S_{Cup} = I_p/J_p = S_{Cus} = I_s/J_s$，则初次级绕组体积 $V_{Cup} = N_p MLT_p(I_p/J_p) = V_{Cus} = N_s MLT_s$ (I_s/J_s)，即初次级两边绕组的体积相等。

然而，在 1:n 的变压器中，若 $MLT_p = MLT_s = MLT$，$J_p = J_s = J$，$K_{Cup} = K_{Cus} = K_{Cu}$，则次级导线体积可表示为 $N_s MLT_s(I_s/J_s) = (N_s/n)MLT_s(nI_p)/J_s = I_p N_p MLT_s/J_p$，故绕组总体积 V_{Cu} 约为初级绕组体积 V_{Cup} 的两倍：

$$V_{Cu} = 2V_{Cup} = 2N_p MLT_p S_{Cu} \approx NS_{Cup} MLT \tag{6-37}$$

式中，初级导线截面积 $S_{Cup} = I_p/J = (1000/480)/2.65 = 0.0079(cm^2)$，初级电流 $I_p = S/U_p$，电流密度暂选 $J = 2.65A/mm^2$；W_{Cu}、g_{Cu} 分别是重量(kg)、比重(8.9kg/dm³)。

(3) 铜重量 W_{Cu}(kg)：铜的比重 g_{Cu}(8.9kg/dm³) 与漆包线体积(dm³) 之积，即

$$W_{Cu} = g_{Cu} V_{Cu} \tag{6-38}$$

(4) 铜成本比率 Q_{Cu0}：铜成本比率 Q_{Cu0}(等于 1)与漆包线重量之积，即铜成本本身

$$Q_{Cu0} = ¥_{Cu/Fe} W_{Cu} \tag{6-39}$$

在可视化中辅以色标倍率即可算出 $Q_{Cu} = Q_{Cu0}$，显然漆包线成本 $Q_{Cu} = Q_{Cu0}$，$¥_{Cu}$ 仍可以色标倍率表达。

(5) 铜电阻：记铜电阻率为 ρ_{Cu}，则初、次级绕组电阻分别为

$$R_p = \rho_{Cu} N_p MLT_p / S_{Cup} \tag{6-40}$$

$$R_s = \rho_{Cu} N_s MLT_s / S_{Cus} \tag{6-41}$$

如前所述，$1:1$ 的变压器中有 $N_p = N_s$，$J_p = J_s = J$，$MLT_p = MLT_s = MLT$，$K_{Cup} = K_{Cus} = K_{Cu}$，故可有 $R_p = R_s$，从而为后续推导带来了方便。

绕组电阻：20℃时绕组总电阻为初次级电阻之和，即

$$R_{20} = 2R_p \tag{6-42}$$

如式(6-37)所示，$S_{Cup} = 0.0079 \text{cm}^2$，查表可得铜常温电阻率为 $\rho_{Cu} = 1.6 \times 10^{-8}$，即有

$$R_{20} = 0.0002 MLT N \tag{6-43}$$

(6) 绕组实际电阻：在实际工作温度 110℃时两绕组总的实际电阻约等于

$$R_{110} = 1.36 R_{20} \tag{6-44}$$

(7) 绕组总铜损：因为 $I_p \approx I_s$，所以 $P_{Cup} = I_p^2 R_p = P_{Cus} = I_s^2 R_s$，然而在 $1:n$ 的变压器中，初次级铜损可以分别表示为 $P_{Cup} = I_p^2 R_p = \rho_{Cu} I_p J_p N_p MLT_p$，同理 $P_{Cus} = \rho_{Cu} I_s J_s N_s MLT_s$，而

$$P_{Cus} = \rho_{Cu} I_s J_s N_s MLT_s = \rho_{Cu}(nI_p)J_s(N_p / n)MLT_s = \rho_{Cu} I_p JNMLT = P_{Cup}$$

上式提示，此时初级铜损等于次级铜损，从而为建模带来方便，即绕组总铜损约等于初级绕组损耗的两倍：

$$P_{Cu} = 2P_{Cup} = 2I_p^2 R_{110} \tag{6-45}$$

4. 损耗和成本的数据可视化

1) 数据可视化的图示

铜铁总损耗 P：变压器损耗等于铁心与绕组损耗之和，记铜铁总损耗为 P，则将式(6-34)和式(6-45)相加即可得总的损耗为

$$P = P_{Fe} + P_{Cu} \tag{6-46}$$

铜铁成本 Q：变压器材料成本主要是铁心与漆包线，记铜铁成本为 Q，铜铁成本 Q 等于铜铁成本比率再乘铜价 $¥_{Cu}$(元/kg)，铜铁成本比率为式(6-35)与式(6-39)之和，即

$$\begin{aligned} Q_0 &= Q_{Fe0} + Q_{Cu0} \\ Q &= Q_0 ¥_{Cu} \end{aligned} \tag{6-47}$$

Q 和 P 的数据可视化：将铜铁成本 Q 和总损耗 P 均渲染于图 6-23 所示的 $S_{1k}(A_m, A_w, K)$ 容量弧集上，其并集如图 6-24 所示。

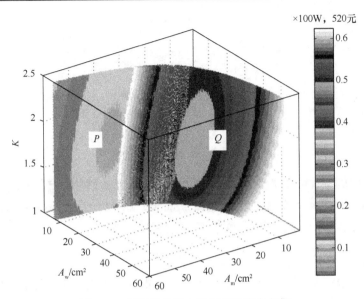

图 6-24 额定容量集上的损耗和成本交集

(1) 瓦片状额定容量集 $S_{1k}(A_m, A_w, K)$ 取自图 6-22;

(2) 将损耗同心椭圆簇状解集 $P(A_m, A_w, K)$ 的颜色比照色杆所得小于 1 的数值乘以 100W 可得损耗最小为圆心的 31W,且逐步增大到 100W;

(3) 同理,铜铁成本 Q 的颜色比照色杆所得数值再乘以 520 元得铜铁成本最低为 249 元,且逐步增大至 513 元;

(4) 成本和损耗都最低的解是不存在的,只能求出最优解和次优解的组合,或两个次优解组合;

(5) 本例关注两椭圆簇心的连线 P-Q,寻觅 Q 的最优解、P 的次优解的决策变量,具体的决策可借助于博弈来实现;

(6) 减小步长可减少图 6-24 中斑点,但耗时更长。

2)数据可视化的分块程序框图

图 6-20 总流程图中输入输出分块 B、C 和 D 的子程序图见图 6-25。

图 6-25 中,①接至图 6-20 的总流程图,②、③和④接至其他分块子程序。

标识符 N、MLT 和 MPL 亦可供其他分块调用,与容量弧集 S_{1k} 一样,为全域有效,其中输入输出分块 B 中的 N 为总匝数,分块 C 中的 MLT 为绕组平均匝长,分块 D 中的 MPL 为磁路长度。

5. 温升和电压调整率的数据可视化

1) 铁心的温升

铁心在自然风冷的条件下的温升(℃)为

$$T_{rFe} = 450(P_{Fe} / A_z)^{0.826} \tag{6-48}$$

式中,铁损 P_{Fe} 由式(6-34)代入,铁心表面积 A_z 由式(6-30)代入。

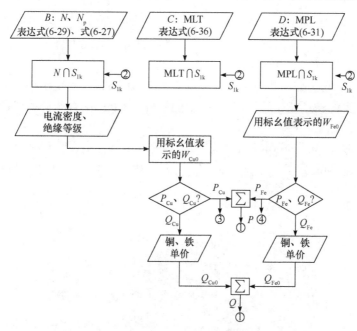

图 6-25　分块 B、C 和 D 的子程序流程图

铁心温升 T_{rFe}：对式(6-48)进行可视化前，本例通过评估有 $\max(T_{rFe}(:)) < 16℃$，即铁心温升远小于常用电气设备温升值，故不做渲染，以简洁图像并缩短时间。

2) 绕组的温升和电压调整率 a

据图 6-19 可得绕组的散热面积。

绕组外径：
$$D_w = A_w^{0.5} / K + 2(A_m / \pi)^{0.5}$$

外缘周长：
$$G_w = \pi D_w$$

绕组外缘表面积：
$$A_s = 2G_w K A_w^{0.5}$$

绕组端面面积：
$$A_e = \left[A_w^{0.5} / (2K) + r \right]^2 \pi - (r + \delta_0)^2 \pi$$

或
$$A_e = A_w \pi / 4K^2 + \frac{(A_m A_w \pi)^{0.5}}{K} - 2\delta_0 (A_m \pi)^{0.5} - \delta_0^2 \pi \tag{6-49}$$

$\delta_0 = 0.15\text{cm}$ 为骨架厚，绕组总的散热面积 A_t 为
$$A_t = A_s + 4A_e \tag{6-50}$$

绕组温升：在自然风冷的条件下温升(℃)为
$$T_{rCu} = 450(P_{Cu} / A_t)^{0.826} \tag{6-51}$$

电压调整率：电压调整率 a 为变压器铜损除以额定容量，故有
$$a = P_{Cu}(A_m, A_w, K) / P_o \tag{6-52}$$

3) 温升和电压调整率的数值分布

绕组温升 T_{rCu}：以聚酯温限 105℃、环境 50℃、温升 55℃为例，由式(6-51)可选择 $T_{rCu}=$

55℃，作为紧约束条件，以 $T_{rCu}=59$℃为松约束条件，并通过其间色谱的变化表达绕组温升的变化趋势，如前所述，本例铁心温升远低于绕组的温升，故由绕组温升代表整个变压器的温升，以简化计算和数据可视化。

电压调整率 a：它是质量指标而非约束条件，由式(6-52)可选择 $a=4\%$ 和 $a=4.5\%$，并通过其间频谱的变化表达电压调整率的变化趋势，以利于在同等条件下选择电压调整率较低的决策变量组合。

将式(6-30)、式(6-48)～式(6-52)的数值分布均渲染于 $S_{1k}(A_m,A_w,K)$ 的容量弧集上，其并集如图 6-26 所示，构成并集 $P_0 \cup Q_0 \cup a \cup T_{rCu} \cup L_1$。程序代码及其注释见第 6.3 节。

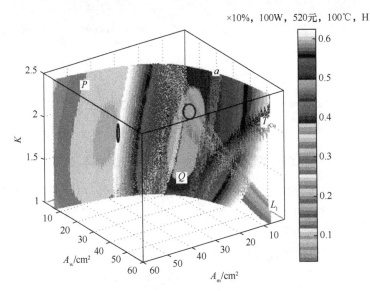

图 6-26　　$P_0 \cup Q_0 \cup a \cup T_{rCu} \cup L_1$ 的原图(见彩图 8)

(1) 图 6-26 基于图 6-24，其 P 和 Q 的标轴、色标、标目和单位等不变，"〇"区域为所选决策变量。

(2) T_{rCu} 为温升，颜色比照色杆所得小于 1 的数值乘 100℃有灰白色 $T_{rCu}=59$℃，黑色 $T_{rCu}=55$℃，自右下方递减，可知"〇"远离温升约束集。

(3) a 为电压调整率，要 $a\times10$ 才能转换成实际值域。例如，红色为 0.45，$a=4.5\%$，红黑色为 0.4，$a=4\%$，自右下方开始递减，构成紧约束集。

(4) 漏感 L_1 由五彩带对应的色标数值直读。

4) 分块 E、F 和 G 的子程序框图

图 6-20 中输入输出分块 E、F 和 G 的子程序流程见图 6-27。

图 6-27 中，①接至图 6-21 的总流程图，铜损功率 P_{Cu} 和铁损功率 P_{Fe} 亦可供其他分块调用。

6. 非同心绕组漏感的数值分布

(1) 漏感的绕组磁密系数：绕组磁密系数 k 可参见图 6-19 和式(3-50)表达为

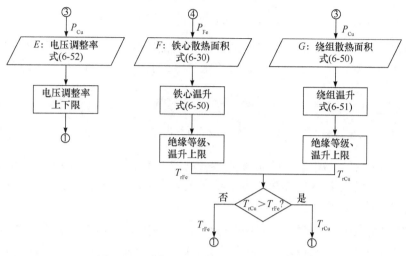

图 6-27　分块 E、F 和 G 的子程序流程图

$$k = \frac{1}{2(R^2 + 0.49L^2)^{1/2}} \tag{6-53}$$

式中，L 为绕组长度；R 为绕组半径；k 无量纲。$L = KA_w^{0.5}$，$R = A_w^{0.5}/K + r = A_w^{0.5}/K + (A_m/\pi)^{0.5}$，$L^2 = K^2 A_w$，$R^2 = A_w/K^2 + 2(A_m/\pi)^{0.5} A_w^{0.5}/K + A_m/\pi$。

(2) 初级绕组漏感：初级绕组本体(不含铁心)漏感及其折算值，即

$$L_{\mathrm{Lp}} = \frac{\mu_0 h_p k^2 N_p^2 \mathrm{MLT}_p}{3b_p} \tag{6-54}$$

$$L'_{\mathrm{Lp}} = (U_2/U_1)^2 L_{\mathrm{Lp}} = (230/480)^2 L_{\mathrm{Lp}} \tag{6-55}$$

k 由式(6-53)引入，N_p 由式(6-26)引入，初级平均匝长 MLT_p 由式(6-36)引入，初次级绕组长 $h_p = h_s = KA_w^{0.5}$，初次级绕组厚 $b_p = b_s$。

$$b_p = 0.5 A_w^{0.5}/K \tag{6-56}$$

(3) 次级绕组漏感：次级绕组本体(不含铁心)的漏感为

$$L_{\mathrm{Ls}} = \frac{\mu_0 h_s k^2 N_s^2 \mathrm{MLT}_s}{3b_s} \tag{6-57}$$

(4) 两绕组间的漏感：初次级绕组间部分铁心的漏感为

$$L_{\mathrm{Lps}} = \frac{\mu_0 k^2 N_p^2 A_m (2R + h_c)}{h_p^2} \tag{6-58}$$

$$L'_{\mathrm{Lps}} = (230/480)^2 L_{\mathrm{Lps}} \tag{6-59}$$

h_c 为图 6-23 中四块小圆柱体总长度，等于磁路长：

$$h_c = L_{MPL} - 2\pi(A_m / \pi)^{0.5} - 2KA_w^{0.5} \tag{6-60}$$

(5) 总漏感：由于低通滤波器的直流负载和滤波电容器均在变压器次级，故将变压器所有的漏感都测算到次级，从而总的漏感等于式(6-55)、式(6-57)和式(6-59)之和。

$$L_L = L'_{Lp} + L_{Ls} + L'_{Lps} \tag{6-61}$$

7. 漏感值域及其可视化

(1) 双层优化设计：图 6-19 有滤波器和变压器两子系统，滤波器考虑截止频率、衰减比和性价比等，为上层设计的先决策方，变压器为下层设计的后决策方，上层设计目标的值域成为下层设计的约束条件。

(2) 集状解：图 6-27 中当 $A_m \in [18,22]\text{cm}^2$，$A_w \in [18,22]\text{cm}^2$，$k \in [1.7,1.9]$，即"○"区域时，能在诸约束下兼顾各目标，可选 $\partial f_i / \partial A_m$、$\partial f_i / \partial A_w$、$\partial f_i / \partial k$ 均较小的集内决策变量点 (A_m, A_w, K)，即以点状解（$A_m = 20.5\text{cm}^2$，$A_w = 21.0\text{cm}^2$，$k = 1.8$）来提高稳定性。

(3) 数值读取：因原电感器的 $L \in [40,50]\text{mH}$，为利用变压器的漏感 L_1 取代该电感器，特取值并渲染有效子集 $L_1 \in [35,80]\text{mH}$ 于图 6-26 中的弧线簇：$L_1 = 35\text{mH}$ 位于弧线簇的最下方，递增到 $L_1 = 80\text{mH}$ 位于弧线簇的最上方。

8. 分块 H 的子程序流程图

图 6-20 分块 H 的子程序流程见图 6-28。

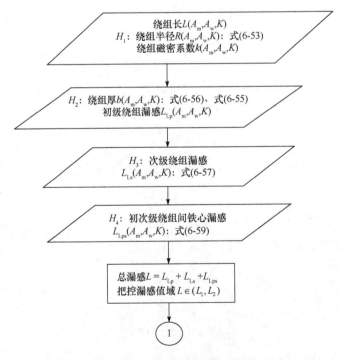

图 6-28　分块 H 的子程序流程图

图 6-28 中①接至图 6-21 的总流程图，H_1 内容为式(6-53)，H_2 内容为式(6-54)和式(6-55)，H_3 内容为式(6-56)，H_4 内容为式(6-58)和式(6-59)。

6.2.5　两种设计理念

1. 强调商品铜铁成本的优化设计

(1) 在图 6-26 的 "O" 区域，$a < 4.5\%$，$L_1 = 44\text{mH}$，而 $Q = 213$ 元为最优解，$P = 37\text{W}$ 为次优解，取其决策变量如表 6-2 所示。

表 6-2　设计参数的比较结果

比较参数	①原商品	②可行设计	③优化设计	比较结果
铁心型号	EI133.2	R1000	R1500*	①②选标准铁心，③非标准加工铁心
最大磁密 B/T	1.6	1.8	1.8	R 型磁通沿取向，取值较高
铁心截面积 A_m/cm²	39	13.2	20.5	①②③三者均选标准铁心截面
矩形系数 K	1.732	1.751	1.8	③为自行加工，两比较对象①②为国标
窗口面积 A_w/cm²	14.8	59.4	21	③为自行加工，两比较对象①②为国标
铁心重量 W_{Fe}/kg	7.1	5.0	5.9	①最重，②最轻，③居中
绕组结构	同心	同心	非同心	
初级绕组匝数/匝	436	963	617	①最少，②最多，③居中
电流密度 J/mm²	2.64	2.64	2.64	为便于比较，①②③都一样
漆包线重 W_{Cu}/kg	2.18	2.63	1.73	①居中，②最重，③最少
损耗 P/W	80	51	48	①最大，②居中，③最小
电压调整率 a/%	7	5	4	①最大，②居中，③最小
漏感 L_1/mH	1.8	1	44	①居中，②最小，③最大
温升/℃	110	90	90	①温升太高，③温升大大降低

(2) 本例是将既有 1kV・A 商品变压器的各指标作为约束来优化的。

(3) 在 R 型铁心标准中 R1000 型的标称容量为 1kV・A，特按手册计算结果，亦列入比较条目。

(1) 第二列的数据源自商品出厂检验报告书和原设计者的表述，虽然铜铁成本较低，但对 E 型铁心而言，因 $B = 1.6\text{T}$ 较大，温升较高。

(2) 第三列的数据是选用标准[6]中的 R1000 型铁心，并比照文献[6]的 R 型铁心变压器设计章节的可行设计步骤，逐一计算解析解而得到的。

(3) 第四列的数据源自优化设计的可视化算法和实物实验，铁心截面积为 R1500 的标准，绕组窗口尺寸则是按图 6-18 和图 6-22 委托某公司定制的。

(4) 逐行比较可见，优化设计所得变压器的损耗、温升、电压调整率、漆包线重量和铁心重量等各项技术经济指标都优于原商品变压器。

(5) 与同样是 R 型铁心的可行设计比较，基于标准铁心 R1000 的设计方案，虽铁心要轻 0.9kg，但漆包线却要重 0.9kg，因漆包线市价要远高于铁心，再加上损耗和电压调整率等各项指标本方案也都占优势，故能够凸显优化设计的工程价值。

(6) 标准铁心 R1000 是对应于 1kV·A 变压器的，其铁心截面积和窗口面积都是固定的，可供选择空间小。C 型、E 型和 O 型等标准铁心的窗口面积也都是固定的，选择空间也小。

(7) 本例用变压器漏感取代了原 LC 低通滤波器中的 45mH 电感器，在同样的滤波电容器、同样的负载条件下，得到了同样的滤波效果。该电感器总重 1.4kg，铜铁损耗 6W，若计及被取代的电感器，该整流器系统的性价比肯定更高。

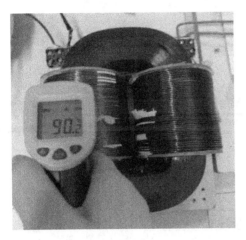

图 6-29　测试中的变压器

2. 设计结果及其实物

本例是以改进某出口整流变压器为目的，以该变压器既有的性能指标为多目标约束进行优化设计，据图 6-26 和表 6-2 所列数据，中间验证的变压器的样品照片如图 6-29 所示。

图 6-30 展示了浸漆烘干前用红外线测温仪进行的漆包线带负载温度测试。然而，工程上的温升实验需在次级端粘接 KWA-150℃ 8A 的温控贴片，并控制环境温度和湿度，在此不再赘述。

3. 基于全生命周期的优化设计

众所周知，铜损等于铁损时变压器的效率最高，可是，在工程实践上为了降低生产成本，通常都是铜损为铁损的数倍。然而，在"双碳"目标下，节能降耗的要求也落实到小型变压器领域。因此，优化设计时，不仅要降低出厂成本，也要降低运行时的铜损、铁损，提高变压器全生命周期的性能价格比。

本例：在图 6-26 中标识为"▌"的上下分布带状区域，是铜铁成本为 430 元与损耗为 31W 的交集，较于强调成本的数据，损耗降低了 37-31=6(W)，成本增加了 288-213=75(元)。

现状：铜损等于铁损时总损耗最小，但设计范例和现行商品却都是铜损是铁损的数倍。究其原因，主要是减小铜损需减小电流密度，会增加铜铁(主要是漆包线)成本。

优化：按变压器 20 年寿命，年运行 X 小时，电价 Y 元/(kW·h)，利息 $Z\%$/年，最低成本 Q_{min} 时损耗为 $P|Q_{min}$，最低损耗 P_{min} 时成本为 $Q|P_{min}$，$\Delta Q = Q|P_{min}Q_{min}$，$\Delta P = P|Q_{min}P_{min}$，若损耗增加量 ΔP 的总电费 $(0.02\Delta PXY)$ 大于成本增加量 ΔQ 及其利息 $(\Delta Q(1.00+Z)^{20})$，则为实现节能降耗，应增加成本来降低铜损，以图 6-24 和图 6-26 两椭圆簇心之间连线为追求节能目标的遵循，借助博弈论并考量其他目标约束和用户的意见确定权重系数，找到以 P 为主目标、Q 为从目标的集状解[11]。

4. 铁心和绕组的选择

1) R 型铁心非同心绕组

R 型铁心由取向硅钢片为导磁材料，在磁导率、铁损和漏磁通等方面都优于原商品的 E 型铁心。为用漏感取代 LC 滤波器的电感器，须将漏感把控在某一值域，而原商品同心绕组的漏感太小。R 型铁心非同心绕组比 E 型铁心同心绕组功率密度大、损耗小，而且用漏感取代了滤波器的电感器。

2）铁心磁通密度的选择

B 的选择直接影响铁心漆包线的成本和损耗。铁心用 27P105 硅钢片，先对硅钢片所附《武钢硅钢片产品手册》对应数据进行曲线拟合得 B-H 曲线，再化成 B-H 折线，如图 6-30 所示。

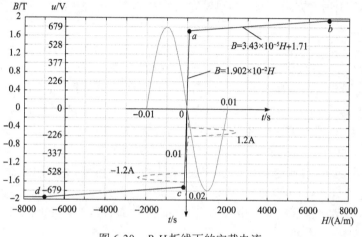

图 6-30　B-H 折线下的空载电流

图 6-31 中，a 为膝点，0～a 为未饱和段，a～b 为饱和段，过 b 点后与横轴平行则为过饱和段；第Ⅲ象限依然。

在线段 ab 上，点 $(2000\text{A}/\text{m}, 1.8\text{T})$ 与初级电压最大值对应，$H \in [2000, 7000]\text{A}/\text{m}$ 仍在饱和区间，选 $B_{\max} = 1.8\text{T}$ 能减小体积，稳态电流峰值仅为 1.2A，如何减少瞬态合闸冲击电流仍有待深入研究。

当选 $B_{\max} = 1.7\text{T}$ 时实测空载电流波形见图 6-31。

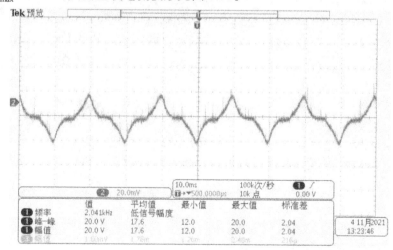

图 6-31　实测空载电流

Tektronix: $A622|100\text{mV}/\text{A}$，横轴 10ms/格，纵轴 0.2A/格，从幅值仅 0.2A 可判断，与

正弦电压最大值对应的磁密最大值刚过膝点。再结合图 6-30 的仿真和表 6-2 的实验数据可知，本例将 B_{max} 提高到 1.8T 是正确的。

作者还用可视化算法设计过 E 型铁心变压器，其 MLT、MPL、损耗和成本等表达式均不相同，特别是铁心既存在结构气隙，又无法使主磁通完全顺应于硅钢片的取向，使得磁导率远远低于《武钢硅钢片产品手册》的数据；C 型和 O 型等铁心也是如此，不再赘述；对薄型结构变压器等几何结构有特殊要求的设计，建模后应用前述可视化交互技术亦能缩短研发周期。

5. 可视化算法小结

(1) 多目标约束优化设计所涉方程常既无解析解又难觅有用数值解，四维数据可视化可在全局范围内展现解的数值分布，并以解集的形式提供最优解、次优解，或在最优解集中得到能判定稳定裕度的点状最优解，从而有利于实际工况下的设计实践。

(2) 依并/交集等逻辑运算和可视化交互，将计算所得的值域分布/视觉频谱与人脑的先验知识/设计经验相结合，可在诸约束条件下兼顾多设计目标。

(3) 渲染空间越大，步长越短，起止范围越宽，所需资源越多，本例用 ThinkPad X1 Carbon 笔记本电脑得图 6-26，占内存 23255MB，耗时 1000s，而其生成语句代码虽短，但所费时空资源却更多。若需减少计算机时空资源的代码请联系作者，E-mai:wujiaj2003@aliyun.com。

6.2.6 R 型铁心整流变压器优化设计要点

(1) 在现行标准中，小型铁心的窗口尺寸都是固定的，不利于优化设计。导入矩形系数 K 作为决策变量，有利于兼顾变压器的成本、损耗和温升等多设计目标和条件约束。正方形面积为 A_w，边长为 $A_w^{0.5}$，若矩形长为 $KA_w^{0.5}$，宽为 $A_w^{0.5}/K$，则矩形面积仍是 A_w，据此定义 K 为矩形系数。

(2) 铁心截面积和窗口截面积的最佳比值不是固定的。依据铜铁价格比来选择矩形系数 K，有利于实现变压器的铜铁成本最低。以漆包线市价为基准，铁心相对价格用其倍率来表达，则能方便地通过矩形系数 K 表达铜铁成本最低的窗口尺寸。

(3) 多目标约束优化设计所涉方程往往既无解析解又难觅有用数值解，四维可视化算法可以展现数值解的全局分布，能通过并/交集在诸约束条件下兼顾多个设计目标，所得优化集状解可以导出能判定稳定性的最优解，有利于研发。

(4) 把控变压器漏感，可用其取代单相不控整流器内 LC 低通滤波器中的电感器，以显著节约整流器总成本。

(5) 从变压器全寿命周期的综合成本考量，应该加大损耗最小的目标权重，以利于节能减排，其节能效益大于变压器铜铁成本。

6.3 程序代码及其注释

6.3.1 四维可视化的基本图像

图 6-22 是结合设计实例的四维数据可视化的基本图像，熟悉其程序代码对掌握本书其他四维图像的重构过程和结合变压器、电感器优化设计可视化算法的实际进行二次开发都

有着重要的作用。该程序由两段独立的代码构成，第一段生成清晰的原图，像素细腻，易于辨识，但由于步长较小，耗时长且要求有较大的内存；第二段生成的图像的分辨率较低，但由于人为地放大了步长，所以耗时较短；在优化设计时应该逐步地缩小步长，在确保分辨率的前提下减少计算机时空资源的占用。

图 6-22 原图的程序代码：

```
clear;figure;
Am = 1:59/300:60;Aw = 1:59/300:60;    %起终点,步长

[Am,Aw] = meshgrid(Am,Aw);
for K = 1:1.5/350:2.5
        hold on;
        S = 2.45.*Am.*Aw;
        S01 = S/8820;
        K0 = K.*Am./Am;
        surf(Am,Aw,K0,S01,'EdgeColor','interp');    %x:Am   y:Aw   Z:K   S：与颜色对应也可以换成别的
end
for K = 1:1.5/350:2.5
        hold on;
        S = 2.45.*Am.*Aw;
        K0 = K.*Am./Am;
        S(S<1000)= NaN; S(S>1100)= NaN;
        S02 = S/1100;
        surf(Am,Aw,K0,S02,'EdgeColor','interp');
                        %x:Am   y:Aw   Z:K   S：与颜色对应也可以换成别的
end
% caxis([Val_min,Val_max]);
caxis([0,1]);
h = colorbar('position',[0.8 0.1 0.025 0.8]);            %色柱属性(右移、上移、柱宽、柱高)
colormap(cool);%坐标域、色谱
axis([1,60,1,60,1,2.5]);% h = colorbar; colormap(cool);    %坐标域、色谱
set(get(h,'title'),'string','S|×8820VA');    %第四维标识
xlabel('Am/cm^2');ylabel('Aw/cm^2');zlabel('K');    %标识
grid on;set(gcf,'Color',[1 1 1],'renderer','zbuffer');    %图外
set(gca,'Position',[0.25 0.1 0.5 0.85]);    %主图位置大小属性(右移、上移、图宽、图高)
set(gca,'Color','white','XColor','black','YColor','black','ZColor','black','FontSize',20);
scrsz = [1,1,1536,784];    %这组数就是 R720figure 参数    %get(0,'ScreenSize');
%是为了获得屏幕大小，ScreenSize 是一个 4 元素向量[left,bottom, width, height]
set(gcf,'Position',scrsz);    %用获得的 screenSize 向量设置 figure 的 position 属性，实现最大化的目的
box on;view(145,30);    %保留；图像视角
```

6.3.2 四维可视化算法的实用图像

图 6-26 是小型整流变压器多目标约束优化设计四维可视化算法的最终图像，在可视化交互的过程中，将设计者的先验知识逐步地融入在若干约束条件下，兼顾多个设计目标。代码后面附有结合公式序号的详细注释，便于图像再现，并在此基础上的二次开发。

```
clear;figure;
Am = 1:59/260:60;Aw = 1:59/260:60; K = 1:1.5/260:2.5;   %起终点,步长
[Am,Aw,K] = meshgrid(Am,Aw,K);   %构造晶元
sz1 = size(Am);w1 = ones(sz1);   %查维数并产生对应的[1]阵
sz2 = size(Aw); w2 = ones(sz2);sz3 = size(K);w3 = ones(sz3);
Amslice = (1:59/260:60);Awslice = (1:59/260:60);Kslice = (1:1.5/260:2.5);
cv0 = linspace(0,1,1500);   %切片数、色杆值域及其片数

S = 2.45.*Am.*Aw.*w3;
S1 = find(S<1000);S(S1)= NaN; S2 = find(S>1100);S(S2)= NaN;     %容量弧集

Np = w2.*w3.*12644./Am;
Np(S1)= NaN;Np(S2)= NaN;N = 2.03*Np;   %匝数限于 S1k

MTL1 = 3.54.*(Am.^0.5).*w2.*w3;
MTL2 = w1.*(2.*(Aw.^0.5)).*K; MTL3 = w1.*(2.*(Aw.^0.5))./K;
MTL = MTL1+MTL2+MTL3;
MTL(S1) = NaN;MTL(S2)= NaN;   %将 MTL 限于 S1k 上
Vfe1 = 0.001.*Am.*w2.*w3;   %转换 cm^3→dm^3
Vfe = Vfe1.*MTL;Vfe0 = Vfe./2.6112;
Wfe = 7.63.*Vfe;Wfe0 = Wfe./20; 7.63kg/dm^3
Qfe0 = (23./65).*Wfe;   %Qfe0 = ￥fe/cu×Wfe|铁心 23 元/kg，铜线 65 元/kg

Pfe = 0.96.*Wfe;
MLT1 = 3.54.*(Am.^0.5).*w2.*w3;
MLT2 = 1.57.*w1.*(Aw.^0.5)./K;
MLT3 = 0.942;
MLT = MLT1+MLT2+MLT3;
MLT(S1) = NaN;MLT(S2) = NaN;
Vcu = 0.0079.*MLT.*N;
Wcu = 0.0089.*Vcu;
Qcu0 = (65./65).*Wcu;   % ￥cu/cu = 65/65

R20 = 0.0002.*MLT.*N;
R110 = 1.36.*R20;
Pcu = 4.34.*R110;
Q0 = Qfe0+Qcu0; Q = 65.*Q0;     %Q0 = Qfe0+Qcu0，Q = Q0 ￥cu

Q01 = Q./520;   %Q01 = Q./565;max((Q))= 520,Q01 = Q./500;
```

```
Q02 = find(Q01>0.625);Q01(Q02)= NaN;    %成本限制

contourslice(Am,Aw,K,Q01,Amslice,Awslice,Kslice,cv0); hold on;

P = Pfe+Pcu; P0 = P./100;    %max(P(:))= 100，标幺值

P01 = find(P0>0.375);P0(P01)= NaN;        %损耗限制;

contourslice(Am,Aw,K,P0,Amslice,Awslice,Kslice,cv0); hold on;

a = Pcu./100;

a1 = find(a>0.45);a(a1)= NaN; a2 = find(a<0.4);a(a2)= NaN;      %置 a 的区间

contourslice(Am,Aw,K,a,Amslice,Awslice,Kslice,cv0); hold on;    %并集

A1 = 12.5664.*Am.*w2.*w3;A2 = 2.*Am.*(Aw.^0.5)./K;

A2 = 2.*Am.*(Aw.^0.5)./K; Az = A1+A2;

Trfe = 450.*(Pfe./Az).^0.826;

Dw1 = w1.*(Aw.^0.5)./K; Dw2 = 1.1284.*w2.*w3.*Am.^0.5;

Dw2 = 1.1284.*w2.*w3.*Am.^0.5; Dw = Dw1+Dw2;

Gw = 3.1416.*Dw; As1 = w1.*K.*Aw.^0.5;

As = 2.*Gw.*As1; Ae1 = 0.7854.*w1.*Aw./(K.^2);

Ae2 = 1.7725.*(Am.^0.5).*(Aw.^0.5)./K;

Ae3 = 0.5317.*w2.*w3.*Am.^0.5;

Ae = Ae1+Ae2−Ae3−0.07069;

Ae4 = find(Ae<0);Ae(Ae4)= NaN;          %消除端面积小于 0 的部分

At = As+4.*Ae;

Trcu = 450.*(Pcu./At).^0.826;

Trcu1 = find(Trcu<55);Trcu(Trcu1)= NaN;    %找出并消除温升<55℃的部分

Trcu2 = find(Trcu>59);Trcu(Trcu2)= NaN;    %找出并消除温升>59℃的部分

Trcu0 = Trcu/100;    %标幺值

contourslice(Am,Aw,K,Trcu0,Amslice,Awslice,Kslice,cv0);hold on;

L = MTL2./2; L1 = L.^2;

R1 = MTL3./2; R2 = R1.^2; R2 = R1.^2;

r = w2.*w3.*0.5642.*(Am.^0.5); r1 = r.^2;      %铁心直径 r = (Am/π)^0.5

R3 = 2.*R1.*r; R4 = R2+R3+r1; R5 = R4+1.44.*L1;

R6 = R5.^0.5; R7 = R4+0.04.*L1; R8 = R7.^0.5;

k = 0.7143.*(R6−R8)./L; k(S1)= NaN;k(S2)= NaN;

k1 = k.^2; b = 0.5.*R1; N1 = Np.^2;

Llp = 0.00000000419.*L.*k1.*N1.*MLT./b;

Llp1 = 0.2296.*Llp;

Ns = 0.49.*Np;    %1.03(230/480)Np

N2 = Ns.^2; Lls = 0.00000000419.*L.*k1.*N2.*MLT./b;

hc1 = w2.*w3.*3.5449.*(Am.^0.5);

hc = MTL−hc1;
```

```
R = 2.*R1+hc;
Llps = 0.0000000125664.*k1.*N1.*Am.*R./L1;
Llps1 = 0.2296.*Llps; Ll = Llp1+Lls+Llps1;
Ll1 = find(Ll<0.035);Ll(Ll1)= NaN;    %删除小于 35mH 的子集
Ll2 = find(Ll>0.08);Ll(Ll2)= NaN;     %删除大于 85mH 的子集
contourslice(Am,Aw,K,Ll,Amslice,Awslice,Kslice,cv0);
axis([1,60,1,60,1,2.5]);                 %坐标范围
h = colorbar;colormap(colorcube);    %加强性色谱
set(get(h,'title'),'string','×100W,520 元,100℃,H');    %第四维标识
xlabel('Am/cm^2');ylabel('Aw/cm^2');zlabel('K');    %自变量单位
grid on;set(gcf,'Color',[1 1 1],'renderer','zbuffer');
set(gca,'Color','white','XColor','black','YColor','black','ZColor','black');
box on;view(145,30);    %保留；图像视角
```

参 考 文 献

[1] 伍家驹, 刘斌. 逆变器理论及其优化设计的可视化算法[M]. 2 版. 北京: 科学出版社, 2017.

[2] 伍家驹, 铁瑞芳, 刘斌, 等. 平均脉冲磁导率和交流电感器设计的可视化[J]. 中国电机工程学报, 2015, 35(10): 2607-2616.

[3] 伍家驹, 杨英平. 交流电感器的一种可视化设计方法[J]. 电源学报, 2014, (4): 30-34.

[4] 伍家驹, 王祖安, 刘斌, 等. 单相不控整流器直流侧 LC 滤波器的四维可视化设计[J]. 中国电机工程学报, 2011, 31(36): 53-61, 241.

[5] 伍家驹, 铁瑞芳, 刘斌, 等. 电感器位于交流侧的单相不控整流滤波器的可视化设计分析[J]. 中国电机工程学报, 2013, 33(S1): 176-183.

[6] 王全保. 新编电子变压器手册[M]. 沈阳: 辽宁科学技术出版社, 2007.

[7] VAN DEN BOSSCHE A, VALCHEV V C. Inductors and transformers for power electronics[M]. New York: Taylor & Francis, 2005.

[8] MCLYMAN C W T. Tansformers and inductor design handbook[M]. 3rd ed. Colifornia: Kg Magnetics, Inc. , 2004.

[9] HURLAY W G, WÖLFLE W H. Transformers and inductors for power electronics: theory, design and applications[M]. Chichester: John Wiley & Sons, Ltd. , 2013.

[10] 茂木進一. 欧州向け単相パッシブ高力率整流器にお　ける主回路定数の最適化による小型化の検討[J]. 電気学会論文誌 D , 2021, 141(10): 818- 824.

[11] 梅生伟, 刘锋, 魏韡. 工程博弈论基础及电力系统应用[M]. 北京: 科学出版社, 2016.

彩　　图

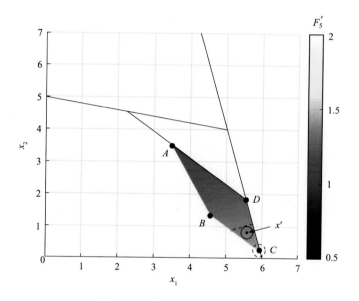

彩图 1　约束条件下的评价函数

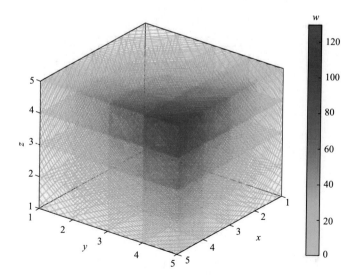

彩图 2　晶元中函数值的可视化

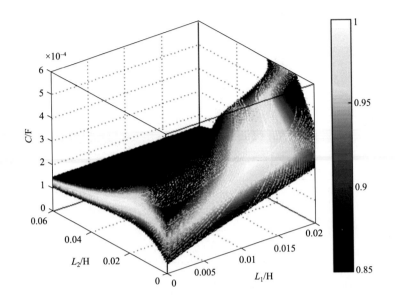

彩图 3　最优解内腔

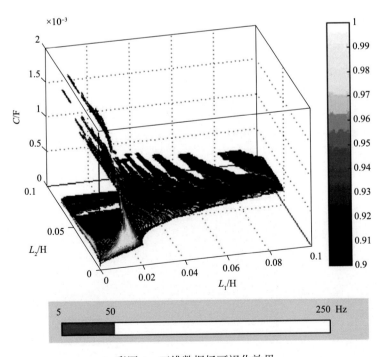

彩图 4　五维数据场可视化效果

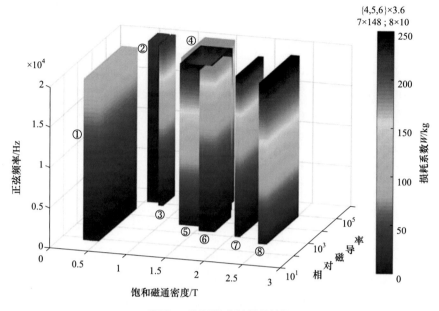

彩图5 常用铁磁材料的特性

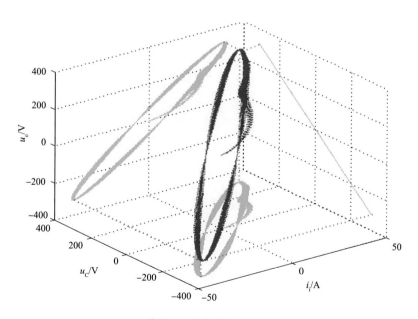

彩图6 状态变量三维轨迹

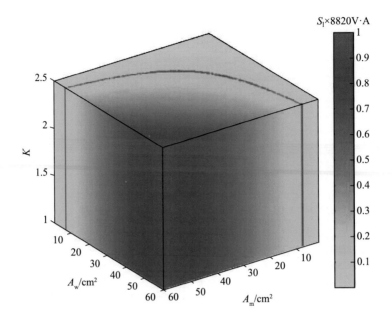

彩图 7　容量分布 $S(A_\mathrm{m},A_\mathrm{w},K)= S(A_\mathrm{m},A_\mathrm{w},1)$

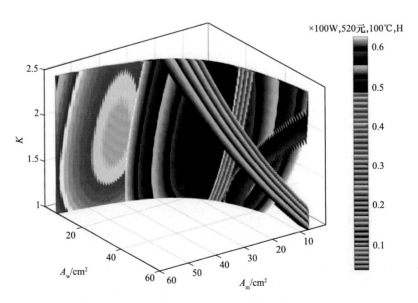

彩图 8　$P_0 \cup Q_0 \cup a \cup T_\mathrm{rcu} \cup L_1$ 的原图